U0334547

光明城
LUMINOUS CITY

看见我们的未来

Volume

5

建筑 | 城市 | 艺术 | 批评

建筑文化研究

Studies of Architecture & Culture

当代史 Ⅱ Contemporary History

主编／胡恒
Editor／Hu Heng

南京大学建筑与城市规划学院　南京大学人文社会科学高级研究院　合办

同济大学出版社
TONGJI UNIVERSITY PRESS

Volume
5

卷首语

胡恒
2013.7.18

记得有谁说过，一个人只有在仰望天空（或星空）的时候，才会思考自己的存在问题。现在的都市人，在大多数时候，即使抬头，都看不到多少天空。层层叠叠的高楼大厦，限定了我们头顶天空的面积与视线的边界。或许，现在，凝视建筑（天空的新轮廓），是一条通往存在迷思的可能路径。

“当代史”系列是试验中的凝视之道。对于正在使用的、看到的、身边的房子，也即，作为生活中一部分的房子，我们能说些什么？怎样理解它，并用文字来表述？这些问题已经超出建筑评论的范畴，事关我们的存在、人生，甚至生命。对于这些问题，“当代史”系列将尝试作出回答——将它们（那些房子）变成历史，也许是一个方法。

使当下历史化，马克思早有范例（参见《路易·波拿巴的雾月十八日》）。他以一件即时发生的政治事件（1851 年 12 月的路易·波拿巴政变，一个社会“惊爆点”）为端点，回溯式地建构起一条历史关系链。这条关系链的另一端是 1848 年的二月革命。前后两个事件，围合成一个跨度三年多的历史周期。按照马克思的定义，这是一个“革命危机时代”。在这一周期里，正常的因果律、直线逻辑全部失效，所有的历史元素、历史角色平摊在一起，重组彼此的关系。在马克思的笔下，这些关系很不正常。它们都是变形的、临时的，甚至是荒诞的——这是“革命危机时代”的独有特质，“一个民族陷入癫狂的状态”。

也正是因为这个特质，当下事件的种种不可思议变得容易理解起来。

在这本书里，马克思告诉了我们许多。如何将当下纳入历史脉络？如何更新历史逻辑？如何在过去与当下之间建立起关系链，设立历史周期？如何创造使当下具有可理解性的“局势和条件”？这些研究策略与技术，我们都能转换到建筑里来——只需将房子定义为事件，马克思的工作就能在建筑领域进行。

建筑作为事件大体有三种形式。第一种是，建筑本身就是事件。它一出现就引人关注，被媒体宣传、被广泛讨论，像明星一样辐射其魅力。比如近年来屡见不鲜的那些重大公共项目。这些事件带有强烈的“大他者”(现实的符号秩序)的特征。它们是大他者的诉求对象，以及谋划的产物。它们吸纳的社会资源如此庞大，超出了建筑本身的需要。在建筑完成之后，那些剩余能量仍不断地制造着后续的事件，给大他者与大众带来不可预计的刺激。第二种是，建筑虽然寂寂无名，但是在使用过程中却出现意外变故——它被事件降临。这是一种计划外的事件。建筑偶然性地卷入其中，成为故事的主角（或配角)。这些事件很灰色。它不引人注意，既无公众关心，也没有媒体追踪。它的出现和消失，除了当事人之外，几乎无人知晓。虽然隐蔽，但这类事件具有某种真理性。它是大他者的符号布展与幻象营造受阻的见证。它暗示着符号链崩坏，或者即将发生突变——内在的矛盾已激化到某种程度。它被大他者尽力掩盖，但总留有痕迹。第三种事件不涉及建筑的主体，它与制度、政策以及观念活动相关。当下的中国，与城市化进程的推进相对应的是政策拟定的速变，以及建筑在知识（及意识形态)

面貌上的含糊不定。这些观念的操作对建筑命运极具影响力。本辑收入的三个建筑案例——一个小房子，一个大建筑，一个没有实现的“计划”——分摊了这三种事件形式。

《中华路 26 号》一文的主角是民国时期的一栋小建筑，南京基督教青年会旧址。这是城市里一个再寻常不过的地块，但是意外变故却时有发生，它被一系列或大或小的事件所贯穿。文章将 1937 年的南京大屠杀的烈火之灾（把这个建筑烧掉大半），与 2010 年的保护性重建工程（拆除后原样重建）连接起来。前后两个事件，构成一个跨度为 73 年的历史周期。两个事件都是创伤性事件，且都是外部的、整体的偶然性入侵的牺牲品。前者是历史大断裂、人性大倾轧在空间上的投射，形式暴烈，充满悲剧性。后者是城市结构变动所导致的空间微调，形式隐蔽，几乎无人察觉。文章试图重建一个历史周期，将两个事件纳入特定的历史脉络之中。这里，所有的关系都和创伤相关——这个历史周期的性质就是创伤与遗忘，正如马克思对其历史周期的定义是革命与阶级斗争。当下的事件，在创伤概念的引导下，回溯式地建构起一个完整的“局势和条件”。第一个事件（1937 年的屠城），是建筑遭遇的原始创伤。随后，它被修复，对那段惨痛历史以示纪念。第二个事件（2010 年的改建），破坏了这一平衡，历史记忆被清除。但是，清除行为触碰到原始创伤的内核。它（创伤内核）就此回归，参与当下的能量角逐，干扰了大他者的强势符号布展，使符号化进程短暂中止。以创伤为核心的逻辑——记忆与遗忘、创伤内核的回返、城市固有的创伤生产机制——在此将各项历史元素联系起来，使古怪的当下事件（一个小规模的改建计划，却拖了几年都无进展，而它旁边同时启动的一幢高楼已经完工），获得理解的氛围。

过去如何成为当下的一部分？这是《中华路26号》一文考察的问题。两者显然不是孰因孰果的简单关系。在《路易·波拿巴的雾月十八日》中，各个历史角色频繁更换位置，反复洗牌。人性的弱点和黑暗面在这个“一片灰暗的历史一页”中被挤压出来。它使得一次不算彻底但也颇为鼓舞人心的革命（二月革命），“沿着下降的路线”走向堕落，演变成一出莫名其妙的“闹剧”（路易·波拿巴政变），把无产阶级革命的果实彻底葬送。虽然有一时间跨度，但是参与者们却是在一个共有的空间容器里起伏来去。过去即当下，两者近乎一体。在《中华路26号》中，过去进入当下，走的是一条幽灵通道。1937年的创伤内核漂浮在城市上空，等到2010年的重建危及这一历史记忆的最后物质载体（旧址建筑的外壳），它才降临，将现实的符号化进程尴尬地卡在某个地方，以强调自身的存在——遗忘是不可能的。过去与当下，在创伤逻辑的支配下秘密地联系在一起。可见，在每一个历史周期，每一段当代史中，过去和当下的关系都不一样，都需要作者重新建构。

《国父纪念馆》是本辑的第二个案例，其主角是标准的“大事件”（为纪念孙中山而建）。这个巨大的纪念性建筑位于台北市的中心，一直到现在，它都是台北最重要的公共建筑之一。自1972年完工以来，它的明星角色从未黯淡过。40年过去，它从一个政治事件转换为城市的空间枢纽。角色在变化，意义却没有减弱。这个建筑身上汇聚了众多主题：政治与建筑；现代性与台湾当代建筑的发展；语言与文化表征；建造与施工；公共建筑与城市空间；设计者王大闳的个体建筑史。这些主题，有的是永恒的建筑命题，有的是时代命题。作者徐明松研究该建筑已十余年。在文中，这些主题被条分缕析地一一阐述。依托一个建筑，时代的切片被完整地展露出来。20 世纪六七十年代，对于大陆的当代建筑史来说，也是一个微妙的时代。了解对岸的状况，亦是我们反观自身的契机。

什么样的社会环境，产生出这个“事件”？其地点具有什么意义？它对于今天的我们还有怎样的作用？我们应该以什么姿态切入对它的分析（只是还原彼时的历史情境，显然不够）？这些无疑值得探究。这类建筑大事件已经超出房子的概念，成为整个时代的缩影。通过它，我们可以为读者提供一个多重的世界景观：时代的荣光以及背后的深渊。尤其是后者，它只有在分析的刀锋中才能显示出来——大他者营造超级幻象的欲望，支撑该幻象的条件，人性的作用与反作用，以及各种对抗力的存在。

大事件，对于建构历史周期来说，具有先天的优势。它本身就是周期的开端。但是，对其末端的界定却是一个问题。我们需要不断地跟踪建筑的后续状况，等待另一个事件的降临。它像从一片虚空中突然出现，超乎所有人的想象（比如数年前央视新台址配楼的那一场无名之火）。这个事件是由它一开始所吸纳的社会能量中的过剩部分带来的。它出现的时候，意味着历史周期的成型。“当代史”研究也就可以开始了。

《消失的“理想住宅”》一文是第三个案例。在 1950 年代的台湾，居住与卫生是一个建筑问题，更是社会问题。作者刘欣蓉用“卫生现代性”一词将建筑问题与社会问题连接起来，置于历史的空间中加以审视。1952 年报纸书刊等主流媒体对“理想家庭”生活模式的竭力宣传，1954 年关于“理想住宅”的设计竞赛以及试验品，是某种临界点状态下的事件。它们标志着时代需求的变化。虽然这些事件昙花一现，很快就“消失在历史档案和建筑专业者的目光之中”，但是，它们带动的问题——空间文化与日常生活，建筑的现代性与殖民的现代性，话语转译与权力生成——却值得我们探讨。这些事件是征兆，预示着即将到来的社会转型与专业更新。现代主义话语在当代语境下的转换，在两岸走着完全不同的道路，但也是共有的问题。时至今日，全球化背景之下，两种艰辛的历程都经过了初始阶段，进入一个较为成熟的时期，有了相互比照的机会。

在当下的中国，“纯事件”——各种奖项、竞赛、展览、出版、会议——已非建筑“作品”的附属品和“锦上添花”之举。它们与媒体的合体，使其成为独立的建筑文化生产机制。它们不以建筑物作为唯一的结果，而且常常迅速被另一个事件取代，为人所淡忘。但是，它们在意识形态层面上的操作却有其特殊的效率与能力。这些事件将建筑的话语汇聚到精英阶层（明星建筑师、评论家、大学教授、杂志主编），在教育、社会品位、话语模式等方面潜在地控制着建筑的走向，并且衍生出相关的产业，比如咨询、策划、旅游。这些事件涉及到的社会资源异常复杂，如何使之成为我们当代史研究的对象，是一个难题。总的来说，从某种角度看，它们很接近第一种事件——计划下的目的型事件。

本辑的文献部分、评论部分以及对话部分，收录的文章都与塔夫里相关。《罗马大劫：断裂与连续》是塔夫里的经典事件研究。一场政治、军事劫难，如何对建筑文化产生影响？这些影响中蕴含着什么历史主题？这是该文传达给我们的理念。《先锋派的辩证法》与《乌托邦的危机：柯布西耶在阿尔及尔》是塔夫里的代表作《设计与乌托邦》一书中的两章。后者与刘欣蓉的《消失的“理想住宅”》一文有些类似，它们都是关于未实现的“计划”的意义研究。这些文章都与“当代史”以及事件主题有关。它们显示出塔氏针对不同对象而设计的不同研究方法与命题设定，另外，还为我们示范了更为重要的写作技巧。

几篇评论、书评和对话是对塔氏不同层面思想的探讨，对于我们理解塔氏颇多益处。塔夫里的在场，也是一种监督。我们的“当代史”系列已经进入第二辑。虽然艰难，还是要努力进行下去……

目录

Contents

当代史 II

Contemporary History II

1

中华路 26 号

胡恒

每一个尚未被此刻视为与自身休戚相关的过去的意象都有永远消失的危险。

瓦尔特·本雅明,
《历史哲学论纲》

01

2010 年 9 月，南京，中华路，26 号地段。

那面临街的 3 米高铝板已经竖起一年多了。板后偌大的施工场地平静而有序地忙碌着。2009 年年初该地段沸沸扬扬的拆迁景观，已被大家淡忘。现在，这个建筑（江苏银行总部大厦）的基础部分已初见模样。如果不出意外，到 2012 年年底，它就会耸然矗立在大家眼前，而这一“全省外贸 CBD 商务区”延续将近十年的建设工作也将由此划上句号。

该商务区是南京老城的一个核心节点。从历史位置上看，它位于南京“鬼脸城”的头颈交接处，且在洪武路、中华路这条南北轴线的中心，是若干朝代（南唐、宋、明、清）的城市枢纽。从当下整体城市空间格局来看[1]，它是以新街口为圆心的“现代文化区间”和以中华路为直径的“传统文化片区”的相切点。在视觉形态上，这一核心节点也不负其重要的意义：它以洪武南路、中华路、白下路、建邺路交叉的十字路口为中心，四面密布一圈高层建筑——路口北边的是汇鸿国际集团和中国银河证券，南边则有江苏国际经贸大厦、银达雅居，以及中华路 1 号（高级酒店公寓“观城”）。这些建筑基本上都是近几年落成——中华路 1 号“观城”也才刚刚完工。每个身处其中的人，都能感受到南京的大都市前景（成组的玻璃摩天楼错落有致）和现代都市生活（豪华五星级宾馆、高档私人酒店公寓、银行、时尚街区、大型商城一应俱全）扑面而来的气息。

02

江苏银行总部大厦是此商务区的最后一块拼图。其规模相当可观：占地 1.2 万平方米，总建筑面积 10 万多平方米，36 层，160 米高，集银行总部办公、系统内部培训、金融交易市场、国际会议、营业网点为一体。项目被列为 2009 年南京重点建设项目，设计者是一位从英国回来的海归建筑师。

该大厦的风格很现代：钢框架混凝土结构，全玻璃单元式幕墙，建筑主体由两个板式体块组合而成，体块的南北向尽端各为弧线围合。与比邻而居的江苏国际经贸大厦相仿，这是一座鲜亮、光洁的玻璃摩天楼。其建造过程也充分地体现出这一风格所特有的速度感，虽然那位海归建筑师的中标方案甲方并非特别满意，但是为了完成日程安排，工程仍然紧急上马。甲方为此特别成立了一个“代建办”，聘用经验丰

—

1. 参见 2002 年的“南京老城保护更新与规划的分析图”。南京市地方志编纂委员会:《南京城市规划志》(下), 432 页, 南京, 江苏人民出版社, 2008。

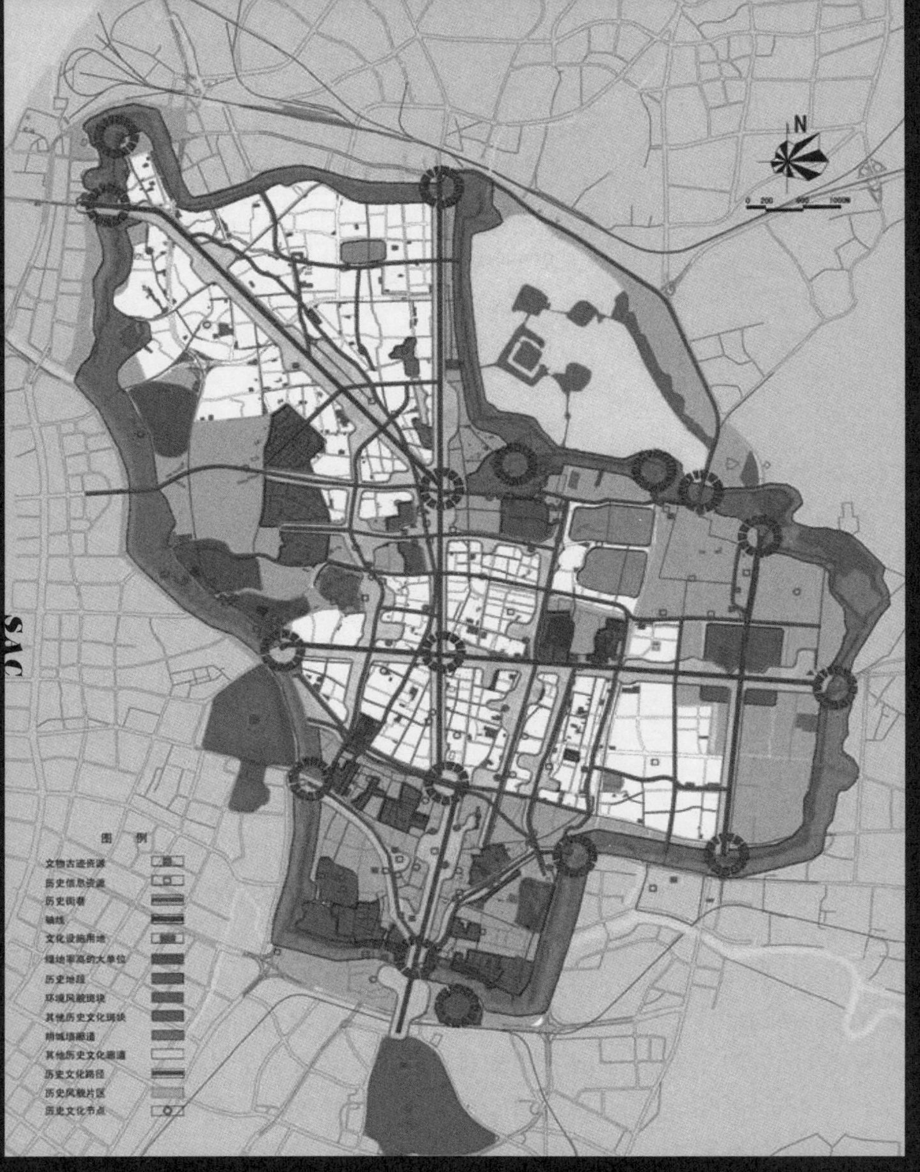
N
图 例
文物古迹资源
历史信息资源
历史街巷
轴线
文化设施用地
绿地率高的大单位
历史地段
环境风貌街块
其他历史文化街块
明城墙廊道
其他历史文化廊道
历史文化路径
历史风貌片区
历史文化节点

*南京历史空间结构图

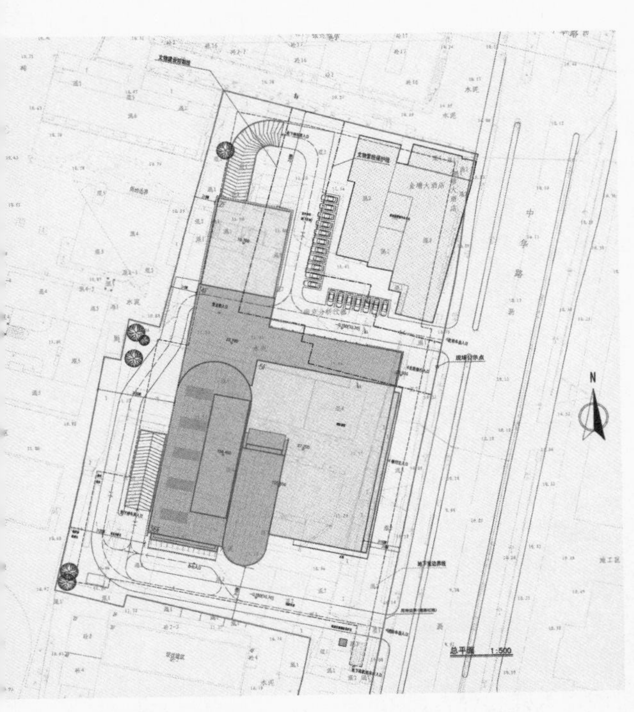

*江苏银行总部大厦总平面图

富的监理来掌握工程的运行。在此，从设计到建造之间的一些必要程序（方案的合理化研究）被强行缩减与并置。在土建过程中同时进行方案的各项优化设计，以节约时间保证项目准时完工。

这些优化设计其实相当烦琐——从幕墙到交通流线，从室内功能到家具配套研究，从节点设计到物业管理设施。这些分项研究动用了大量资源，本地的高校专家也参与其中。它们见缝插针式地与土建同步进行，且有机地组合进来。这种中国特色的建设方式，目的就是保证外部的“高速”状态不受干扰。

该大楼的高速模式并非特例。环顾左右，我们会发现，这只是不可遏止的城市建设洪流的寻常现象。中华路26号（原本为2-50号）地段原本是南京分析仪器厂的厂房区，江苏鸿源房地产开发有限公司于2009年年初拍得该地，随即投入建设。四年前，街对面的中华路1号尚是白地一片，现在高级私人酒店公寓“观城”和被称之为“金陵首个City Walk时尚漫步街区”的“红街”已闪亮登场。大小商埠纷纷入驻。很快，它将协同江苏银行总部大厦，再加上南面400米处的水游城shopping mall，一起融合进健康路—中华路—夫子庙所构成的商圈，最终与北面距离2公里的南京商业集群新街口连成一条城市中心轴线，共同形成“5分钟都市生活圈繁荣核心地带”。这里，有多少类型的资本在其中运动难以辨识，但很显然，一条疯狂的结构链将有关联的建筑全部卷入其中。银行总部大楼的加速度推进只是顺应大局的正常表现。

03

和银行工地一起挡在铝板墙后面的还有一座灰扑扑的小房子——南京基督教青年会旧址建筑（现为金塘大酒店）。它是该项目的另一部分。该建筑二层高，分为两块（皆坐西朝东，临街一部分为一字形，背街一部分为L形），占地面积840平方米，与银行相隔十余米。这个老房子建于1940年代，1996年被列为南京市文物保护单位。无论是否由于这个原因，它在这一波汹涌的（拆迁）建设洪流中存活

＊中华路 26 号地块拆迁现场，
2007 年

＊江苏银行总部大厦效果图

＊基督教青年会一角

了下来。该项目要求对其原始面貌进行保护性更新，以作银行的高级会所之用。

说起来，这个外表朴素、已然残破不堪的旧建筑会从该项目中捡到不少便宜。借此时机，大笔资金注入，它将迎来新生。功能置换（改为银行的高级会所）、结构更新（内部改为大板结构）、表皮的旧式要素一概保留（米黄色水泥拉毛外墙、清水勾缝的青砖内墙、两个红色的铸铁门框与附带的小阳台，以及一扇彩色玻璃窗等等），自然不在话下。这是惯常的处理思路。这一颇具怀旧意味的民国时期建筑修葺一新之后，必然大受欢迎。因为它是这片玻璃混凝土森林中唯一有历史遗韵的建筑，也是现代商业中心区迫切需要的温情元素。它能缓和都市生活的快节奏，调节空间界面尖锐冰冷的质感。这也正是南京城的一贯风格——古新交织，相安无事。

改建方案有一个重要的细节：建筑一层的地基边线需做一次整体的偏移。表面的原因是，原址的地基边线和中华路之间有一个大约 8° 的夹角，现在要整个扭转过来，使其与道路平行。虽然这个原因言之成理——规整道路，使整体的商务空间变得有序、顺畅。但是，具体观之，这一看似微小的动作却将工程的性质彻底改变。

以等级（市级文物保护建筑）来看，这个房子更新有其通行模式：更换老旧的结构和门窗，局部加固，尽量使建筑的旧有意象保持完整。前部的一字形体块抽掉旧屋架，拆除外墙，强化砖柱，另设梁与屋架，再恢复砖外墙（是否用原始砖还需看情况）和那几个铸铁门窗。后部的 L 形体块也大体如此，并且清水砖的外墙维持原状，工序更为简便。扭转地基则意味着这套操作程序必须全盘重来——基本是在造一个全新的建筑，只是形象与旧房子一样。前部的建筑主体全部拆除，重设地基与钢筋混凝土结构，再在原来位置贴回铸铁门窗。其实，这种全然新建的做法较之加固式保护更为简单易行，但它会带来一个麻烦的后果——后部的 L 形体块的施工难度和复杂性（还有造价）瞬间提高了几倍。因为清水砖墙必须保留下来，所以基础的扭转，使其只能采用“落架大修”这一最为烦琐的手段：将砖墙和其他构件全部拆掉，选择有再度使用可能的部分逐一编号收存起来，然后在校正过的地基上对建筑主体按原样重建。

一扭之下，这一翻新工程就偏离了正常轨道。它一方面简略了某一部分的施工程序，另一方面又使得另一部分的施工复杂化，增加了无数难以预见的意外状况。这一立场含糊的做法，是对改建活动的延迟。与外围空间的直线式高速推进相比，它铺展开的是若干条反向的、分岔的、纠缠的慢速线。正如我们所见，项目开工至今一年多，改建部分尚无多少动作——仅只拆除了外墙的空调机窗。

并排而列的两个建筑（银行总部大厦和基督教青年会）分担了两种不同的速度形式。看上去，这只是空间状态上的平衡，比如用小尺度的传统建筑调和玻璃摩天楼的冷峻；或者是某种必要的个体性的情绪补偿，比如用怀旧的历史韵味来填充商务区所制造出的情感真空。实际上，这两种速度的并列来自于某一激烈的空间对抗。而且，一旦我们将目光从此处抽离出来，就会发现，对抗的场地不仅仅局限在中华路26号这一节点上，它还蔓延到这条南北向的城市中轴线，及至整个南京城。

04

基督教青年会的街对面有一棵广玉兰树，二级古木。在十字路口边上贯穿而过的有一条运渎河（以及河上的内桥）。这三个相距咫尺的东西（一个民国时期建筑、一株古树、一条古运河），潜伏在该商务区的高层塔楼群之下，构成了一个隐性单元体。这个集点、线、面于一身的单元体虽然在夹缝中求生存，但却是这一城市轴心的背景文本。它由历史和自然两种元素组合而成，是南京的一个沉默的节点。

顺着路口南向延伸，这一节点会逐渐展示出一连串相近之物：两侧的南捕厅及甘熙故居“九十九间半”、瞻园、夫子庙、内秦淮河、老城南街巷集中的门西门东片区，直到中华门瓮城和外秦淮南岸的大报恩寺塔遗址……这些民国、晚清、明、南唐的历

*红色铸铁窗台

*基督教青年会旧址建筑（金塘大酒店）

史碎片连缀起一幅动荡千年的南京历史图景。它们是“历史文化名城”南京残存的见证，也组成其历史底图的基础结构。

中华路正是该结构一根至关重要的主轴——北起内桥，南至中华门外长干桥，长1.7公里。[2] 这条路已有两千年历史，三国、六朝时，它就是当时少有的通衢大道。史载晋成帝筑新宫，正门（宣阳门）正对朱雀门，这条街称“御道”或“御街”。因为此路直通朱雀航，又叫朱雀街。南唐时，它是宫城正门前的虹桥（即内桥）至镇淮桥的一条铺砖路面的御道，史称“南唐御道”（为南京史上三条古御道之一），两侧为官衙集中之地，镇淮桥两侧设有国子监和文库。明清时，沿途一带曾有朱元璋吴王府、徐达王府及承恩寺、净觉寺等。国民政府建都南京后，耗资16万银圆将明清时的府东街、三山街、大功坊、使署口、花市街、南门大街等路拉齐拓长（1932年竣工），通中华门得名“中华路”，现被称为南京四条历史城市轴线之一的“南唐轴线”。

以运渎河与内桥为始，至外秦淮河和大报恩寺塔为终，贯以中华路为轴，两侧散以若干点与片，这一古城的历史结构看上去颇成规模。[3] 但面对城市发展的泥沙俱下式的狂飙突进，它也难免被冲击得七零八落，许多地方已从地图上抹掉。尽管如此，这一结构仍具有顽强的生命力。它仍在为自己的生存权作抗争。现在，南捕厅的清朝民居遗存及历史街区的保护规划已经进行了10年，现在还在过程中。门东、门西的“历史街区”

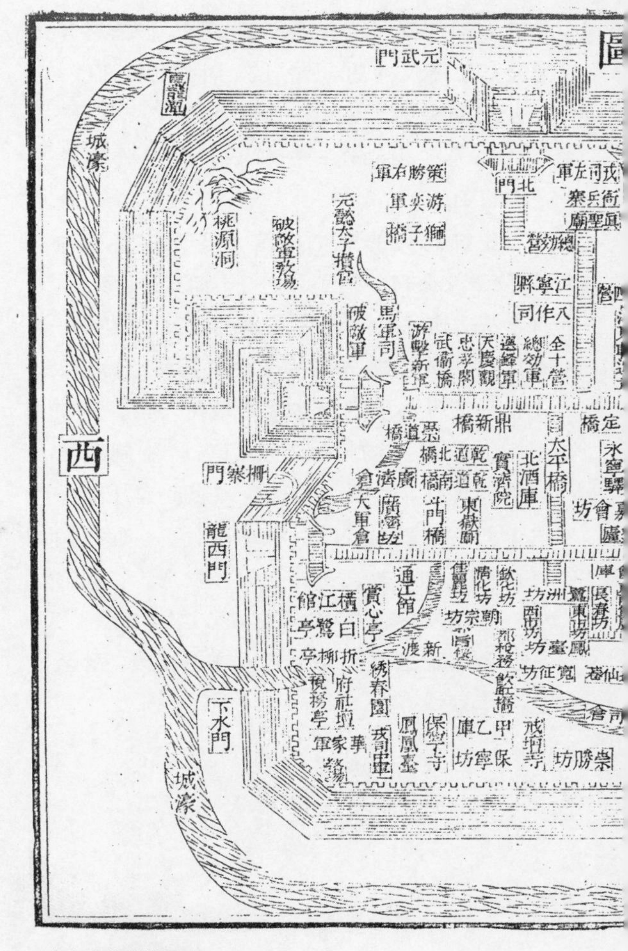

＊南宋建康府城图

—

2. 中华路为南京城内最早的人工路，在民间俗称“南京第一路”。

3. 以1.7公里长的中华路为中轴的秦淮片区，是南京古城传统文化的集中体现地。它以“十里秦淮”、夫子庙、中华门、明城墙、街、巷、传统民居和市井文化为特征。在历年的老城保护与更新规划中，这一片区一直都被视为统一的整体。

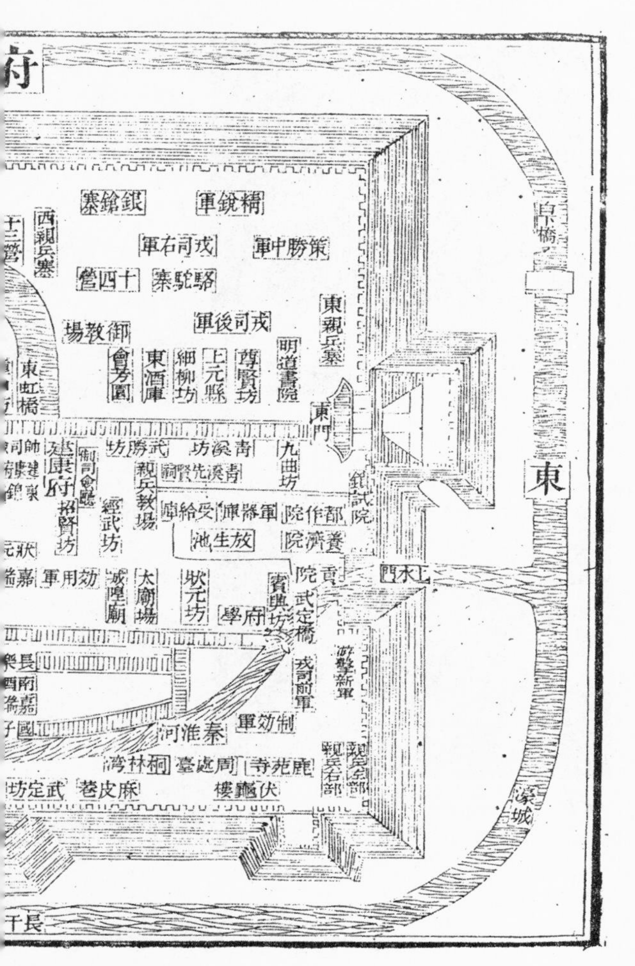

也在进行类似的保护与“镶牙式”更新。内秦淮河的环境整治为时久矣，最近沿河两岸的老河房正待“全面恢复原貌”。大报恩寺塔的重建经过漫长的策划，已临近破土动工。就中华路本身来说，这条千年轴线，也经受了若干次折腾。1987 年，南京市政府将中华路改造试点列入当年城市建设和管理的“奋斗目标”，要求“恢复中华路历史上的繁华，与秦淮风光带相呼应，反映历史文化名城的特色与新貌，为南京传统商业街道的更新探索路子”[4]。1994 年年底，为迎接第三届全国城市运动会在南京召开，市政府决定对中华路进行全段改造，并列入次年的“奋斗目标”。

可见，南京城的这两套性质完全悖反的结构（历史结构和新商业结构）的对抗已是相当激烈。它反射出当下城市的某种不正常的生存状态——过于急速的发展扰乱了一个有着千年传统的城市肌体应有的自我调节能力与生理周期。多种力量在有限且越加局促的空间里争夺资源和生存权，这必然导致不同异质成分的错动和撞击。对历史结构来说，其要求的本不过是单纯的原址保护，静止的新旧叠合，和平共处即可。这看上去简便易行，但在当下的混乱状况下，这显然是一厢情愿。实际情况是，面对新的商业结构的符号代码强势且无孔不入的侵蚀，历史结构的所有元素都被迫自我调整，以适应现实符号秩序的具体要求。

—

4.《南京城市规划志》（下），721 页。

＊二级古木

＊甘熙故居

＊内桥与运渎河

＊瞻园

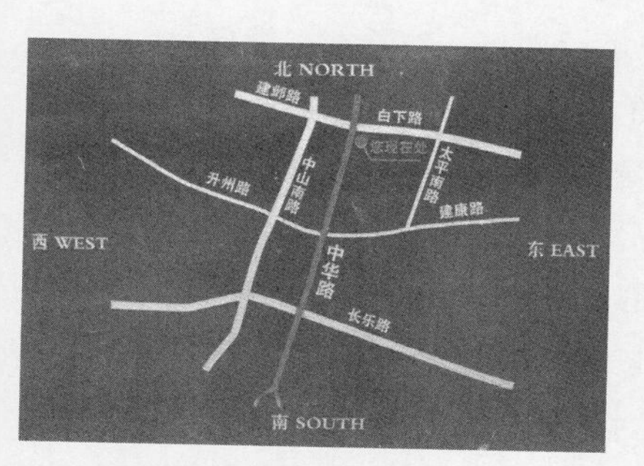

＊内桥上的石碑所刻的地图

＊中华门西的小巷

现实的要求本身亦不太稳定，常常在很短的时间段里便出现若干变化。因此，事情往往会陷入更为复杂的状况之中。比如，对于南京的“历史文化名城”的定义由来已久。1982年，南京就被国务院批准为第一批国家级历史文化名城，随即编制了《南京历史文化名城保护规划方案》(1984年版)。1992年推出《名城保护》的修订版，2002年进一步编修了《南京历史文化名城保护规划》，以后更是逐年修正，直到2010年7月江苏省人大常委会批准通过《南京市历史文化名城保护条例》。这是到目前为止唯一有正式法律效用的法规。

且不论这些逐年修正的法规之间或小或大的差异，会给保护更新周期颇长的历史建筑制造多少麻烦。在这些法规后面，现实的暗流涌动更为变幻莫测。其中更有某些突如其来的冲击——1993年3月19日，《南京市人民政府工作报告》中提出，要“在主城建设100幢高层建筑，形成具有时代特征的城市风貌”[5]。随之而来的“国际化大都市”浪潮、将下关建成南京“外滩”的宣言，使南京在短短几年里（到2002年），老城内8层以上的高层建筑达到956幢。[6] 而这些高楼大都是通过拆迁旧房屋、老街区而获得土地建造的。这些高楼、“以地补路”[7] 等相关政策和已成污点的“老城区改造”对南京历史底图的破坏无可挽救。那些尚未来得及作出适当反应的历史建筑时常被商业代码的布展无情地抹去（乌衣巷已面目全非，秦淮河与白鹭洲之间的大、小石坝街的可与“九十九间半”媲美的历史街区全部被夷为平地）。现实的世界留下一道道裂口。

虽然到2004年，所谓关于100幢高层建筑的“亮化”工作（2002年的“7721”工程和2003年的“2231”工程）[8] 已经停止，但是它们已经彻底更改了南京老城的格局。而中华路这一“全省外贸CBD商务区”正是该“历史事件”的产物之一。所以，这些高层建筑并非无法避免的经济发展的寻常结果，而是已证明为彻底失败的某项政府工作报告的遗留物——它们是那“100幢高层建筑”的复制品。这一我们尚且记忆犹新的“国际化大

—

5. 薛冰：《南京城市史》，124页，南京出版社，2008。

6. 南京的高层建筑从1977年南京城北的丁山宾馆业务楼（8层，33米）开始，到1982年是第一个发展期，共建17幢高层建筑，基本都建于城北。1983年到2001年是高层建筑发展的第二阶段，共建370幢，集中在新街口、长江路、鼓楼一带，城南较少。2002年到2004年是第三阶段，共建高层415幢，老城内有214幢，有向城南（白下路、三山街）蔓延的趋势。见南京大学建筑研究所城市特色研究小组：《南京城市特色构成及表达策略研究》，2006。

7. 自1995年4月南京市政府批转的《南京市市政建设项目复建补偿用地若干政策的意见》实施后，南京的城市建设及房地产开发均按“以地补路”的政策。“其内容是城市的市政设施（主要是拓宽或新修城市道路）的前期费用（包括拆迁安置等）均由房地产开发负担，政府则给予其他土地的开发权进行冲抵。”见李侃桢、何流：《谈南京旧城更新土地优化》，载《规划师》，2003（10），30页。

8. 南京市规划局、南京市城市规划编制研究中心，《南京城市规划2004》，69页，2004。

＊南京景胜鸟瞰图，1938 年

＊中华路卫星图

＊ 1980 年代的中华路鸟瞰

＊ 2010 年，新街口

＊民国年间中华路街景

都市”风潮无疑是南京的巨大创伤点，它对南京城历史结构的大规模破坏堪与史上任何一个时期的结构变动相比。这既是指其物理后果，若干记忆地标消失；更指精神后果。它发生在我们眼前，直接干预了我们现实感的构成——对于生活在其中的南京人来说，场所的历史记忆是现实感不可或缺的成分。

现在来看，这一曾经的千年之轴的端点已完全现代化了。广玉兰树在“观城一号”前看起来像株招财树；脏兮兮且臭味依旧的运渎河和内桥，除了桥头那块石碑，难以令人联想到千年、南唐之类；只剩基督教青年会旧址这一尚存历史遗意的建筑勉强维生。历史结构在与新商业结构的角力中全面落于下风。

05

建筑遭逢改建，意味着它已完成了一段历史周期。它面临一个转折点。现实的符号秩序对其有了新的要求，它需要嵌入更新了的符号链条之中，成为现实的一部分——中断物质身体的自然衰老过程，重续符号生命。这里存在两种选择：作为“意义综合体”的复活，和作为“能指自治体”的复活。两者对相同历史内容的态度截然相反。要么，它将之档案化，加之于一个叙事结构，使相关的历史记忆成为可稳定传递的意义文本（图像、文字、建筑物的综合物）；要么，抛弃掉建筑的历史内容，将其能指群分离出来，也即保留可兹利用的视觉上的审美元素，变身为一个纯粹的新建筑。它被纳入当下的商业开发系统，成为城市公共生活的一个特殊地带——保留历史意象，对其进行价值再生产。这一状况非常普遍，比如南京的“1912街区”、上海的“新天地”，以及类似的创意产业园。对于意义综合体来说，需要做的是以遗址建筑作基础，重塑一个开放的、关于历史记忆的叙事空间——用原始材料和文字陈述还原历史的诸般过程，使之具有道德训诫、教育等意义；对于能指自治体来说，新建筑诞生。

基督教青年会看上去只是一个普通的历史遗物，一个规模不大的民国时期建筑。与许多同类建筑（南京那些漂亮的天主教堂等）相比，它的艺术性只处于下等之列。但是，其历史流变却相当传奇。1949年前，它与诸多中国近代史大事件有关——既见证着中华民族的崛起，又目睹了其深重的灾难。这些多样的历史成分不同程度、不同方式地影响着它的现状和未来。正如我们所见，它的改建方向在复活意义综合体或复活能指自治体之间摇摆不定。

1844年英国人乔治·威廉于伦敦创立基督教青年会。1885年青年会传入中国。全国第一次运动会就是由青年会在南京主办，这是现代体育运动会在中国的开端。1912 年，在国民政府成员王正廷、马伯瑗的倡议下，南京的基督教青年会成立。内务部指示南京当局拨给地基，以作建设之用。那个时候孙中山正任临时大总统，他对青年会极为重视，认为“青年会乃养成完全人格之大学校也”[9]，首捐 3000 银圆用做青年会的开办费。随后，全市众多社会人士也纷纷解囊，青年会于华牌楼租下一周姓大厦辟作会所之用。1912 年 4 月 1 日，青年会成立典礼在此举行，孙中山率领南京临时政府各部总长和次长，亲临典礼，接见青年会诸位董事并合影留念。1925 年青年会聘请建筑师设计会所。经过一年多的施工建设，新会所于 1926 年 4 月竣工，坐落于城南府东街（即现在的中华路）。1937 年南京沦陷，该建筑遭逢大劫，二层几乎焚毁殆尽，内部木结构也全部烧损，只留外墙。1946 年 11 月，在总干事诸培恩、李寿葆及美国人麦纳德的促进下，被烧毁的青年会会所得到恢复。解放后，青年会的活动变动较多，会所也被用于仓库、餐馆、厂房、办公、银行储蓄等不同用途。

在这一民国时期建筑将近百年的历史里，有一个明确的段落划分。1949 年前，它是时代的有力参与者——基督教、中美交流、全运会、孙中山、日军侵华战争、抗战胜利等近代中国的历史符号都留下深刻烙印。这些包含着基督教在中国的传播[10]、青年会与民国政府[11]、近代中国的西方教育[12]、全运会与近代中国体育精神、孙中山的民国政府与城市建设活动、南京与抗战等等近代中国诸项重要的文化主题。[13] 相应地，建筑的物质性身体也大起大落、饱受磨难。1949 年后，建筑的人生平淡无奇，虽在功能上多有变迁，但其物质身体一直保持着原有模样，60 年时间的流逝只是使其更为老旧残破而已。

就历史内容来看，无论是重要性，还是丰富性，基督教青年会都有必要成为纪念的对象——它是 100 年中国历史（23 年的民国史和 62 年的共和国史）的缩影，是其中若干

—

9. 见南京基督教青年会网站。

10. 基督教“作为美国奇迹的社会福音”，对中国青年会产生的影响，也被美国学者认为是“源于不同文明中的两个国度之间跨文化碰撞历史中的独一无二的画卷”，是“20 世纪美中文化交流碰撞中最精彩的篇章”。见赵晓阳：《基督教青年会在中国：本土和现代的探索》，145 页，北京，社科文献出版社，2008。

11. 青年会在发展的各个时期，都很注重与历届政府的关系。孙中山、黎元洪、袁世凯等都表达过对青年会活动的支持。另外，青年会总干事余日章还曾为蒋介石和宋美龄主婚，蒋介石也曾为青年会第九次干事大会题词。见《基督教青年会在中国：本土和现代的探索》，35~36 页。

12. 费正清先生在论及基督教对中国社会改革的影响时认为，对中国的西方教育最具影响力的机构之一就是基督教青年会。“从第一任干事来会理 1885 年到中国直到 1949 年，青年会一直都是中国社会改革的推动力。它对中国政治和社会发展方面产生的影响，在世界上任何其他国家和地区找不到同样的例子。”见《基督教青年会在中国：本土和现代的探索》，36 页。

13. 相比之下，近代中国建筑史的某些主题，比如传教士与中国近现代建筑的发展等，反而没那么醒目。

＊孙中山先生率国民政府各部总长和次长参加南京青年会成立典礼

＊民国十五年落成的南京青年会会所（今中华路 26 号）

重要历史转折的见证。丰富的文化符号和事件，以及相关的细节，可以使之轻易地建立起一套完善、动人的叙事结构。况且现在正处于“辛亥革命 100 周年纪念”的全国性风潮之中，青年会作为孙中山倾力推动的项目，其重建理由相当充分。[14] 从建筑上来说，它还拥有一个现成的纪念空间——这个保存尚还妥当且不乏精美之处的建筑。沿街建筑块的米黄拉毛墙面、圆形门洞、红色火焰式的基督教建筑元素搭配得很贴切，背街一块的清水砖墙和人字屋顶线条清爽、色调沉稳，民国味道纯正。两者对比起来颇为出彩，且和建筑所包含的历史内容正相呼应。而且，它的位置的公开性（这个商务区显然需要某种开放和交流特征）也和纪念建筑的要求完全吻合。似乎这里出现一个再现历史记忆的叙事空间，一个纪念性建筑，一个意义综合体是顺理成章的。

这个简单逻辑并没有实现。目前看来，基督教青年会的改建貌似尊重历史，是对传

—

14. 孙中山与青年会渊源颇深。除了南京基督教青年会之外，他还在上海、广州的青年会上发表过重要演说。1924 年，孙中山发表著名文章《勉中国基督教青年》，文章论及青年会以德育、智育、体育去陶冶青年，使之成为完全人格之人，将为青年会救国的重任。

统信息的曲意挽留。不拆除，反而整修它，使历史得以留存，甚至加以强调——在此空间节点中，出于对比的原因（周边都是现代风格的高楼大厦），这一民国时期建筑将会显得尤为突出。[15] 但是，实际情况正相反。

“扭转式”的改建行为是对历史的某种隐晦的中断。它以一种强制性的空间规训和符号整合，拒绝了意义综合体的实现。对墙体、窗户、阳台、栏杆、门楣（或局部墙体）等零星碎片的选择、拆解、保存、重新安装，这一系列细碎的程序，将历史段落中环环相扣的细节强行分类。在分类中，某些历史记忆被删除，某些被选择性地符号化。历史最重要的特征——连续性——被破坏。而历史之意义综合体的呈现，正有赖于以此为基础建立起来的叙事结构。那扇 1945 年的彩色玻璃窗和红色的铸铁门框与附带的小阳台当然会保留、贴回原来的位置，但二层所有破损不堪的木框玻璃窗肯定会全被换掉。西面的清水砖墙会有部分保留，东面的米黄色水泥拉毛外墙当然会重新来过。所有元素都会按照建筑的原始模样进行艺术性的重组。这些纯粹的审美符号、抽象能指，在专业技术（美学和工程）上使自己达到自足状态，而不参与任何关于历史意义的阐述和建构。它避开了外向的叙事性，拒绝了一切意指活动的可能，以完成一个能指自治体。最后，其功能上的安排（做银行的高级会所），将其自我封闭性推向高峰——它对公众关上大门，只提供特殊人群以特殊服务。

最终，在这个商务区中，共时性重叠着的只是一个能指网络：作为能指自治体的基督教青年会、纯自然的古玉兰树，和近乎抽象的运渎河。

06

那么，为什么在此无法实现意义体（开放性的纪念建筑）的复活呢？这使得该城市轴心的历史结构的表现力（它不是由单纯的形象，而是由形象的历史叙述机能所决定）消退殆尽。换句话说，为什么它不能像同类建筑那样，成为历史文保建筑向文化纪念类建筑转化的实例之一呢？[16]

＊ 1938 年的南京中华路

—

15. 这也是两套对抗系统相互妥协的结果——基地的 8° 扭转，在不影响建筑原样的前提下，使其嵌回到周边高楼各就其位的正交网格之中。

16. 2003 年，基督教青年会旧址被降为区级文物，2006 年，再次列入第三批市级文物保护单位名单。见南京市规划局、南京市规划设计研究院：《南京老城保护与更新规划总体阶段说明书》，2 ～ 28 页，2003。

*遭日军焚毁后的南京基督教青年会会所

尽管南京城的两套结构（历史结构和新商业结构）博弈激烈，但是这种转化并不少见。仅就相关的近现代建筑而言，到2010年南京已经公布了五批重要近现代建筑保护名录。其中和基督教青年会同等级的市级文物有112项。《南京市重要近现代建筑和近现代建筑风貌区保护条例》明文，“鼓励重要建筑和风貌区内建筑的所有人、使用人和管理人利用建筑开办展馆，对外开放”[17]。目前，这些建筑大多保持原有模样，其中也不乏开放其历史纪念功能的例子。比如南捕厅甘熙故居的“南京民俗博物馆”（1982年的市级文保单位，离基督教青年会并不远），现在依然运转良好。

这也许要归结到该建筑的历史中某一特殊的部分，也即南京城最惨痛的创伤性记忆——大屠杀。1937年12月13日，日军由中华门攻入南京城，一路烧杀劫掠，中华路这条千年轴线一片火海。

尽管经历1500年的变迁，中华路对于南京城的意义却没有什么改变。此时，它虽然已经不再是皇家御道、政治之轴，但却是南京城中最繁盛的商业街。它和太平路一起（两条南北长街），类似于北京的大栅栏和天桥，上海的南京路和城隍庙。这条街上，国货公司、中央商场、美国人的哥特式教堂、银行、南京最大的瑞丰和绸缎庄、粮行、戏院、茶食店、杂货店、水果店、炒货店、茶馆、酒楼、饭店、旅馆等等密密排开。实际上，这一繁华景观在1930年代初才刚刚成形，便遭灭顶之灾。从中华门至内桥整条街道基本上全部毁于一旦，破瓦残垣，绵延数里，建筑无一完栋。

基督教青年会正处于这条烈火之轴的端点——它曾经积极组织抗日宣传活动（散发传单和举办抗日漫画展）和保护抗日志士[18]，因此遭受残酷报复，二层被烧毁，只留下局部外墙。青年会南京分会负责人、美国圣公会传教士费吴生（George Ashmore Fitch）用他的摄像机拍下建筑被焚毁后的照片，历经艰险运送到美国，这也成为日后指控日军大屠杀的有力证据。青年会在《拉贝日记》中也留下重重的一笔。[19]

一般而言，对于这部分历史的记忆，在公共层面和私人层面上都有着某种难言的味道。公共的纪念从未停止，且有增无减，比

—

17. 见江苏省文化厅网页。

18. 1937年，李公朴曾寓居于此。

19. 书中数次提及南京基督教青年会。它是多种暴行的见证场所，妇女（包括青年会雇员的家人）被强暴，建筑又遭数度焚毁。青年会及负责人费吴生将中山南路的大楼改为收容外地难民的临时避难所。

如喧闹一时的大屠杀纪念馆的新馆建设和层出不穷的研究著作、研讨会、文献整理（最近有70卷本的相关资料将出版）、电影制作（《张纯如》、《南京！南京！》、《金陵十三钗》）。另一方面，慰安所被拆毁之类的事件也时有报道。这一对大屠杀历史有着绝对证明效用的场所，已经被拆得差不多了——几十个地点只剩寥寥数个，最完整且最著名的利济巷旧址也没能在巨大的争议和反对声中保留下来，已遭拆迁。[20] 相比之下，我们或许更应该多关注后者（前者大抵是意识形态的需要），因为其背后的原因与基督教青年会此刻的状况颇有关联。

无论是慰安所之类的简单粗暴型强拆，还是基督教青年会之类的智慧型的修辞替换，结果是一样的：历史的物证被抹掉。当然，我们不能简单地归结为国人对历史漠然之惯性。这也许反而证明了该事件留下的创伤性记忆过于深重，以至于那些试图将其“历史”化（成为某种思想教育和学术研究的纯粹对象）的行为纷纷失效。这一创伤性记忆已经成为某种精神实体。它的纪念物，无论多庞大、严肃，相比之下都显得微不足道。或者说，它们没有起到什么纪念功能，反而在削弱这一精神实体的强度。因此我们见到的常常是一个反向的结果——那些纪念场所被商业活动所包围，既混乱又庸俗。比如，大屠杀纪念馆刚完成时还颇有肃杀之气，现在已经变得像个游乐场。周边高档楼盘也纷纷冒出，各类花哨的广告牌此起彼伏。似乎南京城对这一记忆的纪念形式不是回忆，而是遗忘（主动遗忘），遗忘的形式是回避、拆毁、商业庸俗化、转向极少开启的个人记忆。

不难想象，如果基督教青年会旧址和那些慰安所一样，被改造为有大屠杀纪念性质的场所（一旦要将其恢复为历史记忆纪念建筑，这一创伤内核必将慎而重之地被打开，向观众展示），它或许早已被城市建设洪流给悄悄吞没掉。它能够存活下来，看上去是其略带历史感的艺术性在城市空间的塑造上尚有用武之地。但其建筑风格的特定指向也许更是此中关键——基督教青年会的特定身份，其中广泛的救赎含义正与此创伤内核相平衡。

07

虽然传自于美国，南京的基督教青年会却有着独立的普世意识。它以《圣经 · 新约 · 马可福音》第10章第45节的经文“非以役人，乃役于人”作为会训（意思就是不要由人服侍，而要服侍于人，以服务社会、造福人群为宗旨）。其工作纲领为发展德育、智育、体育、群育的“四育”，“以德育培养品性，智育启迪才能，体育锻炼精力，群育增进社会活动，发扬基督教倡导的奉献精神，培养青年的完全人格”[21]。在具体活动上，青年会也确实严格遵循其会训和纲领。

—

20. 利济巷旧址已拆除了2/3有余。现在剩余部分拟作保护性更新，用做相关历史的纪念馆。

21. 见南京基督教青年会官方网站与《基督教青年会在中国》，27页。

南京青年会最主要的社会工作为平民教育。1912年成立伊始，青年会即开办科学讲演启发民智。北美协会干事饶伯森（Clarence Hovey Robertson）受邀进行的附带仪器（无线电、飞机、单轨铁道等）的科学讲演大受欢迎。一年多后，青年会创办求实日、夜学校，聘请教员分班上课，以辅导地方教育的不足。随后组织平民学校，开展扫除文盲活动。它在全市先后开办平民学校80余所，每学期平民学校的学生多达五六千人，成为全国开展平民教育规模最大、提倡最得力的城市青年会。1916年青年会举办卫生展览大会，聘请中华卫生教育会毕德辉博士（William Wesley Peter）来南京，在展览大会上作卫生演讲。这次展览在南京卫生运动史上还是首创，相当轰动。

另外，青年会还积极参与组织接待从法国回国的华工，试办霞曙农村改进社（首创农村服务工作）以及赈灾救援活动。1949年之后，青年会在开设业余文化学校（主要是外文教学）、夏令营和健身运动等方面仍然成绩显著，延续其一贯服务社会的思路。

这种面向社会的积极且不乏奉献意识的行动方式，恰是所有创伤之地的内在渴求。相比之下，那些单纯的创伤纪念场所（慰安所之类）难免覆灭的命运，常常在于缺乏这一向社会开放、创造新价值的正面维度。如果从纪念始，还以纪念为终，那么，历史的创伤内核所诱发出的记忆痛苦通常会使得主体无止尽地沉溺于过去，陷入自我迷恋的旋涡而无力自拔——屈辱、愤怒、仇恨，诸如此类。当这一不断扩张的痛苦无法遏止，最终对主体的存在造成困境的时候，或者说，当场所无法消化该痛苦之时，它就只剩下自我毁灭一途了。摆脱这一危险状况的出口，即是向未来开放，使自身成为联系过去和未来的纽带。“非以役人，乃役于人”并非简单的宗教训诫。实际上，它和中国禅宗的某些教义很接近。在这里，它显示出新的意义——对自我感情迷恋（尤其是那些负面的部分）的主动舍弃，转向到一个更大的价值创造的系统之中。换句话说，它本是创伤之地，但也是拯救之所。

青年会的改建正走在这条拯救之路上。但是，它的方向有点偏转。也就是说，如果按照以拯救弥合创伤的逻辑，改建工作应该将此建筑转化为一个完全向公众和社会开放的服务性的空间。建筑外观并非第一位，其功能设置才是重点。它应该是一项不计回收的投资[22]，应该是这个商务区域里一块社会服务的净土（这就与改建模式类似的南京1912街区或上海新天地性质完全不同了）。就像当年的基督教青年会一样，它应该紧密地和平民教育、体育精神、危机救助、精神治疗、文化普及等公众道德的事务联系在一起，应该成为如同费正清所说的“中国社会改革的推动力……对中国政治和社会发展方面产生影响”。这样，创伤就不再是毁灭的理由，而是重生的动力。

—

22. 目前独立会所也是非盈利性质，这体现了该场所的某种自主需求。

当然，这只是个假设。土地产权的旁落和商业开发的竞争已经将这一可能性联合绞杀在摇篮中。它无法回到70年前，成为一个费正清所定义的拯救精神之所。尽管如此，拯救之路却没有就此打住。这已经固化为该场所的命运，超越了现实的符号秩序对它的诉求。正如我们所看到的，拯救的方向偏转到建筑上（就像基地的8°扭动），也即其物质性身体上。这是拯救之路在受阻时的本能表达——现在，迫在眉睫的是，最大限度地挽留场所的历史特征，以待将来所用。

08

至此，记忆必须退场，但是历史留了下来。不过，留下来的不是历史的实证内容，而是一个由历史转化而来的幻象。幻象，是这个现实裂口唯一能容纳的东西（除非彻底拆除，换上一幢全新的商务建筑）。现在来看，幻象已然成形。它就是改建计划预想的结果——那个自我封闭的能指自治体。项目完工之后，它将是个光鲜的、有着南京独有的民国风情的建筑。它像一幅画、一座雕塑那样安然立于街边，以供大家欣赏。

幻象的作用就在于此——以一种虚无的方式（功能休克）填补进现实符号秩序的间隙、缺口，以保证该秩序外表上的连续性。但是，历史如何成为幻象？这需要一系列复杂的操作。幸运的是，此处的幻象营造有一个现成的出发点——两扇红色铸铁窗和阳台。它们能够使历史回到某一原初景象上，即1937年之前青年会的模样。该原初景象本是激起记忆长河涓涓流动的源头，现在充当起幻象营造的模板。而且，它的功能不是记忆，而是遗忘，或者说是一种“遗忘式的回忆”。对它的美学重构，制造出从1937年到2010年间的时间短路——既剔除创伤内核，更连带着将场所的全部记忆一并抹掉。最后，历史被压缩成一个时间薄片，成为一个禁止入内的图像（幻象）。

基地8°扭动就是对这一遗忘式重构的专业配合。现在来看，以不相称的代价实施的基地的小小移动，是一个不可或缺的步骤。因为只有这样才能成功制造出一具全新的空壳。烦琐的技术操作真正清理掉的就是与大屠杀相关的记忆残片。那些火劫余生之墙将不复存在（这是对创伤记忆的最后清除）；替换了全部结构（这是对历史内容的抽离）；改变了所有的空间位置（只留下一个点保持不变，这真是饱含深意）；然后挑选出富含审美意味的基督教视觉符号进行重构。重构的结果不是历史的复制品，而是一副模拟的替身、一张美丽的面具。它将该场所严实地包裹起来，防止任何形式的侵入。因为其内部已经一无所有。

这将是一个无法接近的建筑。正如幻象，一旦进入，它会像气泡一样消失。不过，这也是它的存在方式——我们在失去它（无法进入、无法使用）的同时重新获得它（建筑尚在、历史尚存）。无论如何，青年会有机会再次走上它的拯救之路。

不过，我们尚不能断言，城市的历史结构在与新商业结构的对抗中赢下一局。这是一笔残酷的交易。历史以自我牺牲换回物质身体的局部留存，以主动的遗忘来延迟自身的毁灭。但是，事情并非就此完结。幻象只是对现实矛盾的暂时缓解，被压抑、抹掉、遗忘的历史记忆并非就此彻底离开，它们将以各种隐晦的方式回归，且干扰建筑主体与新的符号秩序的结合。当下青年会改建进程的犹豫和徘徊就是征兆。

这只是开端。项目刚刚进入初始阶段，诸般麻烦也才隐隐冒头。项目完工之后，这些麻烦不会就此消失，它们会转移到其他地方，制造出难以预见的难题。[23] 这些眼前或未来的困境，或许正是该建筑走上拯救之路的必然磨难。无论它成为高级会所或是其他什么建筑，都将承担着这一命运。

09

两种速度，两段历史[24]，两场角力。这既是历史遗传与商业侵袭之争，也是创伤内核与现实的符号秩序之战。在青年会这里，历史暂时占了点上风。一方面，其幻象式的存在，回应着环境的非历史化趋势[25]，等待拯救之门的打开；另一方面，创伤内核被唤醒，它延宕着改建的正常进行，在项目完工之后，它还将继续在符号秩序中制造麻烦，以各种方式凸显自己的存在。在银行总部大厦中，创伤内核被社会进步的动力（国际化、城市化、GDP 之类）轻易驱散。它将历史踩在脚下，用金钱、时尚、现代生活来分割远未成形的记忆幼体——商业代码的这一轮布展还没有稳定下来。它对城市历史肌体的伤害程度尚

江苏银行总部大厦项目规划方案批前公示

一、项目概况

江苏银行总部大厦项目位于南京市白下区中华路26号，是集金融交易市场、金融网点、金融办公及内部培训为一体的综合性项目，被列为2009年南京市重点建设项目。项目占地面积12730.7平方米，用地性质为商业、金融保险业、商务办公、旅馆业用地，建筑高度≤160米，容积率5.3，拟建地上建筑面积约为65000平方米，地下四层可建面积约为38000平方米。

根据南京市规划局的相关规定，现进行总图批前公示，在公示期间如有意见和建议，请与我公司联系。

二、公示地点：

1、建设现场：中华路26号

2、市规划建设展览馆（玄武门）一楼规划公示厅

3、市规划局网站（www.njghj.gov.cn）

三、公示时间：2009年11月9日—2009年11月15日（7天）

四、联系人：陈湘明　　联系电话：52251013

五、公示单位：江苏银行股份有限公司

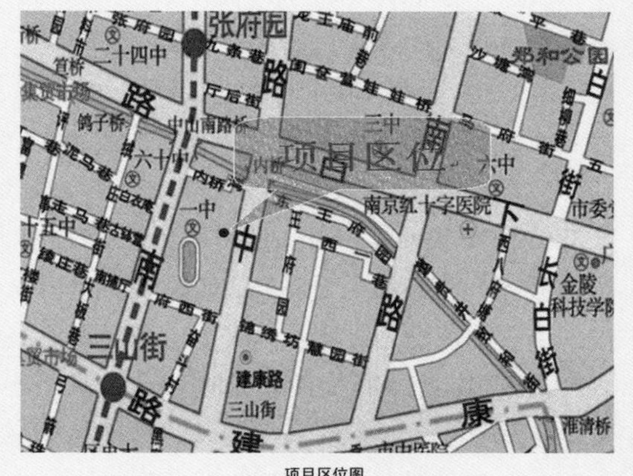

项目区位图

*江苏银行总部大厦项目公示

23. 就改建程序来说，该场所是内向的；就城市环境来说，它需要公开性。现代商务区本质上的开放性与流动性，与该建筑目前的封闭姿态格格不入，这一矛盾将在日后逐渐体现出来。

24. 1937 年的创伤内核使得基督教青年会的拯救之路走得如此艰辛。与此同时，另一个创伤内核（1993 年）也在推动着银行总部大厦的快速营造。它们各自对应着两段毫不相干的历史：南京民国史和当代城市发展史，使得两段历史各自形成一个完整的循环——前者是将近 70 年后的改建，后者则为商务区的建设画上句号。

25. 作为新街口的“副中心”，该城市轴心在 2003 年的总体规划中被定为“高层适度发展区”和“高层一般发展区”。它是南京的商贸中心区南延的最底线，也是高层管制的尽端。

无定数，就以不可辩驳的发展之名义，直奔未来而去。

不过，银行总部大厦的中国式加速度并非看上去的那样简单——为了建设现代化的南京而肆无忌惮地直线推进。一旦深加追索，我们发现，这条加速线并不稳定。虽然其长度只有短短几年，但其中微妙转折不在基督教青年会的传奇之下。

这是一段活生生的当代史。它由若干人为计划与一些突发意外交织构成，各股社会能量束在这里相遇、撞击、合并、纠缠，使得速度出现各类变形——压缩、拉伸、停滞……它们的闪烁难测，印证着当下境况的不可确定性。尽管这只是一个微不足道的大楼建设，它也需要随时来调整自己的行进节奏以应对外部的瞬息万变。正如开篇谈及的从2009年年底开始的中国式速度，并非只为赶赶工期之类的寻常目的。它是之前一段怪异的时间停顿所导致的必然结果。这一停顿是“计划”之外的偶然事故，并不在旁观者（局外人）的视野之中。

2007年年底，本地块（中华路26号）曾经拍卖成功。一年多后它在毫无预兆的情况下又重新拍卖。其中的变化是：容积率提高（从4.25到5.3），建筑面积增加了13 000平方米，用地性质有所调整，原本商住（酒店式公寓）转变为旅馆业。这一反常行为（地块在如此紧密的时间里重复拍卖，并非小事），对于其中端详，我们当然难以获知，但这显然与短短几年中南京的地产开发的风向变化有所关联。

地块第一次拍卖前两年（2006年前后），南京的小户型酒店式公寓行情看涨，各种楼盘纷纷上市。其时，中华路一带商住建筑短缺，正是小户型酒店公寓的热点地区。2007年年底26号地块拍卖，用地性质里列有酒店式公寓一条，显然是迎合时事之举。[26] 不料，两年之后，风头突转。2009年年底南京市出台了两项政策，官方首次将酒店式公寓和普通住宅区别开，并且在2010年南京房产新政中，酒店式公寓被排除在普通住宅之外。[27] 新政一出，南京的房产市场迅速作出反应，一家以酒店式公寓为主的楼盘开盘即遭滑铁卢。26号地块的重新拍卖中关于用地性质的重大调整（修改了1/3的使用功能），无疑是在即将蒙受巨大损失之前的紧急救火措施。二次拍卖后的项目实施的细则中，大楼为“银行总部办公及配套，系统内部培训，金融交易市场，国际会议，营业网点等”的综合体，商住内容（以及旅馆业）全部撤掉。

在这一轮急刹车式的重复拍卖中，现实的褶皱已然形成。似乎在弥补所耽搁的时间

—

26. 公告中还强调“酒店式公寓的面积不得超过地上建筑总面积的30%”，这意味着酒店式公寓的总面积相当可观，将超过1万平方米。该项目有可能上市200套以上的酒店式公寓项目，开发商无疑会从中大大获利。

27. 对于购房者，这意味着将来在出售时要承担比普通住宅多得多的税费，购房者所承担的契税也不能享受到政府补贴。此外在申请贷款时，首付必须达到50%，且不能申请公积金贷款。这必然引起购房者的重新判断。这些新规定的出台，给酒店式公寓的前景带来实质性的影响。

＊青砖古道路排水设施齐全

(一年多)，设计与建造的正常程序被粗野地搅合在一起。整个工地好像跨上一列急驰的列车，报复式地向前狂奔，把不和谐的因素全都甩在脑后。

10

或许在印证（考验？）这一非常规的速度，大厦基础工程刚刚开始，便在工地2米深处挖出了一段宋代的砖铺路面。[28] 考古人员足足花了两个月时间清理出的这条青砖路宽3米多，长15米左右，呈清晰的东西走向。青砖的排列规整漂亮，拼为近似于菱形的“回”字形图案。整个路面呈拱形，道路中央的高度稍高，两侧还各有一条用细砖砌成的5厘米宽的排水路沟，表现出排水处理的意识。这条青砖路的历史价值毋庸置疑，它是南京同时代同类遗址中的首度发现，对于研究南唐及宋代该地区的建筑格局显然意义重大。经过“多次沟通”，建设方同意把这处宋代遗存保留下来，进行原址保护。初步设想是，截取保存最完整的一段路面（长4米多、宽3米多）整体打包移走。因为青砖路所处的位置将来会是办公楼区域的花园或绿化带，所以待工程结束之后，再将青砖路搬回原址，“作为下沉式景观进行展示性保护，形成一处独特的城市文化景观”[29]。

这类施工意外在南京城里已经司空见惯。[30] 但是专家们在此作出的迅速反应却堪称典范。尽管挖出考古价值颇大的历史遗存，工程进度却未受太大影响。专家们和工程方第一时间内给出应对方案，恰当完美地将这一意外变故包容进项目之中。它既体现出对历史的重视，又能转古为新，使之具有时效性——历史标本以景观雕塑的形式被纳入商务区的空间营造系统。在这里，商业代码的布展，表现出对于历史信息的圆熟处理：历史以最快的速度被吸收，成为现实的符号秩序的有机单元。整个过程精巧、快速，无懈可击。当然，一个几乎被忽略掉的事实是，在此，历史城市的结构遗迹还未开

—

28. 26号工地属于南京地下文物重点保护区中的南唐宫城及御道区。在南唐时期，内桥以南（也就是现在的中华路）的御道两侧是朝廷的衙署区，到了南宋，南唐宫城成为南宋行宫，而御道两侧的官府建筑也依然在使用。专家认为，从位置和路面宽度来看，这次发现的青砖路应该是御道西侧衙署建筑间的小路。

29. 见 http://press.idoican.com.cn/detail/articles/20090820093B64/

30. 2007年在附近的内桥北侧王府园工地上挖掘出一处宋代遗址，根据遗址的规模以及相关史料记载，这里是800多年前南宋南京最高政权机构——建康府治遗址。

始正式得以研究，就已被抹去。这条青砖路当然远远不止这4米长的切片，它所暗示的城市古道、古轴线、古结构才是其本体所在，才是我们还原历史、研究历史的真正对象。[31]它们甫见天日，就再度被不可阻挡的现代化大楼压在地下。

历史向我们开启其记忆功能的欲望又一次被遏止。它原本可以成为历史进入公众城市生活的一个绝好机会，就像明城墙，或者古罗马的那些广场遗址。南京本是个叠压式城市（和罗马一样），这一区域（内桥南北）更是历朝中央官署区的密集之地。所以，此处挖掘出的断层如同“千层糕”，显露出来的是城市内核的历史切面和复杂经络。而且，这一垂直向度的切面浓缩了从三国至明朝若干时期的政治结构与物质形态的对应关系，其中包含着丰富的、有待深入研究的细节。另外，一旦将该断层在水平方向充分展现出来（它远远不止15米），北望建康府治遗址，东接御道东界，这将形成一个大型的古城景观。六朝古都的地上建筑早已荡然无存，但是地下形貌却近在咫尺。我们可以走下这2米深处，踏着青砖，沿着路面缓步行走，想象千年前的古城风貌，感受与古人共同生活的滋味。

这本是此块遗址应该发挥出的作用。青砖路面正是时代脊骨中的一节，是我们追索历史宏大叙事的重要开端。它不应像现在这样，截出一个片段，罩上玻璃盒，放在高楼环抱的中庭间，成为一个纯粹的装饰品。

无论这块4米长的青砖路面保存得多么完好，它仍和那些一同出土的六朝、明代的瓷器性质不同。与之相比，青砖路有着更为深远的意义。它从属于历史的原始结构，是古代城市的基本标点，是公共活动的固定界面。它铺展开的是一幅巨大的社会历史空间，而非仅供研究观赏之用。其不可替代之处是空间位置的唯一性、功能性，以及服务性——换言之，它属于所有人。虽然现在的计划是在工程完工后将其放在GPS定位的位置上，但是它已经离开了本来的场所，与原始结构脱钩。就像青砖路面被提高2米，在此，历史也被微妙地提升到艺术的层面上，作为艺术品小心翼翼地展示出来。

11

就像基督教青年会，在银行总部大厦这里，历史也被压缩成一片幻象，维系着现实的符号秩序暂时的平衡和表面的连续性。当然，创伤内核的差异，也使得幻象的存在方式有所不同。

对银行大厦来说，其创伤正在进行中，

—

31. 目前发掘面积有限，出土道路的长度是15米。但可以肯定的是，这条青砖路仍有一部分掩埋在地下，分别向东（中华路）、西（南京一中校园）两侧延伸。两年前考古工作已经弄清了南唐御道的东界位置，而此次发现的青砖路东段当年也应该与御道交叉，如果能找到这个西侧的交叉点，整个御道的宽度就清楚了。从目前掌握的线索看，南唐时期的御道应该比现在的中华路宽得多。另外专家认为，该次挖掘还能进一步弄清御道两旁官署区的分布，并且由于地处城南，还可以考察大量的六朝遗迹。

历史的清算之日还是个未来时。所以这里大体延续了南京的叠压式城市传统——商业代码将历史踩在脚下。与此同时，它也对其小有补偿（青砖路面被郑重奉为“艺术品”）。这是一个清晰的二分结构：现代建筑为主体，历史“艺术”为装饰。这也正是该幻象的标准形式：现代风格的生活，古代雅趣的品味。

对青年会来说，创伤已成过去，当下的改建正处在历史结算当口。建筑以翻新的仿旧表皮包裹现实的虚无功能，这是一个相当模糊的结构——也是幻象的表现结构。它能有效地填补现实的断裂口，延缓某种（创伤与场所的符号化趋势之间的）初始矛盾的爆发。但是，这是暂时性的。创伤虽被这一幻象阻隔，并不在场，却仍以各种隐性回归的方式干扰主体、建筑、环境之间的关系，延迟着三者的结合。可见，幻象本身的展开也并不轻松，不及银行大厦的幻象运行得便捷有效。

当然，与1937年的大屠杀相比，银行大厦的创伤远非那么深重。它对历史结构的破坏是一种无主体的创伤：发生在地下，只为小圈子的专家们所知，并且直接从遗址现场转移到博物馆、研究所等禁地，没有对公众的日常生活造成直接影响。这也是商业代码能够轻易覆盖整个过程的原因之一。

不过，银行大厦的加速推进似乎本该简单易行（商业动力巨大、创伤阻力微弱），与青年会的由创伤主导的慢速龟行恰成对照、相互均衡。但实际情况是，开工至今，两者都陷入莫名的尴尬境地，各怀苦衷。青年会的改建计划申报滞留在相关部门处迟迟得不到回复，前景极不明朗——这速度也未免慢得过了头。相比之下，银行大厦更多难言之隐：地块二次拍卖的时间褶皱和土建与设计过程强行混和的冲抵，已经让人揣测多多，横插一足的青砖古道更像个恶作剧（似乎在嘲笑这一速度的荒诞）。确实，若以速度来描绘工程状况，这里其实已是乱麻一片。

环顾左右，我们会发现，外表平静、内潮涌动的并非只有26号地块。它的混乱状况显然也早已不是这12 730.7平方米方圆之地的自家事。我们不应忘记，中华路26号不只是南京古轴线的端点，它还是被称为“南京之根”的“老城南”[32]的前哨站，是进入这一庞大的历史街区的门户。

那么，这一5平方公里的历史街区到底发生过什么？它对26号产生了什么影响，使得这一正常的城市建造活动出现如此多复杂暧昧的褶皱和阴影区域？

我们应该回到四年前。2006年，这是一个有着特殊含义的时间。它既是26号项目的起点，也是咫尺之遥的“城南拆事”的开端——它动摇了整个南京城的结构，搅起的风波上达中央。如果按照前文所述（这

—

32. 运渎河自东向西横贯南京，以内桥为出发点的中轴线直到南门，在东、西、南三面直至城墙，这片处于秦淮两岸的面积约5平方公里的古城区，在今天被称为“老城南”。六朝以后居民基本上长期居住于此。南京的古都文化主要有三个组成部分：一是宫廷文化，皇家陵寝，其重点在城东城中；二是精英文化，政治、军事、经济、文化艺术等方面的代表人物；三是市井文化。后两者集中在城南。

里的对抗是整个南京城的对抗），那么，26号不仅包含了地上、地下之战，1937年的创伤内核与现实的符号秩序之战，它还和“老城南保卫战”暗通款曲。一旦恢复了这个奇特的氛围，对于青年会我们所获得的关于历史（它是为了遗忘）、关于创伤内核（它必将不在场）的理解，在整个项目上都会得到新的印证。这里的创伤内核不只是1937年的大屠杀，1993年的“建设国际性大都市”，还有围绕左右的“老城区改造”。这里的历史也不只是民国史、高层建筑发展史、现代规划史、六朝史，它还是近在眼前的“历史文化名城保护史”——创伤性的当代史。[33] 正是它使整个城南（包括中华路26号）成为创伤之场，陷入速度的癫狂。

12

1983年11月，南京市政府提出了“城市建设要实行改造老城区和开发新城区为主”的方针，拉开了老城改造的序幕。1990年代以来，随着房地产热潮、土地有偿使用、国企改革、住房制度改革等因素的出现，大规模的旧城更新风云再起。1993年出台的“在主城建设100幢高层建筑”的政策和“老城区改造”遥相呼应，开始对城南民居有计划的、逐步的蚕食。[34] 2006年，在“十一五”规划和新一轮城市建设的刺激下，城南的历史街区遭受了“地毯式摧毁”。[35] 数以千计的江南穿堂式古民居短短几年内被抹平。2009年春节后，“危旧房改造计划”启动，古城里残存的几片古旧街区（总面积200万平方米）被列入拆迁计划，并且由原计划的两年压缩为一年完成。2010年8月，江苏省人大批准《南京市历史文化名城保护条例》，南京古城的“整体保护”进入法制轨道，宣告了城南拆事的终结。

2010年11月最新一轮保护规划出炉，获得众口赞誉。这场“注定失败的战争”似

＊ 26号地块拆迁现场

33. 南京博物院前院长梁白泉认为，城南的破坏可与南京史上三大劫难相提并论。

34. 1990年代，随着集庆门的开辟和中华路、新中山南路的拓宽，夫子庙周围的大、小石坝街等均以拓宽道路为名被毁于一旦。到了2003年，90%的南京老城已被改造。

35. 2006年，安品街、大辉复巷、颜料坊、船板巷、门东（C地块西段）、内秦淮（甘露桥—镇淮桥）被拆毁。2007年至2008年拆毁内秦淮（上浮桥—西水关）、莲子营、旧王府。2009年，仓巷文物建筑群被拆毁，南捕厅正在拆除，其东部已于2006至2008年被拆毁；门东（C地块东段、D地块）和教敷营居民正被腾空，即将决定拆除范围。所谓的“南京之根”老城南已经所剩无几。

*城南拆事

乎活转过来。[36] 但98条老街巷的命运已然改变。创伤已是现实。

这是现在时的创伤。它对环境的影响不在于物质空间的破坏程度——改变了城市天际线、损毁文物古迹、更改古城传统格局、清洗历史记忆，诸如此类；而在于创伤主体的出现。换言之，这是一种主体性的创伤。新保护规划中提出的“敬畏历史、敬畏文化、敬畏先人”方针貌似周全，相对之前的大拆大建的规划思路有着巨大的改变，但仍遗漏了一个最应该“敬畏”的对象——原住民。他们是2006年以来的创伤的真正承受者。

遗漏，是对该创伤主体（也是记忆主体）的故意遗忘。新规划中的对已拆除的街巷的逐段恢复为“原样”，鼓励原住民回迁，固然令人欣喜，但是对于那些已成空白的地块，这无疑是纸上谈兵。在对历史的道德反省面前，创伤内核仍遭屏蔽。说起来，这与基督教青年会的状况略有相似：都有明确的创伤主体；现实的符号秩序都在借改建或发展之名清除这一创伤内核，以完成对旧有建筑的符号再造。更重要的一点是，主体性的创伤改变了场所的记忆形式和内容。最终，记忆归属于现实的符号秩序：它致力于建构客观的、连贯的记忆统一体，以知识化、进入教科书、成为以历史之名的文化遗产为最终指向。正如本雅明所言，所谓的“文化财富”，它是历史上的胜利者的战利品。在此记忆统一体（或本雅明所说的胜利者的历史）之中，主体的创伤被排除在外，回忆只属私有，两者不相兼容。在基督教青年会，集体创伤的在场轻易摧毁了这座古城积累千年的记忆金字塔——王族生活、政治宏图、经济盛世的三位一体。而在此，我们则看到，六朝以来委婉动人的尘世生活（乌衣巷、秦淮河、“青砖小瓦马头墙、回廊挂落花格窗”……），被个人痛苦挤对在一旁。“双拆”、外迁安置、227号令等等是他们这四年来的主要回忆内容。尽管这部分记忆已随原住民的外迁而陷入沉默，但是这片记忆之场已成创伤之场。

*《南都周刊》的“老城南”专题

—

36. 规划中已经确定强拆终止、别墅停建，且保护原住民、鼓励回迁。尚未拆除的老宅、老厂房予以保留，重新组合成“博物馆”，有的改为居民住宅楼，原住民可以回迁居住。

＊老城南肌理

从2006年到2010年，这短短四年是老城南千年历史中的独特一段。拆迁之事的来源千头万绪，难以厘清。但就结果来看，它在城南所制造的密密麻麻的创伤点，和1937年的烈火之轴中华路相叠合，共同构成一幅创伤地图。在这幅地图中，历史不是被伤害的物质对象，比如银行大厦底下的六朝古道，或者那些被拆除的明清街巷。它是一种现在的时间，其功能在于记录创伤，而非充当浪漫的记忆对象——一般情况下，历史总是有选择地置换成连贯的抒情意象或文化符号，比如整个城南常常被"秦淮风光带"一言以蔽之。作为创伤的历史，是现在的时间。它记录的是在历史中失败的、被拒绝的事物。它使时间流（大历史的编撰）停顿下来，尴尬地卡在某个地方。这就是创伤内核的存在位置——那些私人痛苦中断了现实的符号秩序所迷恋的连续性，它无法化约为其中的一部分，永远处于现在时。这里，时间是不可历史化的时间。它中止于个人记忆。

通常情况下，创伤的承受者（那些1937年的受难者，或者2006年的外迁安置者）很快就会消失。在新的符号秩序覆盖整个区域之后，他们将被彻底遗忘。但是，不在场的创伤内核总是潜在地发生作用。在基督教青年会，历史重写之路的漫长艰辛就是其反映。在城南，创伤内核的作用还未充分显现——因为创伤还在进行中，但是诸多不和谐之音在我们视线之外已然出现。

颜料坊是2006年城南拆事的创伤地之一。81 000平方米的历史街区被拆得白地一片，只剩"牛市64号"和"云章公所"。现在虽然拆迁活动已告终结，这两座房子可保无恙，但是由于它们所处的位置特别（分别位于这一街区东、西部分的中心位置），所以使得后续的建设麻烦不已。街区东北地块拟建一个大型的购物广场，"云章公所"的存在如骨鲠在喉，使之无法形成一个完整的统一空间（只能采用L形，别扭地绕开这一小房子，方案已经进行多轮修改，尚无定数）。靠内秦淮河的一边拟建别墅区，按新的规划要求，新建别墅不得高于"牛市64号"，即必须低于8米。不难想象，在未来项目结束之时，这一残存的清代旧宅卓然身处现代别墅群中，必然相当古怪。而全新打造的新士绅阶层与普通低收入市民共享这一高档社区，气氛之尴尬也是显而易见。

无论是现代别墅区、购物广场，还是其他什么建筑，它们和该场地的两个剩余物（牛市64号与云章公所）之间所形成的关系，非常类似于中华路26号——空间上的环伺结构尤为相近。两个地块中，被伤害的历史都是以艺术（或文化）之名保留下来，进入主体和场所之间新的组合模式，并且，其中残存的建筑都成为创伤回忆的容器，等待着它们的下一次回返。

13

中华路26号—中华路—城南，我们已追溯出一个愈加庞大的系统。在此，创伤之点延伸为创伤之轴，再扩展为创伤之场，最后形成创伤之城。说起来，这座古城似乎具有一种生产创伤的内在机制。它旁若无人地自行运转，比如，1937 年的大屠杀记忆在 70 年后被一次毫不相干的地产开发偶然性地回溯，与此同时，百米之遥出现新一轮创伤实践。此起彼伏，仿佛这幅创伤地图没有尽头。

对“大他者”（借用一个精神分析的术语，即现实的符号秩序）来说，创伤地图并不存在。在其一遍遍的清洗之下，这张地图的结构（关系）被溶化，分解成若干彼此无关的记忆碎片。它们或逐渐远去，成为凄美的历史回响；或被整合进意识形态计划，成为利益交换的筹码。它们分摊开，重组进大他者营造出的幻象之中。当然，正如我们所见，这一幻象很脆弱。记忆虽容易驱散，但是创伤内核却滞留不去。一旦被触碰，它便不可阻止地重回人间。其恶作剧式的显现方式，搅起层层波澜，使完美的幻象千疮百孔，充满令人费解的荒诞。中华路 26 号就是这样一个荒诞之地。如果说，幻象即现实，那么，在此，现实是可理解的。穿过它平静的假面，沿着那些速度乱线，我们能够抵达深埋地下的创伤地图。在图上，不同创伤点之间的联系逐渐显影，过去与现在、历史与当下的距离宛然可见。在图上，中华路26号，这个平凡的工地、荒诞的场所，焕发出异样的光彩。它成了一个本雅明所说的“历史的星座”，“自己的时代与一个确定的过去时代一道形成的（历史星座）”。[37] 这里，“过去的意象”（本雅明语）没有消失，它们一同出现在我们的眼前。

2010 年 9 月，中华路 26 号寂静无声。江苏银行总部大厦的基础部分刚刚完工，本应同步进行的基督教青年会旧址建筑还未有何动作（项目申报至今未有下文）。看来，这一切才刚刚开始。

补记：本文完成于 2010 年 9 月。2013 年初，笔者再到中华路 26 号施工现场，看到江苏银行总部大厦主体部分已接近完工，基督教青年会旧址建筑依然如故。2013 年 6 月，该旧址建筑在沉默了 3 年之后有了新动向——该建筑的 3000 多吨的地面主体将被“打包”加固后向西平移 37 米，在原址处修建一个四层的地下室，待完工后，主体建筑再平移原处，工程费用总计约 500 万元。

*基督教青年会旧址建筑，2013 年

—

37. 汉娜·阿伦特编：《启迪：本雅明文选》，张旭东、王斑译，276 页，北京：生活·读书·新知三联书店，2008。

2

国父纪念馆

王大闳对中国纪念性建筑的现代想象

徐明松

＊国父纪念馆现况侧面全景，邹昌铭摄，徐明松提供

西洋学术思想，渊源有自，不是学得几个名词就可以了解的。五四时代的人以为如果把自己的旧思想全部抛弃，脑子里便可以空出地方接受新的东西，但人的头脑不是仓库，这种想法犯了形式思想的谬误。事实上如果我们自己没有一套活泼、创造性的思想，我们是很难了解另一套不同思想的，我们甚至连那一套不同思想的特种都看不出来。因为，对另一思想系统深刻的了解，往往把它与我们自己的思想的特性，与自己思想的实际问题相互比照才能获得。当然，我们文化思想界的贫瘠，与这几十年的战乱及政治经济环境甚为有关，不过，这些外在因素并不如许多人想象的那么大，文化结构解体所产生的思想混乱更具关键性的原因。

林毓生，
《思想与人物》[1]

故事开端

我们先来看一段王大闳自己回忆的文字："当初国父纪念馆做了一个模型，就是原来的，搬到'总统府'去，有一位黄朝琴[2]，就是国宾饭店的老板，以前，他跟我一起去看'总统'，'总统'看了，点点头，笑笑，说很好，西洋建筑这个是……后来，看完了就走了，他也很客气，他因为知道我是这样一个个性。后来回到事务所，第二天还是第三天，他马上派张秘书长给我打电话，他说'总统'有意见，你这个房子太西洋式了，要中国化一点……"[3]从这段1965年10月王大闳赢得竞图后的回忆可知，1961年，即四年前台北故宫博物院竞图的梦魇又再度回来。不过这段回忆还是透露了些许值得探究的讯息，首先是当权者蒋介石对艺术创新的保守，不过这种囿限无关乎个人，在20世纪初军阀

1. 林毓生：《思想与人物》，台北，联经，1985。

2. 黄朝琴（1897.10.25—1972.7.5），出生于台湾省嘉义县盐水港（今台南市盐水区），毕业于日本早稻田大学经济科，在日期间曾与友人创办《台湾民报》。之后再前往美国留学于伊利诺伊大学，1925年加入中国国民党，翌年获得政治学硕士。台湾外交、政治人物，历任首届台北市市长、第一银行董事长、省议长，为台湾1950年代"半山"派的政治人物代表。另外，虽然非建筑专业出身，但黄朝琴对于建筑有其独到的见解与兴趣，曾被称为"无执照的建筑师"。

3. 王大闳，记录于《东海大学王大闳研讨会会议记录》。研讨会于1997年3月8日下午及22日下午，分两次在台中东海大学建筑系举行，此处引自第二次的会议记录。

＊国父纪念馆竞图案模型全景，旧照片，王大闳先生提供

＊国父纪念馆竞图案透视图，
黄政雄先生提供

混战的年代，这些军人出身的枭雄型人物，不可能有太多对建筑的美学品味，更何况是接受新思维。见过世面，亦在国外多年的蒋宋美龄主导的阳明山中山楼（泽群建筑师事务所，1966年）与圆山大饭店第一、二期（和睦建筑师事务所，1961与1971年）也都捆绑在意识形态的旗帜下，难有创新。其次是八位来自各领域的专家：黄朝琴（政治、外交背景）、卢毓骏（建筑背景）、黄显灏（工程背景）、沈怡（工程背景）、阎振兴（工程背景）、朱尊谊（建筑背景）、赵国华（工程背景）、蓝荫鼎（文化背景），审慎地经过三轮筛选式的投票，从11组一时之选的参赛作品中选出王大闳，其中领头的主任委员黄朝琴尽管不是建筑背景，但事实表明，他是一位有建筑品味的政治人物，对建筑设计、营造都极为热衷，这样的评审委员组合，应该还是能客观地挑出不仿

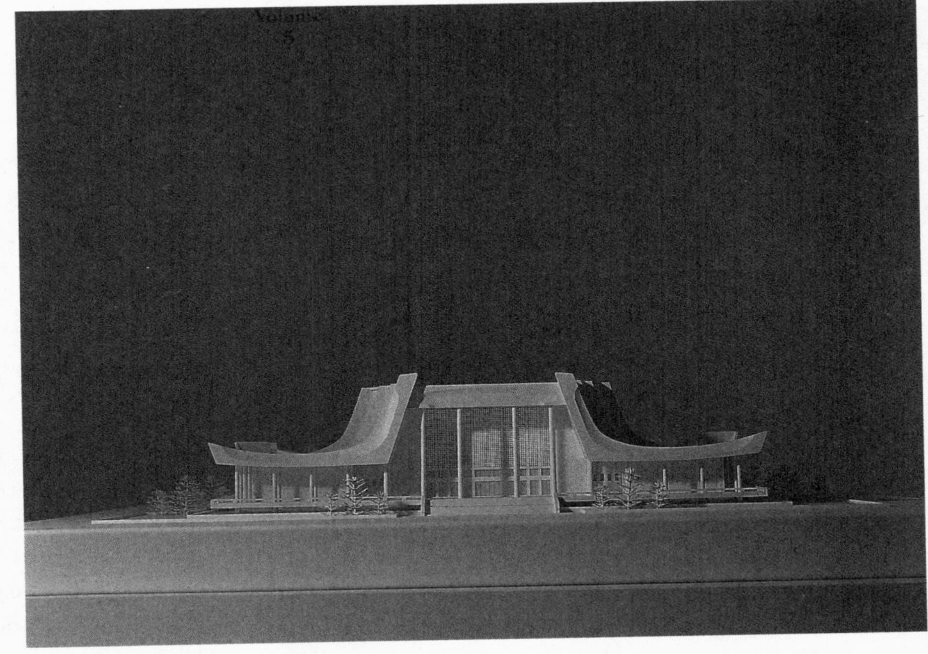

＊国父纪念馆竟图案模型正面，邹昌铭摄

古、有创意的现代中国建筑，无奈“业主”已“心有定见”，无法接受这样的结果。第二个讯息是“……后来，看完了就走了，他（指蒋介石，作者注）也很客气，他因为知道我是这样一个个性”。这里王大闳提到的“这样一个个性”，当然是指他个人对设计的执拗，因 1961 年台北故宫博物院邀请竞图由王大闳获胜后，旋即被当权者告知要修改造型，他就曾私底下响应过，“政治人物做政治人物应该做的，专业者做专业者应该做的”等类似的话。可以想见当时王大闳的心情，希望政治人物能相信专家的判断，也透露出他对事情的失望。

王大闳提出的台北故宫博物院方案是现代且合理的，摆脱了长久以来“大帽子”或传统宫殿式建筑的困扰，尽管概念上还是来自密斯纪念性建筑的做法。周围有挑高的廊道，巨大、简化、壮阔乃至具象征性的屋顶，因此王大闳显然只是在屋顶隐喻、构造细节与材料颜色的脉络下找答案，架构还是西方的、密斯的。今天看来，他的转化手法仍令人低回。

台北故宫博物院原始提案左右两侧有柱，前后则无，二楼以上为凸出的帷幕墙，王秋华建筑师[4]所说的玻璃太多不适合展览空间，指的可能就是一楼部分，二楼以上的帷幕墙猜测应该是斩石子的混凝土墙，其下再以外伸的梁强调出构件本身的力量，凸出体量的侧墙则故意退缩，在转角形成凹陷转

4. 王秋华，知名建筑师。1925 年出生于北京，1942 年进中央大学建筑工程系，1946 年赴美进入西雅图华盛顿大学，1948 年就读纽约哥伦比亚大学建筑暨都市设计研究所，毕业后，加入老师古德曼的建筑师事务所，1975 年进一步与古德曼建筑师成为伙伴，共同成立联合事务所，1979 年自美返台，是台湾那一代少数的女性建筑师。父亲王世杰，1961 年时担任台北故宫博物院筹备委员会主任委员，当时台湾评审选出王大闳作品时，他为求慎重，请当时在纽约的女儿王秋华找了几位纽约知名建筑师做复审，共同的意见仍认为王大闳的提案最好。

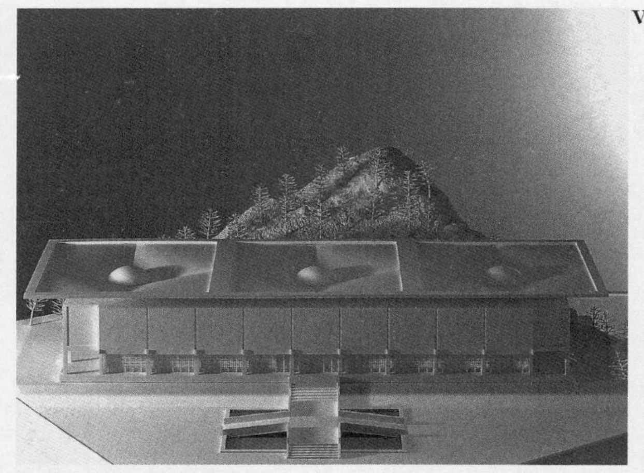

＊故宫博物院模型正面俯视，王大闳建筑师的原始提案，林健成艺术工作室制作，徐明松提供

角，就像侧立面上的柱子没有完全上到体量顶端，也形成同样的转角凹陷。再回头说，正立面与侧立面玩了一个有趣、对偶性的柱位游戏，因为正立面凸出的幕墙故意在柱位的投影在线内凹，凹的空间正好是一根柱子的大小，因此形成一个虚柱位，而侧面则是被强化的实柱位，因此形成一个实虚的对偶性游戏。

另外就是屋顶的倒伞状结构。1960 年代初，台湾做了不少此类倒伞状混凝土屋顶的尝试，无法确定王大闳是不是最早实验者。1961 年东海大学建筑系系主任陈其宽[5]也在助教华昌宜[6]的协助下，小尺度地在东海旧建筑系馆尝试过，1963 年的艺术中心更将柱子转 45° 作更动态的运用，更别说张昌华[7]在 1969 年台湾清华大学体育馆的大尺度实验。有趣的是这两位建筑师也都跟台北故宫有些关系：先是陈其宽在台北故宫指定黄宝瑜设计后，同是中央大学毕业的他给了黄宝瑜不少设计意见，因此必然也熟悉王大闳台北故宫提案的原始想法，我们可以大胆地猜测，或许陈其宽的东海旧建筑系馆的灵感是来自王大闳的台北故宫博物院提案，或知识分子之间的相互讨论与启发。至于土木系背景的张昌华，娴熟结构，1950 年代曾与王大闳合作并共同使用中华路的事务所[8]，他对

5. 陈其宽，1921 年生于北京，2007 年卒于旧金山。台湾知名建筑师，国际知名画家。1944 年毕业于国立中央大学建筑工程系，1948 年入美国伊利诺伊州立大学，1951 年任格罗皮乌斯建筑师事务所设计师，1952 年任教麻省理工学院建筑系，1960 年任台湾东海大学建筑系主任，1980 年任东海大学工学院院长。美术史学家吴讷孙赞誉陈其宽在绘画上的成就，称其为“三百年来第一人”。

6. 华昌宜，台湾大学建筑与城乡研究所退休教授。1956 年国立成功大学建筑工程系毕业，1966 年取得美国哈佛大学设计学院都市计划硕士学位，1972 年再取得哈佛大学文理学院都市及区域计划哲学博士学位。成大毕业后，曾任职大洪建筑师事务所（1958—1960）及在东海大学建筑系任助教（1960—1963）。

7. 张昌华，1908 年生于焦作，2009 年卒于台北。长于北平，待过苏州，祖籍江苏吴县。1925 年进入清华大学工程学系就读，1929 年毕业，1932 年取得美国康奈尔大学土木工程学系硕士学位。回大陆后历任公职，战争期间成立华泰建筑师事务所，随后应美军要求改为华泰营造厂。亦曾任教西南联合大学土木系。1948 年随国军撤退来台。清华在台复校后，再次邀请张昌华将营造厂改回事务所，协助建校事宜。台湾清华每年校庆他都受邀，因为他是在台湾最老的校友。

8. 在 2006 年 7 月 15 日的张昌华访谈中，张昌华提到王大闳 1952 年年底来台后，大洪建筑师事务所数年曾寄居（或合作）在张昌华在中华路中华商场的旧址华泰建筑师事务所（1954 年华泰营造厂改成华泰建筑师事务所）里，1950 年代末因拆账问题不清而结束了关系。

设计的看法必定受到王大闳的影响。不过从目前的文献来看，可以确定是王大闳第一次在华人世界赋予该结构系统在形式上的意义，尤其在计划案中的倒伞状支柱不是一根柱子，而是一个有玻璃顶的采光中庭空间，让室内增加了更多层次性的光影变化。至于为什么要选择这种倒伞状结构？分析应该还是它的外挑曲线，因为反梁正十字交叉的结构系统，让四个对角板面产生双曲抛物线，是一个非常优雅的曲面造型，它更能抽象地指涉与中国传统建筑转角反曲的关系。

此案可能也是大洪事务所第一次使用中国传统九宫格平面，45 岁的王大闳正值创作高峰期，但计划案就在业主与建筑师僵持不下之际，突然杀出个程咬金，评审黄宝瑜推荐自己的事务所“大壮”提出方案，矫情地说，如果高层认可新方案后，再由王大闳参照修改即可。可以想见王大闳怎么可能接受今天台北故宫博物院这种完全仿古的做法呢？就在这种内外夹击的状况下，王大闳放弃了设计权，由“大壮”接手。

抽象的隐喻亦或具象的表征

1949 年以后的 30 年，两岸尽管在政治立场上截然不同，但官方主导的建筑形式并没有很大的差距，多数都掉入王大闳批评的仿古建筑中。以台湾来说，其中或有压抑的“面具性”作品，像卢毓骏在台北南海路上的科学馆，就是不折不扣“外观古典、内部现代”的精神分裂的案例，或者修泽兰（泽群）、杨卓成（和睦）等建筑师一方面在以宫殿式建筑阳明山中山楼、圆山大饭店服务意识形态业主，一方面仍积极创作现代建筑，像修泽兰的台中卫道中学教堂、杨卓成的台湾美国无线电公司厂房（RCA）等皆是案例；卢毓骏自然也不例外，一方面在文化大学大搞特搞他的大帽子组合拼凑式游戏，一方面又在新竹交大博爱校区搞理性的现代建筑。这种带面具性的操作方式，一方面显示出现实的困境，一方面也彰显了创作心态的妥协与无奈，依此观点，王大闳的国父纪念馆仍挑战了自己在两年前关于仿古建筑的立场。

1963 年，国民党中常会提出为因应孙中山百年诞辰兴建国父纪念馆之构想，来年先成立了“中华民国”各界纪念孙中山百年诞辰筹备委员会，进而设立国父纪念馆建筑委员会，“……除举行通常庆典仪式并务使隆重而外，尤当着重在深入人心、流传永久之设施，方足以使总理伟大人格、行谊与学说，益能感奋当代，启发来兹”[9]。由此可知兴建国父纪念馆的目的不仅在宣示正统性，也在教化人民，因此孙中山及与其相关事物便被召唤来参与盛会。

在此特定背景下，建筑师还有一个更复杂、不可逃避的问题需要面对：欧洲工业革命后，从 19 世纪初开始的新形式论战，至 20 世纪初前卫主义崛起，西方花了百年时间思考现代性，东方自然无法避而不谈。然而东方的现代性是什么呢？

—

9. 中国国民党第八届中央委员会常务委员会第 463 次会议记录。

SAC

国父纪念馆建筑委员会提出的设计原则是，“应充分表现中国现代之建筑文化，并采撷欧美现代建筑之优点融合设计”。为节省审核时间，并未公开征求图样，而是指定专家或洽询曾应征台北故宫博物院设计竞图之建筑师参与，其中包括陈濯（革命先进陈少白遗族）、陈其宽、杨卓成、王大闳、黄宝瑜等共 11 组，皆为一时之选。[10] 1965 年 9 月底截止收件，经过复杂不记名的三轮投票，于同年 11 月 6 日确认由王大闳主持的大洪建筑师事务所胜出，得到的评语是“此设计具有创造性，于新颖中多少蕴有中国文化与传统之生命，在视觉上更予人以‘惠泽长流’之印象。”[11]

从王大闳自己的创作年谱来看，1965 年的国父纪念馆的原始提案应该是不得不然的妥协，因为“巨人”[12] 仍在。如检视 1945 年到 1972 年国父纪念馆完工前王大闳建筑语言上的思索，可以发现他采取两条路径作为设计的策略，第一条是采用密斯的空间架构，但氛围或空间布局回到或不回到“中国”，回到就尽量剥除可见的传统符码，像城市中庭住宅（1945）、建国南路自宅（1953）、日本驻台湾地区长官官邸（1954）、罗宅（1955）、台北故宫博物院竞图计划案（1961）、台大第一学生活动中心及礼堂（1961）、虹庐及四楼自宅（1964）、台湾银行台北宿舍（1965）、良士大厦（1970）、台湾大学归国学人宿舍（1972）、鸿霖大厦（1972）皆是；王宠惠墓园（1958）、淡水高尔夫俱乐部（1963）、台富食品泰山厂房（1965）、亚洲水泥大楼（1966）、

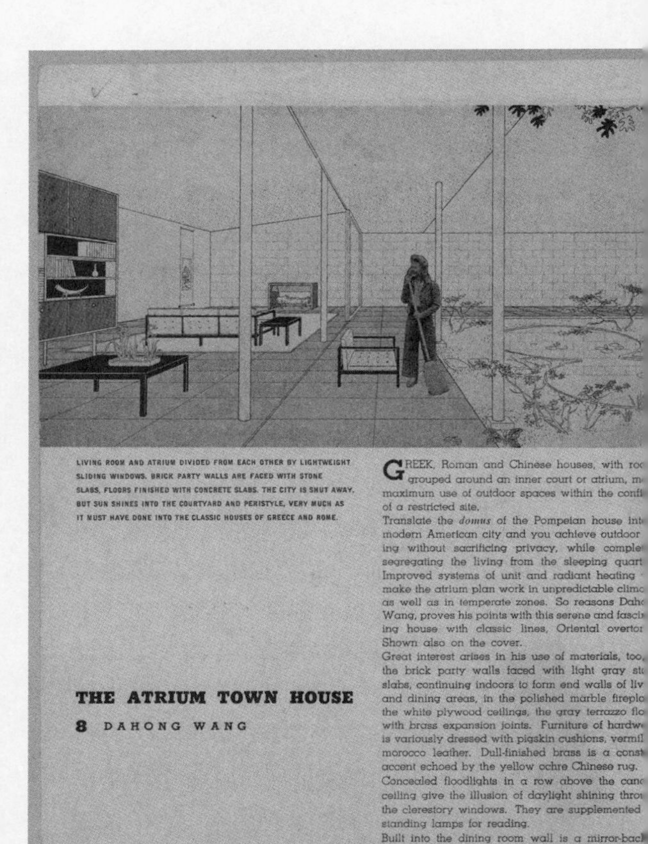

LIVING ROOM AND ATRIUM DIVIDED FROM EACH OTHER BY LIGHTWEIGHT SLIDING WINDOWS. BRICK PARTY WALLS ARE FACED WITH STONE SLABS, FLOORS FINISHED WITH CONCRETE SLABS. THE CITY IS SHUT AWAY, BUT SUN SHINES INTO THE COURTYARD AND PERISTYLE, VERY MUCH AS IT MUST HAVE DONE INTO THE CLASSIC HOUSES OF GREECE AND ROME.

THE ATRIUM TOWN HOUSE

8 DAHONG WANG

GREEK, Roman and Chinese houses, with roo
grouped around an inner court or atrium, m
maximum use of outdoor spaces within the confi
of a restricted site.
Translate the *domus* of the Pompeian house int
modern American city and you achieve outdoor
ing without sacrificing privacy, while comple
segregating the living from the sleeping quart
Improved systems of unit and radiant heating
make the atrium plan work in unpredictable clim
as well as in temperate zones. So reasons Dah
Wang, proves his points with this serene and fasci
ing house with classic lines, Oriental overto
Shown also on the cover.
Great interest arises in his use of materials, too,
the brick party walls faced with light gray st
slabs, continuing indoors to form end walls of liv
and dining areas, in the polished marble firepl
the white plywood ceilings, the gray terrazzo flo
with brass expansion joints. Furniture of hardw
is variously dressed with pigskin cushions, vermil
morocco leather. Dull-finished brass is a cons
accent echoed by the yellow ochre Chinese rug.
Concealed floodlights in a row above the can
ceiling give the illusion of daylight shining thro
the clerestory windows. They are supplemented
standing lamps for reading.
Built into the dining room wall is a mirror-bac
cupboard with an inset hardwood wine chest. T
is also a hatch through to the kitchen, fitted w
translucent glass shelves. Dining and living areas
separated by a six-fold green plastic screen.

68

*城市中庭住宅，*Interiors to come* 杂志，1945 年 1 月

—

10．竞图截止时陈其宽建筑师并未送件，陈濯及杨卓成则各送两件设计图。

11．国父纪念馆竞图相关文献资料请参阅徐明松编：《国父纪念馆建馆始末——王大闳的妥协与磨难》，台北，国父纪念馆出版，2007。

12．蒋介石于 1975 年过世。

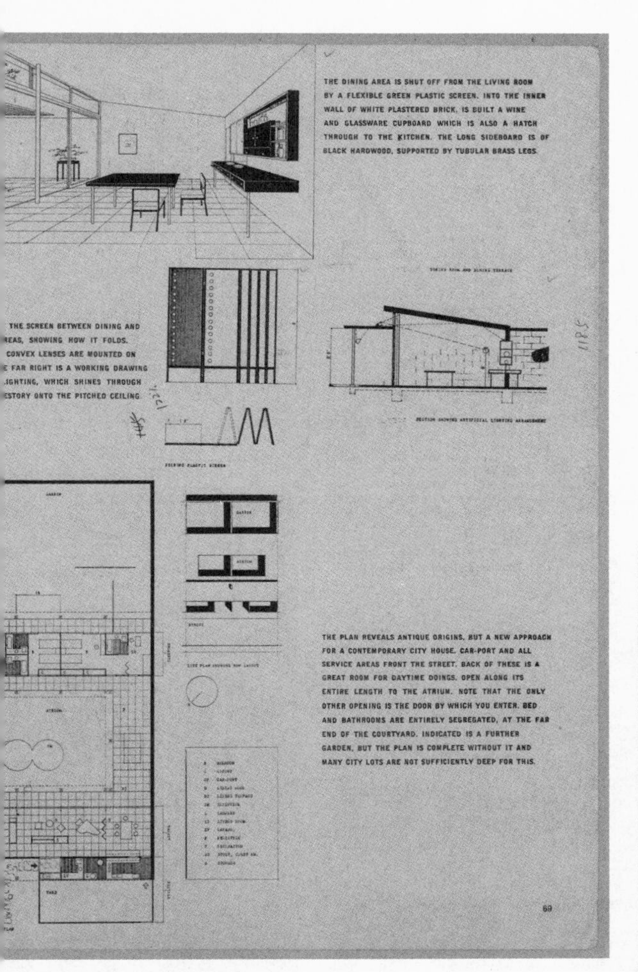

THE DINING AREA IS SHUT OFF FROM THE LIVING ROOM BY A FLEXIBLE GREEN PLASTIC SCREEN. INTO THE INNER WALL OF WHITE PLASTERED BRICK, IS BUILT A WINE AND GLASSWARE CUPBOARD WHICH IS ALSO A HATCH THROUGH TO THE KITCHEN. THE LONG SIDEBOARD IS OF BLACK HARDWOOD, SUPPORTED BY TUBULAR BRASS LEGS.

THE SCREEN BETWEEN DINING AND
REAS, SHOWING HOW IT FOLDS.
CONVEX LENSES ARE MOUNTED ON
E FAR RIGHT IS A WORKING DRAWING
IGHTING, WHICH SHINES THROUGH
ESTORY ONTO THE PITCHED CEILING

THE PLAN REVEALS ANTIQUE ORIGINS, BUT A NEW APPROACH FOR A CONTEMPORARY CITY HOUSE. CAR-PORT AND ALL SERVICE AREAS FRONT THE STREET. BACK OF THESE IS A GREAT ROOM FOR DAYTIME DOINGS. OPEN ALONG ITS ENTIRE LENGTH TO THE ATRIUM. NOTE THAT THE ONLY OTHER OPENING IS THE DOOR BY WHICH YOU ENTER. BED AND BATHROOMS ARE ENTIRELY SEGREGATED, AT THE FAR END OF THE COURTYARD. INDICATED IS A FURTHER GARDEN, BUT THE PLAN IS COMPLETE WITHOUT IT AND MANY CITY LOTS ARE NOT SUFFICIENTLY DEEP FOR THIS.

69

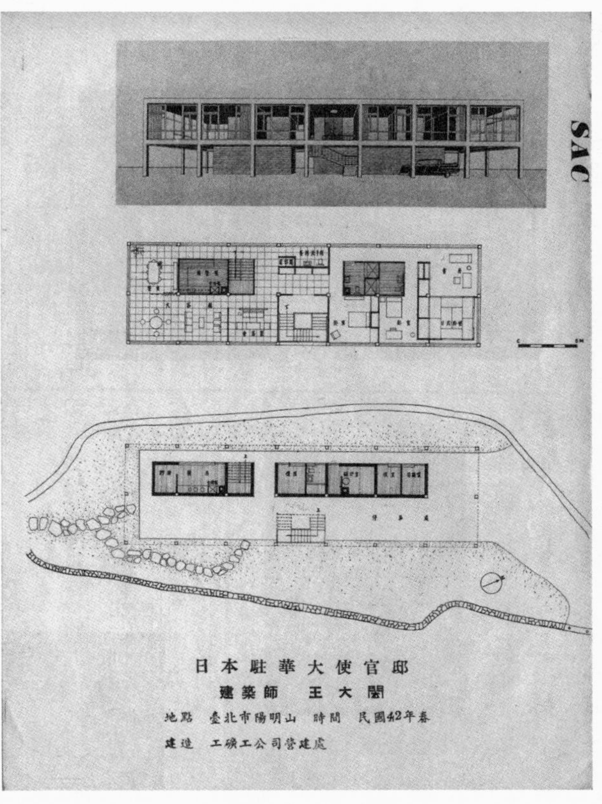

SAC

日本駐華大使官邸

建築師　王大閎

地點　臺北市陽明山　時間　民國42年春

建造　工礦工公司營建處

＊日本“驻华大使”官邸平面与透视，《今日建筑》第 11 期

＊台湾大学地质工程馆，1963 年

＊台北监狱龟山新监，1961 年

＊台大第一学生活动中心及礼堂侧面旧影像，1961 年，取自《建筑双月刊》1964 年 2 月第 12 期

＊淡水高尔夫俱乐部远景，取自《建筑双月刊》1963 年 4 月第 7 期

＊虹庐外观老照片，王镇华先生提供

＊虹庐餐厅与月洞门，取自《建筑师》杂志 1977 年 12 月第 12 期

＊虹庐客厅，取自《建筑师》杂志 1977 年 12 月第 12 期

＊台湾大学法学院图书馆入口楼梯扶手转角细部，1963 年，邹昌铭摄

南港中央研究院生物化学研究所（1974）、庆龄工业研究中心(1977)等则是不回到“中国”，仅专心处理“语言”与环境的关系。另一条路径则是面对社会或保守业主所提，平面仍尽量维持流畅的现代，但立面多采用两段或三段式，台基（两段则无）、屋身、屋顶的传统隐喻，譬如说台北监狱龟山新监总办公厅（1961）、台湾大学地质工程馆（1963）、台大法商学院（1963）、国父纪念馆（1965—1972）、“教育部”大楼（1971）、“外交部”大楼（1971）皆是，这里经常出现明示或隐喻中国传统建筑的符号。当然这种分类也不明确，作品多数摇摆在两者之间，有时这边多点，有时那边多些，无法完全清楚分类。如果以1963年王大闳自己寄给老师格罗皮乌斯（W. Gropius）并附上建国南路自宅室内照片的事来看[13]，我们有理由相信，1963年以前，王大闳最满意的作品应是建国南路自宅，其中可以读到王大闳将密斯开放自由的平面融入传统中国的氛围里。在1945年王大闳发表的城市中庭住宅中，所谓的“东方”还是以元素呈现，整体氛围仍然是密斯的，但建国南路自宅[14]往前跨了一大步，因为建筑师在庭园与建筑中发现了传统，就像他自己说的：“它的神秘感很重要，中国建筑与庭园的设计，往往善于使用‘内造墙’、‘外造墙’，让你一眼看不透，一进再一进……”[15]

1963年王大闳还在成功大学《百叶窗》上发表了《中国建筑能不能存在？》一文，开头这么说：“既不赞成仿古的，更不同意抄袭西方的。因为这两种途径都会绝了我

＊庆龄工业研究中心全景，1977年，邹昌铭摄

＊“外交部”全貌，1971年，邹昌铭摄

—

13. 日本京都大学博士班研究生郭圣杰曾于2011年去函格罗皮乌斯基金会，取得几张建国南路自宅的室内影像及一封王大闳写给老师的英文信。

14. 建国南路自宅已拆，但在建筑界几位资深前辈的奔走下，目前已初步确定重建在台北市立美术馆南侧的美术公园内，由民间募款筹建，之后捐赠并交由市政府文化局管理。

15. 王镇华、王立甫、黄模春、李俊仁等人对王大闳的访谈，出自台湾《建筑师》杂志，1977/12，三卷十二期，38页。

们中国建筑的路。我们需要的是创造、是立在根深蒂固的民族文化基础上的自我创造。没有创造力，什么文化都是不能健壮的发达。”[16]随后在1979年1、2月号合刊的《建筑师》杂志上又有这样一段话：“我以前很反对、很厌恶虚假的清代宫殿式建筑，现在我的看法改变了，觉得总比玻璃帷幕墙要有意义。”不过这不代表王大闳的观念改变了，而是建筑界让他失望到愿意接受仿古的宫殿式建筑，这不正反映了台湾建筑文化缺乏根植于民族文化的创造力？如果都是模仿，不如模仿自己的传统，还可让城市拥有一定程度的身份辨识，尽管带着一丝悲哀。

小女孩扬起的裙角

王大闳提案设计图中，屋顶接近八字形，加上并不常见于传统建筑形式的庑殿或歇山，造型有点类似唐宋的官式乌纱帽，颇有新意，也符合所谓“采撷欧美现代建筑之优点融合设计”。对王大闳来说，东方传统建筑的纪念性取决于水平延展的壮阔，如北京紫禁城便是以其层进、群落让人感受到自己的渺小，崇敬之情油然而生，但国父纪念馆是单栋建筑，于是他改采西方古典或哥德式建筑以高点的山墙面作为主要入口的理念，企图让单一建筑借由高耸、扬升彰显其纪念性。虽然相较于之前的台北故宫博物院提案，这个设计脱离不了宫殿式建筑的窠臼，但在自知困境的妥协下，仍是作了勇敢的尝试，特别是在新技术的运用上，还是脱离了过去仿古建筑不忠于材性的历史主义。

12月3日举行国父纪念馆设计图样修正图案研讨会第一次会议，会上针对大会堂用途、造型外观、结构等提出修改意见，其中关于“增加中国风味”的讨论最多。对此，王大闳以《国父纪念馆设计立意》一文理直气壮地答辩说：“我国现代建筑有三个方向可走。我们可以追随现代西方建筑，也可以抄仿我国古代宫殿式建筑，或者创造有革命性的新中国式建筑。……为国父纪念馆设计的准绳，假如采用现代西方建筑是很明显的不得体。如果抄仿我国古代（尤其是清代）宫殿式建筑，则更不适宜，因为孙中山是推翻这类建筑所象征的满清政治制度。我们唯一的方向是走向一种能表现孙中山伟大性格及革命创造精神的新中国式建筑。”但他在12月8日回复瞿韶华委员的信件中又说：“弟现正遵照记录指示原则加紧研究修正中……”

在理想和现实之间挣扎，王大闳于12月30日呈给召集人黄朝琴看的国父纪念馆模型“自侧面观之，确已略具中国风味”。但修正之路迢迢，国父纪念馆设计图样并未就此拍板定案。

翌年1月筹备委员会阶段性任务完成，全案交由新成立的国父纪念馆兴建委员会接手，而最后一关仍得等“总统”点头认可。

根据兴建委员会第二次全体委员会议记录，1966年8月3日“总统”亲自审阅

16. 王大闳：《中国建筑能不能存在？》，发表于成大建筑《百叶窗》，1963年第四卷第一期。

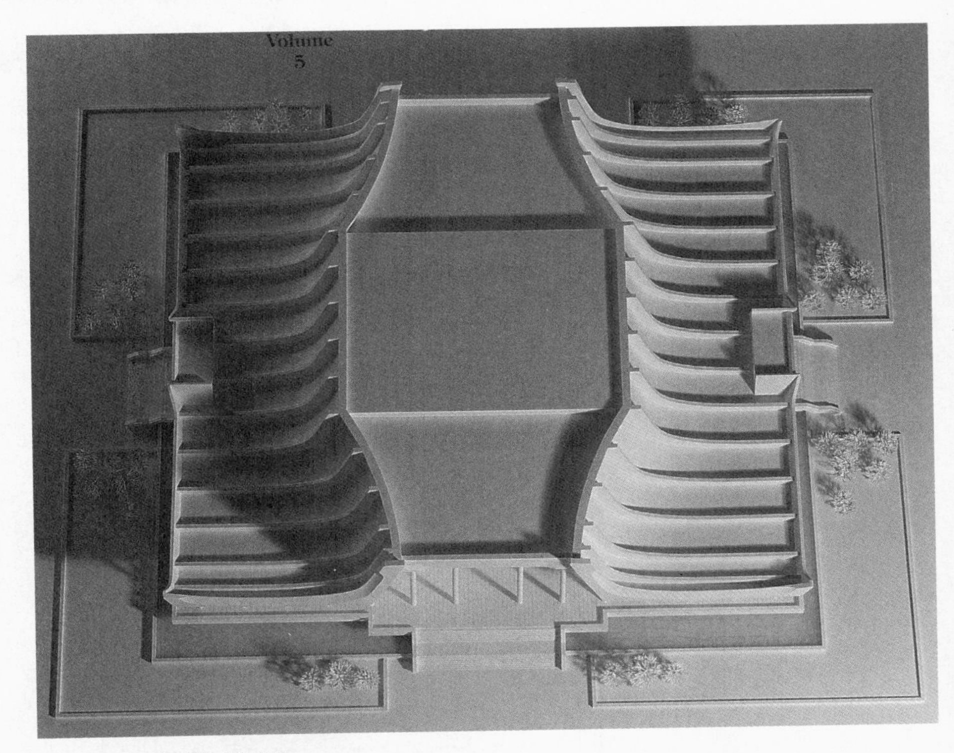

*国父纪念馆竞图案模型俯视，
邹昌铭摄

*国父纪念馆竞图案模型侧立面，
王镇华先生提供

*国父纪念馆竞图案一楼平面

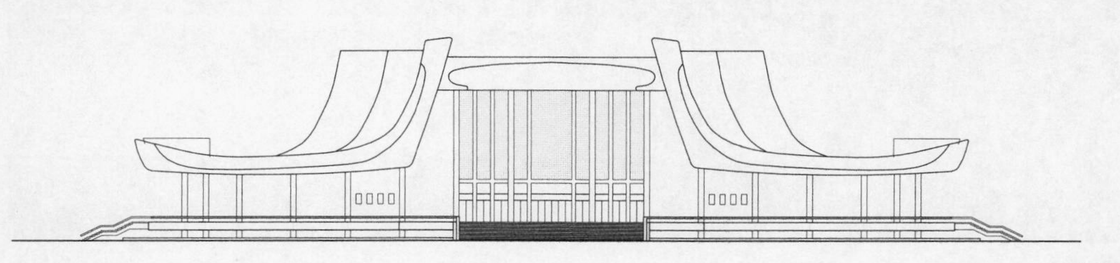

*国父纪念馆竞图案正立面

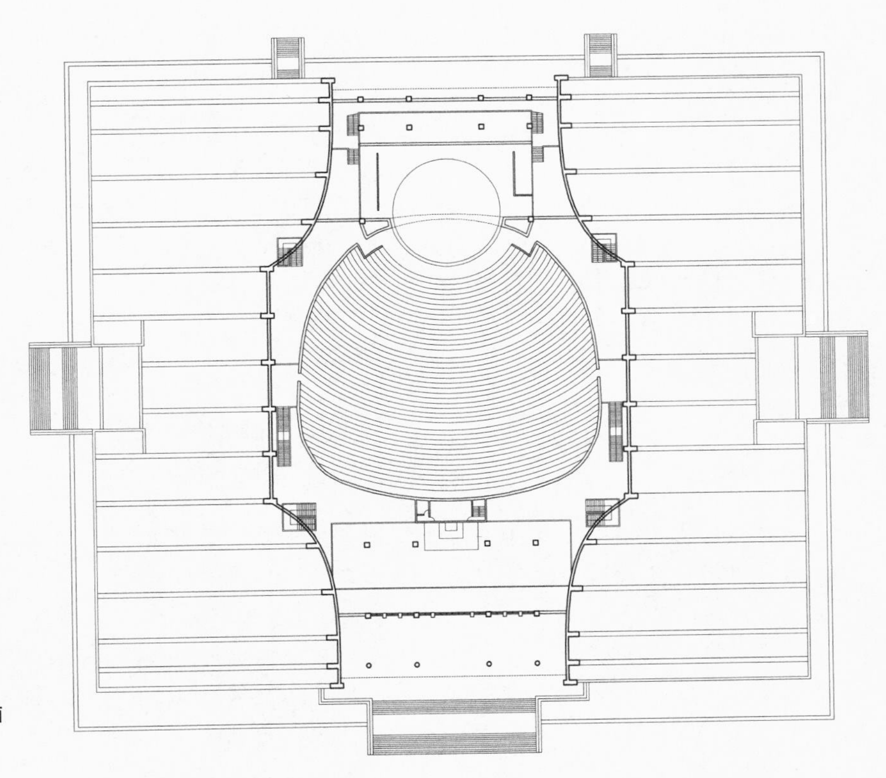

*国父纪念馆竞图案二楼平面

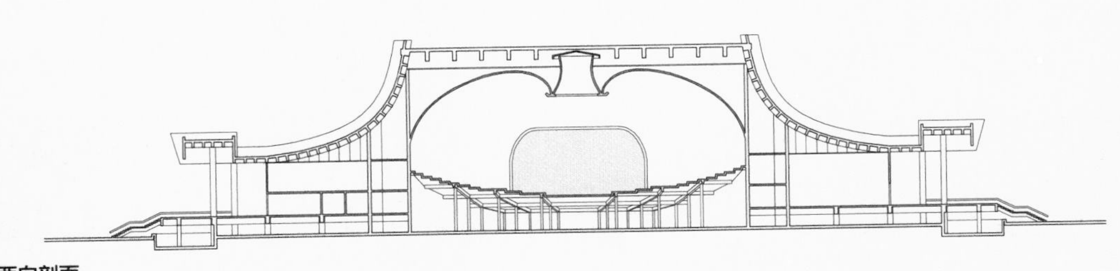

*国父纪念馆竞图案东西向剖面

＊国父纪念馆实景图（1975 年，
国父纪念馆提供）

＊国父纪念馆实景图（1972 年，
国父纪念馆提供）

＊国父纪念馆实景图（1989 年，
国父纪念馆提供）

设计图样、模型，并在听取主委王云五、委员卢毓骏简报后，由“总统府”秘书长张群转知“‘总统’指示，应在外形方面加强中国建筑之色彩”。事实上，根据非官方记录，当时“总统”说的是“这是栋西洋式的建筑”。

这一句话让王大闳陷入困局，多次修改提案，甚至在1967年初提出一个仿宫殿式琉璃瓦屋顶的图样，但遭到包括孙科在内大部分委员的反对。最后定案的建物外观尽管依旧形似中国传统建筑四面卷曲的庑殿，但在正面有突破之举，拉起了一个掀开、伸向穹苍的巨顶。这样的屋顶曲线是王大闳反复修改、思忖良久才定案的。昂然拔升的屋檐，打破了中国传统建筑屋檐线的稳定感，也为整栋建筑增添了动感、雄伟的气势。

但这个结果仍难让“总统”满意，直说正面的屋顶不应掀起。这一次，王大闳坚定地回应，孙中山既推翻满清，自不宜用清朝的建筑形式来纪念他，而且正面掀起所隐喻的正是孙中山所领导的辛亥革命，“掀起革命的一角”。

1967年8月10日“总统”批示可。1972年5月16日，主要工程完工，举行落成典礼，由兴建委员会主任委员王云五先生向政府呈献，时任“副总统”兼行政院院长严家淦代表接受。

多年后，王大闳回忆起长达两年的国父纪念馆设计图样修改过程时说，那屋顶是“小女孩扬起的裙角”。此说法显然是一种自我调侃，不过关于王大闳对于中国屋顶的现代化想象，之后还会细究。

基地选址

台湾当局表面上是为了纪念孙中山先生百年诞辰而兴起国父纪念馆的筹建之议，其实背后有复杂的政治因素。当时正值国共对抗，台湾又并入所谓美国冷战系统中东南亚的防守链，再加上1966年大陆发起的“文化大革命”，导致国民党不得不以“中华文化复兴运动”（1968）相抗衡，不过这种兄弟阋墙的意识形态游戏从1949年以后就开始了，1960年代以后只是这场游戏的高潮而已。因此较早的国父纪念馆或稍后的阳明山中山楼都肩负“不仅供文化教育活动与发扬国粹，同时亦设为青年文化活动中心。整个计划辅以整修海外故居、编印学说论著、筹募中山文化基金以及配合庆典之各项活动，逐步形构出中华民国在台湾的政权正当性与典范式的集体记忆”[17]的责任。

当年那么具表征性的一栋建筑，自然选址过程也颇费周章。在曾光宗教授整理的国父纪念馆建馆初期之计划决策与讨论过程汇整表[18]中，1964年10月23日有一项“国

—

17. 孙中山百年诞辰纪念实录编辑小组编：《国父百年诞辰纪念实录》，台北，中华民国各界纪念孙中山百年诞辰筹备委员会，1966。

18. 曾光宗：《一段建筑史话——国父纪念馆建馆初期之建筑计划历程》，徐明松编：《国父纪念馆建馆始末——王大闳的妥协与磨难》，台北，国父纪念馆出版，2007。

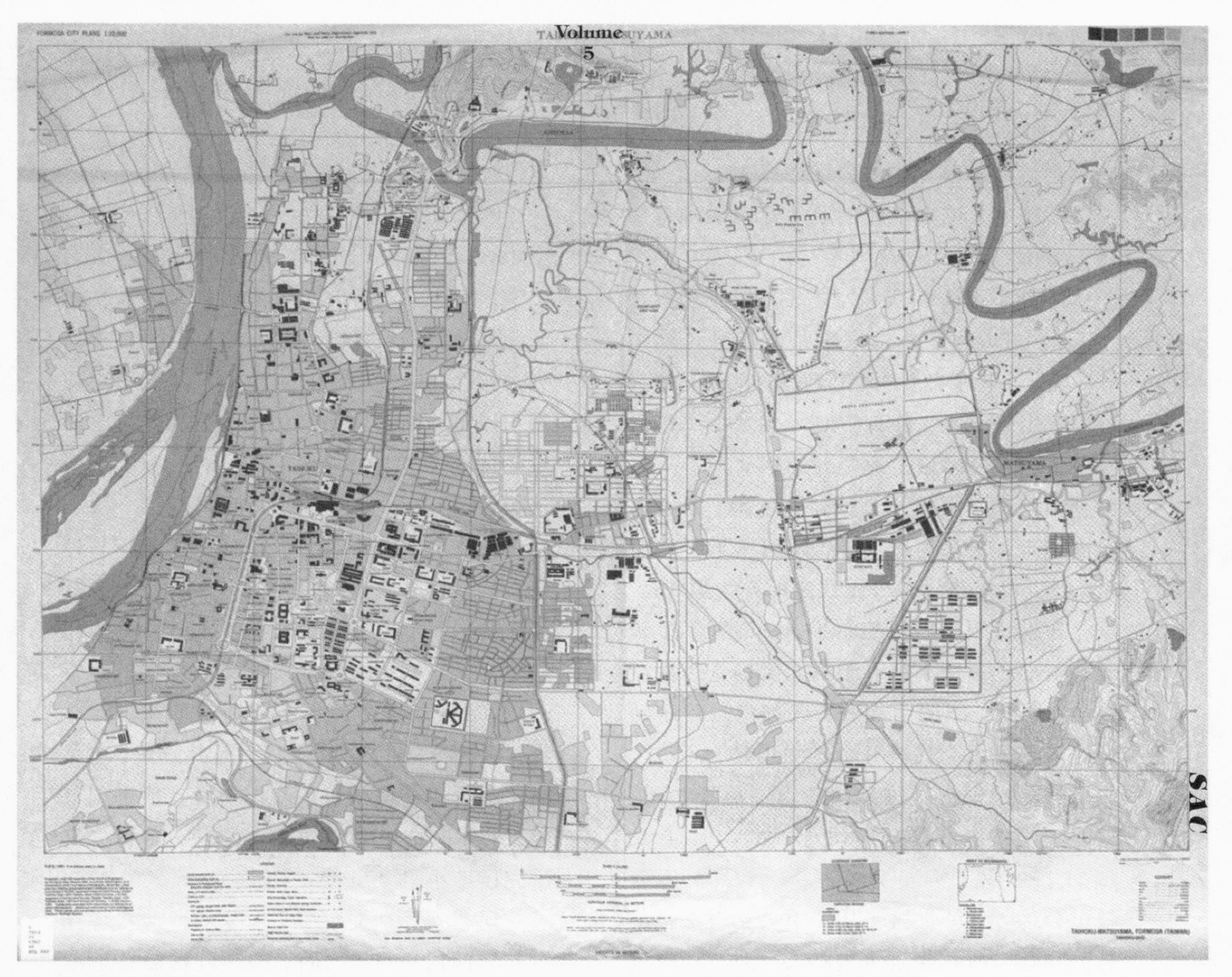

＊ 1944 年的台北地图

＊ 2013 年台北市卫星图片，右边中间为国父纪念馆

父纪念馆建筑基地勘察”，其中两点：

1. 勘察大屯山南麓土地（邻近国防研究院图书馆）。

2. 台北市内勘察：大直北安路土地（位于剑潭山南麓）、南京东路十四号公园预定地、下埤头土地（位于松山机场西南角）、敦化路土地（位于下埤头土地之南）、仁爱路六号公园预定地等五处基地。

勘查结论为“国父纪念馆建筑基地，以大屯山南麓土地，甚为适用，惟如须建于台北市内，则以仁爱路六号公园预定地亦为理想”。

如果对照最后兴建结果，由黄朝琴带领的基地勘查项目小组对于第一次勘查结论显然早有定见，阳明山最后委托修泽兰建筑师设计了国民大会代表开会的中山楼，而市区的六号公园则盖了国父纪念馆。尽管如此，党内不同声音还是陆续出现，如 1964 年 10 月 31 日的常务委员会第三次会议中，筹备委员会总务处就提报了从“中央党史史料编纂委员会”所移送过来的相关文件，其中包含了“国父遗教研究会”所提出的“馆址最好利用台北市国父史迹馆现址，分五层建筑，力求庄严、美观、适用，以作为国父生平和革命史迹之陈列，并同时作为三民主义学术文化活动中心”之建议，位置是在台北市中山北路一段 46 号国父史迹纪念馆现址，今台北火车站东侧出入口附近。

1965 年 1 月 13 日的常务委员会第五次会议中，一度决议“国父纪念馆建筑计划，即由纪念馆建筑委员会以台北市介寿路台北宾馆对面之土地为建筑基地，迅即厘定构图原则，进行设计，并拟定具体进度报会核议”。

国父纪念馆的建筑基地几经波折之后，于 1965 年 3 月 6 日的常务委员会第八次会议中，决定“以台北市仁爱路六号公园预定地为兴建目标”，并于 1965 年 4 月 10 日的常务委员会第九次会议中，决定“纪念馆之使用与设计，待基地问题解决后，另行指定小组会同纪念馆建筑委员会共同研究”，进而于 1965 年 5 月 15 日的常务委员会第十次会议中，进一步决定“关于纪念馆之使用与设计，纪念堂建筑基地之规划，第六号公园如何配合设计，以及道路之拓宽与开辟，军用铁路之拆迁，及中山堂前国父铜像之迁建等问题，由王主任委员云五等组成研究设计小组，负责研究并规划办理”。至此阶段，有关国父纪念馆的使用机能与规划设计原则拟订等工作，已统一地由新成立的“纪念馆建筑研究设计小组”负责。

现有的选址文献中，未见罗列最初各择定基地的优缺点，我们无法准确推断基地勘查小组是如何考虑各基地的适切性的，但以台北市老城从清末到日治时期已定调的城市轴线来看，东区六号公园的出线并不令人意外。因台北为山河所围绕的盆地地形，发源于西侧淡水河河岸的城市，只能往东与北侧发展，政治轴线早就设定为东西向（今之凯达格兰大道接仁爱路），日本人将神社设在基隆河以北的剑潭山，又强化了南北向（今之中山北路）的宗教仪典气息，尽管日治末期台北城往北只扩张到民族东西路附近，再过去就是军事基地、公园与日本神社，往东则推进到瑠公圳（今新生高架与金山南路）两侧，河岸右侧除几所学校、啤酒厂，多数还是农田。按信义计划区的历史，“其发展起于1976年，台北市政府变更国父纪念馆以东地区（今基隆路以东）为特定专用区，目标为设新市政中心及次商业中心以引导都市均衡发展，疏解西区（台北车站、西门町一带商圈）的商业拥挤并增进东区繁荣及居民都市生活之便利……”，如按此逻辑来看，国父纪念馆的确有远见地先导了台北市东区的都市发展。1980年代信义计划区刚推出时，台北核心商业区仍云集在复兴南、忠孝东的Sogo百货附近，不过1960年代人口爆炸性的成长，城市纹理早已攻破瑠公圳防线向东挺进，像王大闳的建国南路自宅（1953）与虹庐（1964）都已在瑠公圳东侧。1990年代，这股忠孝东路上的商业动力为国父纪念馆与松山烟厂巨大的非商业都市团块所阻止，限制在光复北路上，因此活动开始往介于复兴南与光复南路间的都市南北区块移动，此时西门町逐渐没落，信义计划区又不成气候。1994年台北市政府迁入信义计划区新办公大楼，随后各式商业办公大楼、政府机构、百货商场、高级旅馆陆续设立，再加上2006年诚品信义旗舰店开幕，已完全奠定信义计划区作为台北东区核心的领导地位。此时夹在信义计划区与Sogo商圈间的国父纪念馆意外地成为一块未被商业沾染的绿色净土，如果台北市有文化、有远见，应该结合此刻正在激活的日治留下的松山烟厂（今松山创意园区）[19]及极具潜力的铁路局台北机厂[20]，构成一个人文创意网络，让商业不要泛滥在台北东区，适度为虚华不实的城市留下一个可沉思、可休憩、可呼吸的人文空间。

妥协与磨难

1961年台北故宫一案的挫败让王大闳在处理国父纪念馆设计时作了退让，过程却依旧充满磨难。他面对的业主除了“纪念孙中山百年诞辰筹备小组”、“纪念馆建筑委员会”外，还

—

19. 松山烟厂建于1937年，前身为“台湾总督府专卖局松山烟草工场”。台湾烟草专卖制度开始于日治初期的1905年（明治三十八年），烟草的种植、加工及销售均在政府控管之下，是当时台湾总督府为弥补税收不足而实施的财政措施。1930年代日军发动太平洋战争，1937年全面侵华，卷烟除供应台湾市场所需，也外销华中、华南及南洋地区，供不应求，台湾总督府专卖局于是于1937年在台北市松山地区兴建“台湾总督府专卖局松山烟草工场”。它是台湾现代化工业厂房的先驱，同时也是第一座专业的卷烟厂。规划时即引入“工业村”概念，重视员工福利，附设有完整的劳工福利设施，如：员工宿舍、男女浴池、更衣室、医护室、药局、手术室、福利社、育婴室、托儿所等。

20. 台北机厂邻松山烟厂北侧，隔市民大道相望。厂区兴建完成于1939年，原本位于台北府城北门西北边的台湾总督府铁道部台北工场迁入此处。二战后成为台铁首要的车辆基地。该机厂主要业务为电力机车、电联车、柴电机车及客车车厢的保养与维修，有时也会进行车厢的改装或改造（像是将平快车改造为冷气平快车）及新车的内部装设（如柴联自强号及太鲁阁号）。早年曾经新造火车车厢，并出口到泰国。机厂内设有一座自机厂落成时留存至今、设计风格受到现代主义影响的员工澡堂，目前已经被列为台北市市定古迹。

＊台北中山北路福乐冰淇淋店
（1969 年，已拆）

＊淡水艾斯赫工业公司厂房

有握有最终决定权的当局领导人。而筹备小组、委员会诸公也各有定见。建筑委员会卢毓骏委员在1965年5月21日建筑研究设计小组第一次会议中，曾发言表示因职责所在，“已先做了几幅图，对于公园的布置，纪念馆的配置，一楼、二楼、三楼的设计，及全馆外观，均已绘在图上”。除了大环境既定的认知趋向保守，委员诸公的主导意愿也很强，国父纪念馆一案难保不会重蹈台北故宫案覆辙。

尽管最后这个正面屋顶向穹苍掀起的修正案获得认可，然而王大闳很难不介怀。他随后在淡水艾斯赫工业公司厂房（1967）及另外两个案子都做了类似的钢筋混凝土屋顶反曲实验，但之后这样的屋顶造型就没再出现过了。国父纪念馆竣工前一年，他选择在国外杂志 *The Economic News* 上以英文直陈：“从设计国父纪念馆的经验谈起，我知道最初人们想采用清朝形式的建筑，但这是错的，因为清朝的建筑表现的是奢华、腐败，而晚清的腐败却是孙逸仙医师致力一生要改变的。用这种建筑纪念他会相当讽刺……”但他也坦言建筑是服务业，因为“建筑师是艺术家，同时也是商人。不像其他视觉艺术如绘画和雕塑……建筑师不能一意孤行，必须尊重顾客。社会和经济的压力也对建筑师有强力的影响，没有其他的方式能逃脱这些压力”。[21]

这样的认知是了悟，还是自弃？多年后他再度以历史上的帝王、霸主为例，撰文论述兴建纪念性建筑的用途与意义实为巩固权力[22]，或用嘲讽语气提醒明智的读者在台北街头寻找富有政治意义的建筑物[23]。1984年，王大闳在《国立台北工专工业设计科建筑组刊》第15期上发表的《大失败》一文，写道：“我在台北开业后，事务所在我主持下，曾设计过各类工厂十余栋，包括成衣厂、食品厂、木板厂、化工厂、印刷厂等，对国家工业发展，也算有些贡献。但是在事业上，我虽没有失败，却也没有成就。”这篇抒发感情的杂文，读起来令人着实伤感。1984年，王大闳职业生涯多数作品都已完成，尤其那些影响后代学子的建筑早已在1970年代前提出，台湾这么重要一位建筑师，在晚年自况一生毫无成就，只是对产业发展有点贡献，这到底是怎么一回事？是自谦还是深刻的反省？自然国父纪念馆也得排除在成功以外。

在思想条件与历史环境条件未臻成熟的情况下，尝试走一条新的道路，或期望能开创风潮，显然并不容易。加上国父纪念馆兴建过程中经费拮据，必须陆续向外界募款，不仅造成发包困难，某些工程项目也被迫延后，或有建材因经费遭删减而反复修改，甚至原本外墙的清水红砖因出现白华[24]被迫

—

21. 王大闳：《对建筑和建筑师的一些想法》，陈映洲译，1971。

22. 王大闳：《建筑——政治的工具》，载《台北工专工程学术丛刊》第12期，1981。

23. 王大闳：《政治与建筑》，载《自由时报》，1990。

24. 水泥水化物中的氢氧化钙 $Ca(OH)_2$ 溶于水渗过混凝土表面而析出，再与空气中二氧化碳 CO_2 生成碳酸钙 $CaCO_3$，固着于混凝土表面并呈白色，此种现象称为混凝土的“白华”。

＊国父纪念馆施工状况外观全貌，
黄政雄先生提供

＊国父纪念馆施工现况转角反曲
一隅，黄政雄先生提供

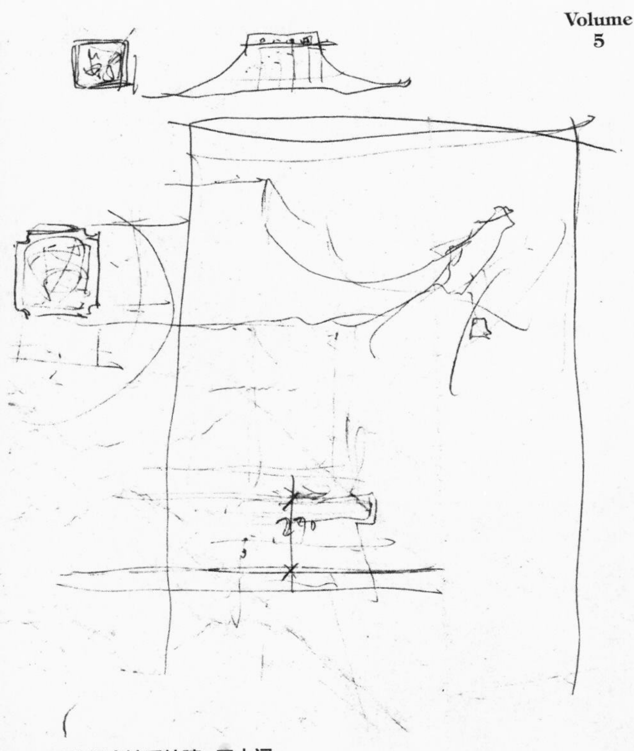

＊国父纪念馆手绘稿，王大闳先生提供

换成二丁挂贴面红砖，也违背了他原本“用料力求真实……以象征国父生活朴素及其伟大革命精神”的原则。[25] 但王大闳仍不改其耐心，坚持所有细部质量，光是回廊的美人靠栏杆就花了十多天、画了无数张草图研究造型，斩石子也得先行试作，经监工同意、王大闳亲自点头才得以施工，因为他始终认为“在现今的经济环境，我们可以用现代的建材来满足经济和社会的需要，同时维持中国的文化和色彩”。

王大闳看似完成了国父纪念馆这个挑战，但从设计到施工所面临的种种变异和妥协，这个案子在他心里激起了多少波澜，逼迫他认清现实环境与内心理想的差距，除了诉诸文字的建筑议论外，或许只有生活透露了些许端倪。

据说从国父纪念馆竞图开始到竣工前这七年间，王大闳回到虹庐家中修剪屋顶庭院枝桠完毕后，便独自关在书房内，少与家人互动。沉默，兴许是为了抵抗内心的杂音；孤绝，可能是为了避免响应他人的关心。面对庞大体制和意识形态的牵制，他悟出了建筑是为政治工具的道理，唯一可以脱离此一宿命的，要不往心底深处去（文艺创作），要不就得往虚幻或未来里去（登陆月球纪念碑、科幻小说）。

设计与施工

“兴建时的台湾经济并不丰裕，美援也刚刚于1965年中结束。兴建纪念馆的经费是从各界陆续募款而来，工程款无法一次筹足，因此发包作业舍弃了统包的方式，而是采用分期分包的方式进行。经常因为经费不足而把某些工程项目列在后期进行或删减经费”。[26] 1972年完工后，屋顶漏水始终不断，归因于当时经费拮据，防水工程未妥善处理。梁铭刚一文对国父纪念馆这一部分续有追踪，譬如说，工程主要分四期发包，1968年开工典礼后先进行第一期基桩工程，由新台湾基础

—

25. 参与国父纪念馆决策的“总统府”秘书长张群委请王大闳设计、于1977年完工，在士林官邸西南隅的自宅，外墙就是采用清水红砖。

26. 梁铭刚：《设计的转折与坚持——从国父纪念馆现存兴建图说档案中检视相关团队之互动》，徐明松编：《国父纪念馆建馆始末——王大闳的妥协与磨难》，台北，国父纪念馆出版，2007。

＊国父纪念馆施工现况侧面，黄政雄先生提供

＊国父纪念馆施工现况正面斜侧一隅，黄政雄先生提供

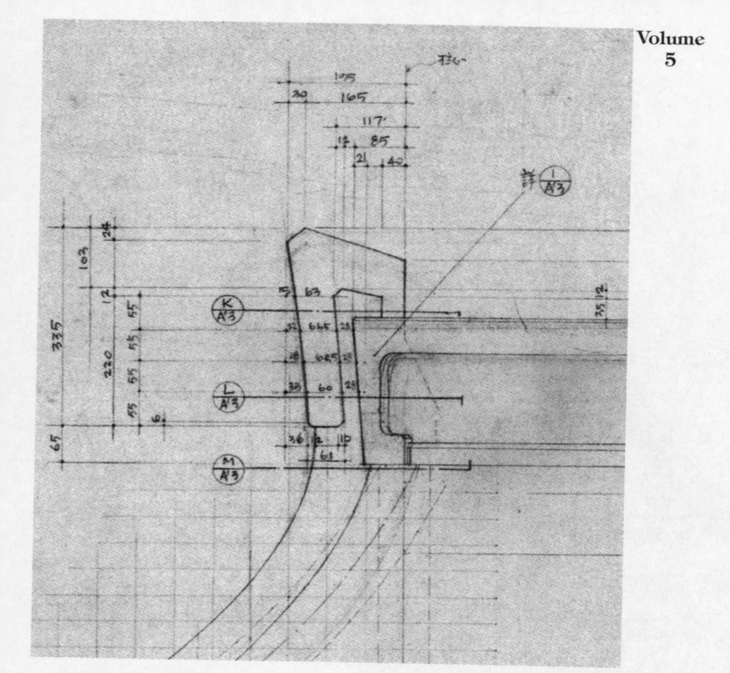

*国父纪念馆屋檐大样

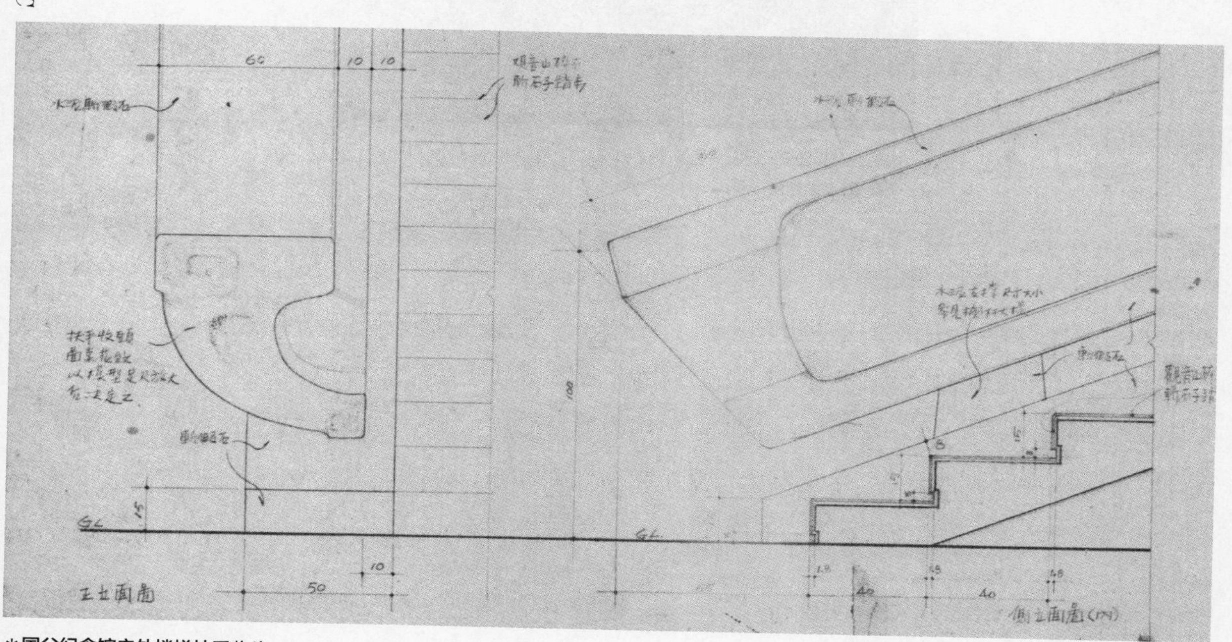

*国父纪念馆户外楼梯扶手收头大样

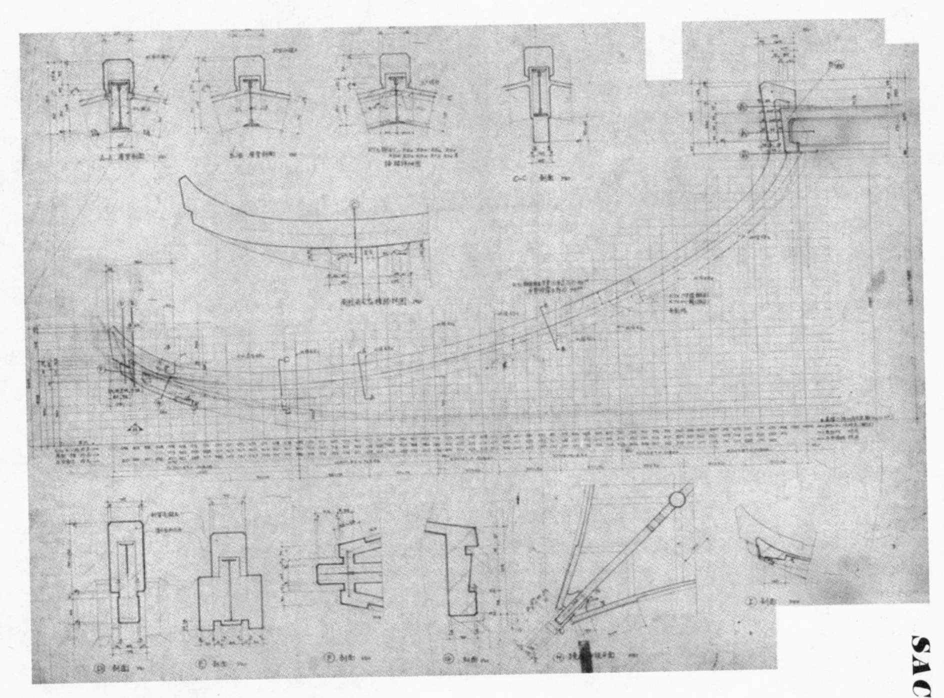

＊国父纪念馆屋檐大样

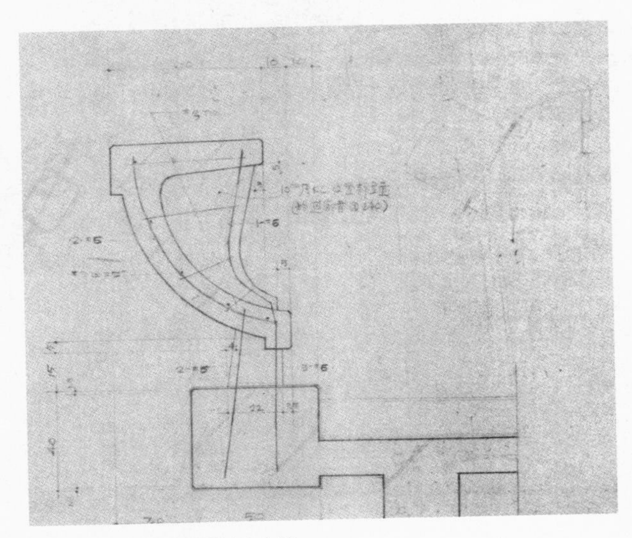

＊国父纪念馆户外楼梯扶手大样

*廊道现状，邹昌铭摄

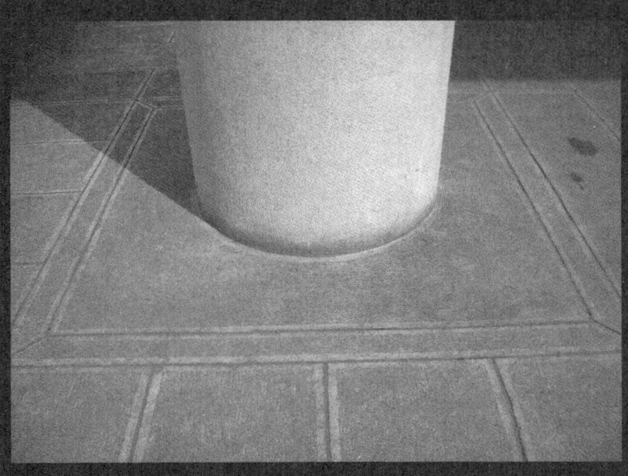

＊国父纪念馆屋回廊落柱与
地坪细部，徐明松摄

＊国父纪念馆回廊座椅，徐明松摄

＊国父纪念馆屋顶回廊美人靠式的扶手，徐明松摄

工程股份有限公司 于1968年3月11日签约，同年5月3日开始施作，至年底11月29日完成[27]。但因部分施工问题，迟至1970年6月5日验收完竣。第二期结构及建筑主体工程于1969年10月11日开标，由毅成建设有限公司承包。大宗建筑材料由兴建委员会供应，包含钢料、钢筋、水泥及铝门窗。1970年2月钢料开标，由日商中东企业株式会社得标；同年5月1日第二期建筑工程正式开工。钢筋由唐荣供应，水泥由台泥等六家供应，铝门窗由台铝议价供应。“第三期室内装修工程也由毅成建设有限公司承包。给水卫生设备工程与电器设备工程均由华通工程行得标。空调设备工程由中兴电工机械股份有限公司得标。大会堂舞台照明灯光幕景设备等，由日商松村电机制作所得标。大会堂坐椅、窗帘及贵宾室家具等由行政院国军退除役官兵辅导委员会桃园工厂议价承制。第四期为室内家具设备，包含电梯、厨房设备、家具、窗帘等”。[28]

整体造型拍板定案后，大洪建筑师事务所这边精锐尽出，务必在细部设计上尽心尽力。台湾这60多年来的众多公共工程里，国父纪念馆绝对是质量最好的公共建筑之一，尤其是细部设计，还掌握了现代建筑少有的手工性。王大闳记得，建筑设计与施工图的

27. 国父纪念馆兴建委员会第八次全体委员会议议事日程，1969年3月5日。

28. 同注18。

29. 潘有光，成功大学建筑系毕业。此前曾读过机械系，当过水手。成大毕业后，在大洪事务所任职多年，是王大闳的得力助手。后跟汉宝德共同成立汉光建筑师事务所，后自己再独自成立光大建筑师事务所。

团队中，参与很深的主要是潘有光先生[29]：“有关国父纪念馆设计的时候，潘有光先生一直参与着，包括草图，从西洋化改到中国化的时候，他也很伤脑筋，说，怎么改？后来他还花了很多时间，做详细的细节图，这都是潘有光先生的功劳。他对中国建筑比我更有研究。”王大闳对潘有光先生赞誉有加，认为“他的设计也好，不但是画图好，设计也好，他实在是贡献很大”[30]。显见潘有光当时带领了事务所一组人员发展细部设计，像邱启涛、金石开（King Sky）、黄政雄、赖昌寿、陆文兴、林义男、黄有良等人。今天姑且不论屋顶造型到底突破多少，从技术的角度看，王大闳尽量忠实钢骨建筑的材性，既避免了掉入仿中国古建筑的困境，也躲开了欧洲新艺术运动设计师违逆铸铁材性的做法。不过这是相对性的论述，如果与 1851 年伦敦万国博览会园艺工程师约瑟夫·帕克斯顿（Joseph Paxton）设计的大型展览馆水晶宫相比，国父纪念馆自然还是脱离了钢构造的材性，只是为满足“不合理”曲线屋顶的造型；如果相对于 2008 年赫尔佐格和德默隆在北京完成的鸟巢，那国父纪念馆又合理多了。当然本文无意讨论国父纪念馆构造合理性的对错，之前已说过王大闳在此案的磨难与妥协。但当我们细看王大闳在国父纪念馆铺陈的细节，就会发现，他虽然在整体造型上有百般无奈，但在几个主要的空间及细微处仍试着摆脱抄仿传统，譬如说回廊同时保持了两种尺度的空间，一是巨柱与墙体间的高大的纪念性尺度，一是巨柱与美人靠栏杆间的亲切尺度，也就是说人在巨柱两侧竟可以感受到两种对立尺度的并存，这在密斯的纪念性建筑也未曾见，怀疑是中国传统建筑遗留的经验。另外屋顶反曲的飞檐，不再以走兽装饰屋脊，改以抽象的龙头饰之；檐下挑梁也在合理的范围内简化华人惯用的装饰性图案说故事。细部设计则处处用心，首先是四周回廊的栏杆，创意性地转化了经常出现在中国庭园建筑里的美人靠，高度适宜、台面宽阔，可将双手攀靠其上，亦可将脚弓抬于美人靠的凹陷处，非常符合人体工学。至于室内地坪（40 厘米 ×40 厘米）材料为捣摆观音山石地砖，室外地坪（45 厘米 ×180 厘米）原设计为观音山石，后改为斩碎观音山石斩假石，美人靠栏杆亦采用斩碎观音山石斩假石，所以主要色调远看有点暗灰色石材的味道，近看则有斩假石细致的手工味。这点颇符合日本现代建筑第一代建筑师村野藤吾（Togo Murano）对建筑的诠释，所谓“远看是现代建筑，近看则是历史建筑”。

屋顶的文化表征

虽然我们在前面已提及王大闳所采取的两条研究路径，但这里还是觉得有必要对他的屋顶论提出看法。1961 年与 1965 年的台北故宫

—

30．王大闳：“潘有光先生是我很佩服的一位，因为他是学机械的……他画的每一幅建筑图都像画机械一样精密，真的，我不是像他们这样吹牛，我讲的是真话，非常重视他的图，他的设计也好，不但是画图好，设计也好，他实在是贡献很大。”记录于《东海大学王大闳研讨会会议记录》，1997 年 3 月 8 日下午。

博物院与国父纪念馆计划案，让王大闳陷在“屋顶”创作的险境里，这是他在《建筑与政治》一文所想表达的。当我们细心回顾1960年代前的王大闳，发现他对中国屋顶并不怎么感兴趣，起码中国要变成话题是应该抽象感受，而不是用“看”的。这当然是知识分子的天真想象，当时中国社会一般的集体想象自然不同于知识分子，尤其是那些喝过现代洋墨水的知识分子。所以我们在1953年的建国南路自宅、1954年的日本驻台湾地区长官官邸、1955年的罗宅，乃至1958年的几批中兴新村省政府宿舍等这些1960年代前的作品中，完全读不到他对中国屋顶的关注，如果硬要算一件，应该是帮剑桥同学迈克尔·沙利文设计却未实现的沙利文宅（1956—1960），是一个六边形平面、屋顶有折板的两层楼住宅。有趣的是，帮外国朋友设计房子，却思考中国，沙利文教授专研中国艺术史，娶中国老婆，是不是他以业主的身份希望王大闳为他设计一栋清晰可辨的中国现代建筑？这已不易查证，不过从逻辑判断是有可能的。

1960年代以后，王大闳开始接触大型的公共建筑，可能不得不思考建筑物文化表征（identity）的问题。台北故宫博物院计划案当然是一个重要起点，同年的台大第一学生活动中心及礼堂计划案是另外一个有趣的尝试，可惜后者原三栋群组只盖了一栋学生活动中心，此建筑为折板式屋顶，正面有直达屋顶高二层楼之柱廊。折板屋顶在西方现代结构系统里是一种常见的语言，多用在大跨度的厂房，而王大闳别出心裁地对约定俗成的规范的再思索，一再透露他俯拾皆是的创意。他如何突破常轨？首先是折板高点比低点还往外移出数十公分，颇有另一飞檐之势，底下的梁也因其上两侧折板外悬形成钝角，让柱、梁、折板共同形成一个有木构造意味的细部设计；最后正面两侧折板忽地在高点停止，亦形成了一个轻盈飞翔的线条，两者都加强了折板屋顶与传统屋顶的有趣联想，但又不乏创新。而位于活动中心旁、轴在线的台大礼堂计划案，同样使用折板结构，但为更复杂的上下交错的折板，左右则形成一个巨大的三角拱，围塑出一个中间没有任何落柱的大跨度空间。更有趣的是，整个外形酷似一顶唐宋官帽，它那上下交错的双折式屋顶，在立面读起来宛如折纸般优雅，完全没有钢筋混凝土构造的笨重，侧面则带点哥特式建筑的况味。

随后，从1961年的台北监狱龟山新监总办公厅、1963年的台大地质馆及法学院图书馆，屋顶改以悬挑屋顶板，下方再佐以装饰性的成片小梁（像台大地质馆）或合理的悬梁（如法学院图书馆），宛若木构造屋顶的出檐，此时三段式的屋顶扮演的角色减弱，换屋身粉墨登场。而1964年的虹庐，屋顶隐喻进一步演化，改以悬挑的女儿墙代之，做法是在原女儿墙位置立小柱抓住悬吊与分离的女儿墙，如此一来女儿墙既可抽象隐喻中国屋顶，隐约可见的小柱则可继续模拟出檐的木构造。有趣的是，从设计的观点看，虹庐的精神状态比较接近建国南路自宅，皆以空间氛围取胜，与传统的关系小心

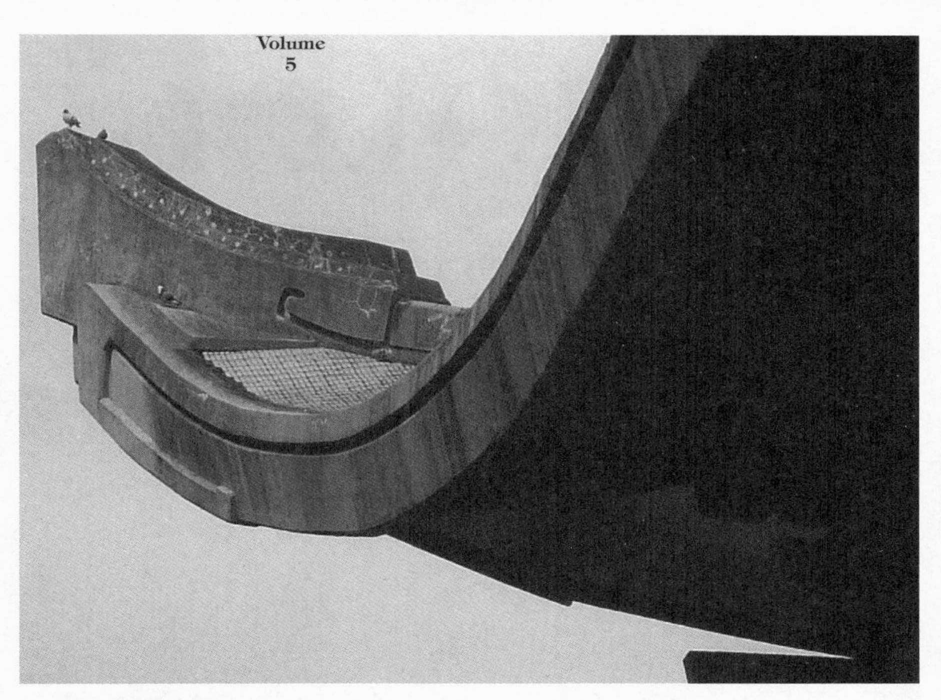

＊国父纪念馆屋顶转角起翘图，
徐明松摄

＊国父纪念馆屋顶翻起顶梁细部，
徐明松摄

*国父纪念馆正面
张敬德摄

而谨慎，抽象且不过，或许是跟建筑师自己使用有关。虹庐当然也是购地自建的自宅，公寓盖好后，四楼作为第二个自宅，其他出售，这种集建筑师、业主于一身的状况，使创作的纯度升高，不过这毕竟不是台湾建筑生产的常态。1971 年的“外交部”办公大楼最后一层宴会餐厅以倒 L 形深灰色斩石子遮阳来抽象地影射中国斗拱，是王大闳屋顶论的另一诠释，坊间一说王大闳抄自 1933 年上海华盖建筑事务所为国民政府设计的外交部大楼——当时华盖事务所主要建筑师赵深、童隽、陈植考虑到宫殿式建筑造价过高，于是既不抄袭西方建筑样式，也不照搬中国宫殿式建筑的做法，而是根据现代技术和功能的需要采用“经济、实用又具有中国固有形式”的特点，设计了新民族形式的建筑。按这一说法，王大闳在面对台湾“外交部”的切入手法是与它相同的，但在形式处理上，王大闳的“新斗拱”尽量放弃没必要的装饰，改以构造上遮阳、遮雨与滴水的需求，一则是机能考虑，二则用来指涉传统，相较于国民政府南京时期的外交部大楼，台北的这栋看起来更加优雅与宏伟。

后续

1975年蒋中正去世前，台湾多数公共机构，清一色是宫殿式建筑。1949年，国民政府撤退来台，国共内战所衍生的意识形态对抗，在国民党来台初期就已展开，像1950年代台北植物园内的南海学园计划，兴建了国立历史博物馆（1956）、国立台湾艺术教育馆（1957）与国立科学馆（1959），随后1960年代又有台北故宫博物院（1965）、前面已提到的阳明山中山楼（1966）与国父纪念馆（1965—1972）等大型宫殿式建筑。1960年代中为对抗大陆的“文化大革命”，将这波意识形态推至高点，因此陆陆续续装点了更多宫殿式建筑，像明水路的忠烈祠（1969）、剑潭山上的圆山大饭店增建（1971）、松山机场扩建（1971）、中正纪念堂（1980），乃至时序都快进入1990年代的台北火车站（1989）都还在“戴帽子”。即便今天来看，国父纪念馆非常不同于一般宫殿式建筑，但仍可视为此一脉络的延续。不过值得一提的是王昭藩建筑师[31]完成于1981年的两个作品——高雄市的中正文化中心（现为高雄市文化中心）与台北的善导寺——及高而潘建筑师[32]1983年的台北市立美术馆，前者试着放弃大屋顶，但掉入了斗拱与木构造象征过量的烦琐意象，后者虽从传统三合院立体化、木构造堆栈转化而来，但不易让人联想到跟传统的关系，也就是说，出来以后就回不去了，跟传统脐带的连接只能通过新的论述或说故事的方式产生，猛一看，是一栋没有明显文化身份的现代建筑，不过，它还是一栋友善、实用的现代美术馆。

1972年国父纪念馆落成时，台湾仍笼罩在威权的制度下，主要媒体齐声赞美，倒是王大闳在接受媒体访问时有抱怨之声[33]。他提到两点困难，一是主办人在筹措经费时所遭

—

31. 王昭藩生于1931年，卒于2006年。1946年随父亲王益滔教授（曾任台大农学院教授兼院长）来台，1951年考取台南的省立工学院建筑工程系，1956年毕业，1964年赴美国克兰布鲁克艺术学院攻读硕士学位。毕业后在美国日裔美籍建筑师山崎实事务所工作。1973年举家回国，受聘为国立成功大学建筑系客座教授。主要作品有高雄市议会、高雄市中正文化中心、台北善导寺、台大工学院综合大楼、台大农学院综合大楼、台北市农委会大楼和台中市高等行政法院等等。其中台北善导寺大楼、高雄市中正文化中心，被公认为是以木构架抽象元素表达现代东方建筑神韵的重要作品。

32. 高而潘，台湾战后重要建筑师。1928年6月10日出生于望族世家，祖籍为福建安溪，来台后定居于今日的景美街，之后搬到台北的永乐町（今迪化街）。1946年进台湾省台南工业专科学校（今成功大学建筑系），毕业后任助教至1955年。随后再任职于殷之浩的大陆工程与关颂声的基泰工程司，1960年短暂待过日本，跟随佐藤武夫与前川国男等重要日籍建筑师。1966年独立创业至今。代表性作品有阳明山林公馆（1969）、新淡水高尔夫球场俱乐部（1969）、台中张宅（1979）、月里山庄（1981）、华视大楼（1982）、台北市立美术馆（1983）。

遇的困难，当时经费是向各界募款，断断续续进来，也不充分，导致建筑师必须樽节预算，经常捉襟见肘，另一则是工期太赶，接着还含蓄地谈及“建筑师与业主必须彼此尊重”或营造厂低价抢标导致施工质量不佳的问题，最后还抱怨了国父纪念馆在走廊上放垃圾桶，减损了纪念性建筑的庄严。近年他还曾提及在国父纪念馆四个转角所栽植的巨大龙柏遮掩了仰头观望转角起翘的美丽线条，馆方理由竟然是风水，可见现代化是一条漫漫长路。

至于专业杂志的评论竟然迟至1980年代末才出现，由抗战时期中央大学（今南京东南大学）建筑系毕业的资深前辈林建业建筑师撰文点评（以下称“林文”）[34]。不过1980年代初我就读台北工专时，偶而会听到老师私下评论国父纪念馆，不过真正严肃的评论就算这篇。严格来说，该文只能算是一位建筑师对另一位建筑师作品的品评，多数都落在构造合理性所延伸的美学上，不是一篇对历史脉络交待的评论。譬如说林文在谈及王大闳与密斯的继承关系时，相当缺乏论述基础，对密斯的评价充满主观臆测，失之偏颇。倒是分段谈了不少建筑构造或视角尺度的问题，无论同意与否，都值得参考与进一步讨论。譬如说林文提及“国父纪念馆……从中远距离来欣赏都不够应有的份量与伟大”，这当然是纪念性尺度拿捏的问题，还有中国建筑除塔外，纪念性向来是以水平延展的广阔示人，只有靠近才会感受到可能的巨大尺度，再加上国父纪念馆只是一栋建筑而不是有群楼相伴，亦不是陵寝，所以这样的宽高比还是比较中国的，也就是说在宽度不增加的状况下，也不好再拉高高度。因此在庑殿的屋顶传统架构下，王大闳才想翻起正面，类似西方建筑山墙面高点进入的做法，来扬升轴线的纪念性尺度。今天看国父纪念馆，就正面最轻盈与优雅，宛如官帽，形似飞鸟，逐步从仁爱路走近，还是可以感受到迎面袭来的纪念性尺度。记得有一年台湾知名建筑摄影师张敬德拍了张国父纪念馆正面有倒影的黑白照片，王大闳夸说张建筑师拍出了国父纪念馆最漂亮的一面。随后林文再对正面翻起的屋顶结构提出质疑：“中央三个柱间抬高突出后，有增加气势及加强正面及中央的效益，但两侧出檐及侧翼相交处的第二支屋顶小梁都超出该柱间2/3的分割点，使得出檐部分受到拘束而感委屈，很可能是施工不慎的不良后果，又该间额枋悬臂长达该柱间2/3上下，霍然而止于两檐相交处下，然断面没有任何变化，看起来不免令人打一个问号……”此处谈及的问题的确是构架的难处，这些曲形梁显得罗嗦而不够诚恳，尤其室内大厅更容易干扰肃穆的致礼，这也是为什么同样的问题不会发生在密斯的作品中，因为形式的出现背后是合理的构造与需求，而国父纪念馆的“仿古”与新技术是冲突的，建筑师在意识形态的制度下，没有太多选择。

逃避与救赎

—

33.《国父纪念馆万人瞻仰——访王大闳建筑师》，载《中央日报》，1973年4月28日。

34. 林建业：《评国父纪念馆》，载《建筑师》杂志，1987年12月。

在此脉络下来检视从台北故宫博物院到国父纪念馆计划案的创作过程，只能说王大闳回到更真实的社会，所以剩下的只是在磨难的妥协中维持创作质量，整个国父纪念馆设计、施工期间，王大闳回到家中，整理完屋顶花木、用过餐，就将自己深锁在自己的世界里，悠游在其他事物上[35]。

王大闳有三个心愿：谱一首好曲子，写一本好小说，盖一栋好房子。曲子已经完成了，在诚品书店董事长吴清友阳明山自宅演奏过；一本好小说也写完了，最近由典藏出版社印行的科幻小说《幻城》，这是一本已写了超过一甲子的科幻小说，使用英文，过程当中字斟句酌、涂涂改改，我们在手稿中发现了封面，由书名 *Phantasmagoria* 构成的魔幻三角形，封面底部则由 C. Bartholomew 与 D. Wang 两位作者署名。除封面外，我们还发现了致读者的前言，里面提到了前生（公元 3069 年）乘坐 Medusa 宇宙飞船游历太空的小孩的回忆；至于一栋好房子，可能是始

＊ 登陆月球纪念碑实景拼贴

—

35.2006 年 6 月访谈王大闳现任夫人林美丽女士，谈及这段往事。

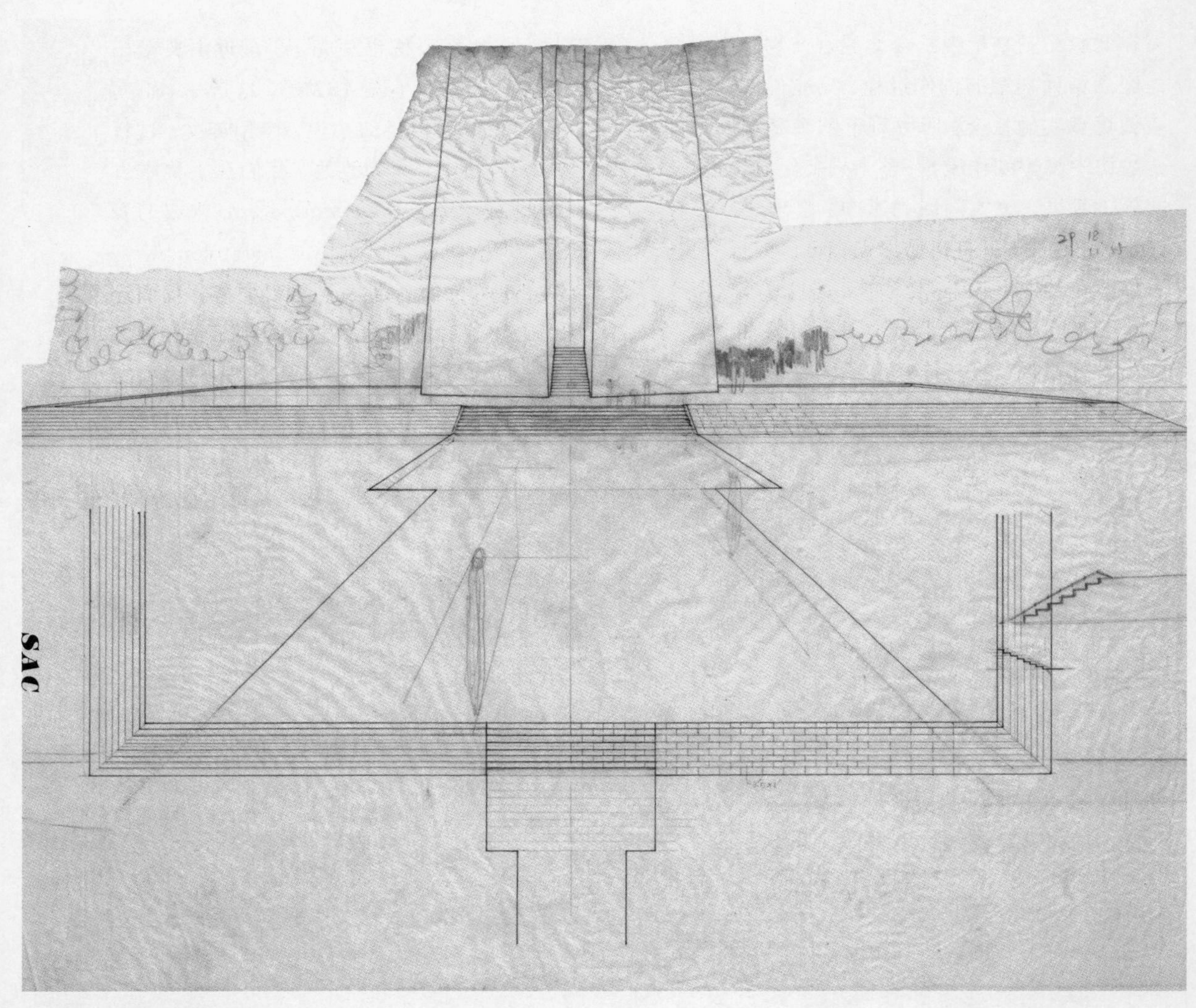

＊登陆月球纪念碑草图，透视

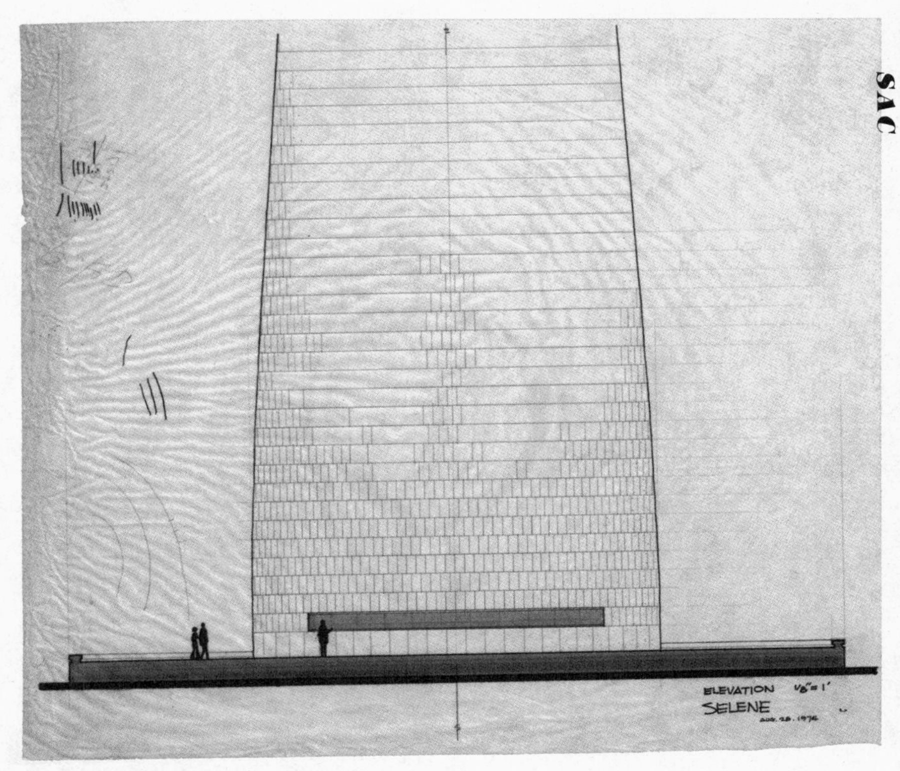

*登陆月球纪念碑草图，正面

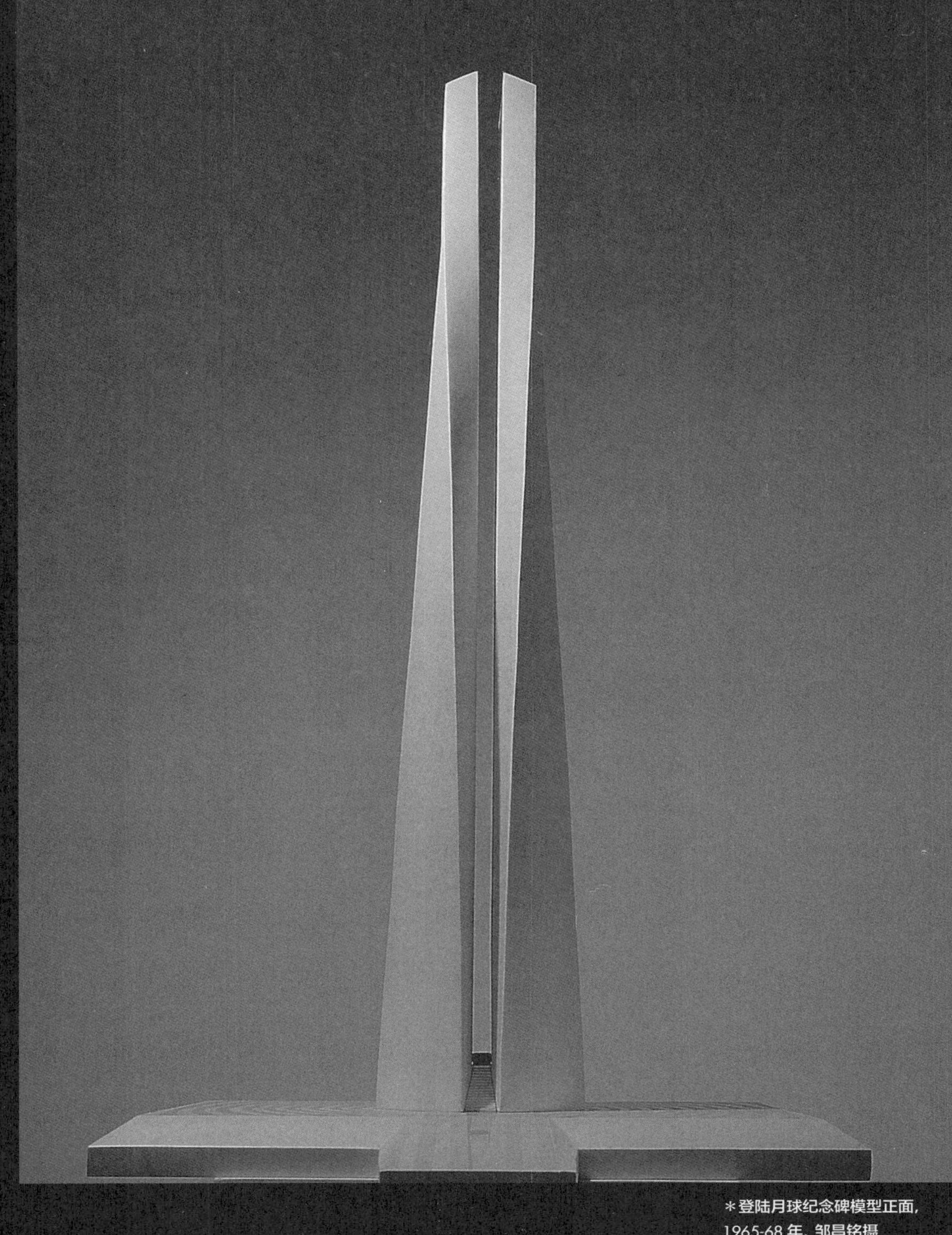

*登陆月球纪念碑模型正面，
1965-68 年，邹昌铭摄

终未完成的登陆月球纪念碑，而不是国父纪念馆。

这座王大闳1960年底完成，至1974年仍陆续思考、修正的提案，对他来说，却也始终是个遗憾。早在人类还未登月之前，王大闳已经浪漫地在思考如何建构一座纪念塔，来纪念这人类历史的一刻。1969年，登陆月球成功，王大闳再度对他的模型做最后的修改，并将此一构想发表，同时对美国方面进行初步的接触。1969年12月号《进步建筑》（*Progressive Architecture*）杂志登了一篇专文，介绍这一个纪念碑，获得美国建筑界的普遍好评。

纪念碑全高252.71英尺（约77米），每一英尺代表1000英里（约1609公里），象征月球与地球之间最大的距离252710英里(约406 697公里)。它由两片高窄的碑塔组成，矗立于一个方形的基座之上，底部由两个半圆形围成一间直径30英尺（约9米）的纪念堂。半圆体的两端再以双曲面抛物线的方式向上逐渐转90°，直至一线天。正、背面观之，都明显有女性性器官的隐喻，室内观之，更有洞穴的意象。这种表面纯洁无暇、宛如人类伸向天空摘月的向往，其实背后也隐含了作者在职场与个人成长的多重渴望与焦虑。

由于这种内部冲突，登陆月球纪念碑才在激越的冲击与永恒的感恩之间摇摆出宗教情怀，让王大闳能暂时忘却国父纪念馆现实的困境，获得救赎。只可惜兴建登陆月球纪念碑预算高达6000万元新台币，即便筹备委员政商关系良好，募款结果并不如人意。商品化时代来临，物质重于精神，王大闳不免有“我们有钱建造一百座工厂和饭店，但却不易筹经费来造一座教堂或一座捐赠给友邦人民的纪念物”的感叹。1979年美国与新中国建交，这个提案终告落幕。王大闳万万没想到的是，在国父纪念馆之后，这个无关利害、只在乎纯良美善的纪念性建筑之所以失败，竟然还是脱离不了“政治因素”[36]。

—

36. 徐明松、倪安宇，“遥望茜莉妮”，见《王大闳——静默的光，低吟的风》一书第六章，远景，台北，2012。

消失的“理想住宅”

刘欣蓉

01 前言

1954年年底，方才从战后初期的混乱回过神来的台湾，乍见一份由官方出版的刊物封面照片中，出现了三座与当时社会氛围相当不称的摩登住宅房屋模型。围绕着那三座模型的，有当时的行政院长、行政院政务委员，以及美国国外业务总署驻台湾地区共同安全分署署长卜兰德等人。照片上方，斗大的“国民建屋运动专辑”算是为这张照片写下了清楚的脚注。＊1 回顾历史，这项“国民建屋运动”不论是对于台湾建筑界或是整个社会而言，都具有一定的重要性。然而，这个事件却始终未曾被建筑史学仔细加以检视。本文尝试重新书写这段被遗忘的住宅治理历史，以回应当前建筑史学领域面临的一项理论课题，即：挑战“建筑史”如何能够不仅仅只是“伟大建筑物”的历史，而是重新思考建筑对社会、文化的冲击和影响，亦即把建筑史学的任务放回人文探究的核心，探寻当代“主体性”的空间建构过程。具体而言，本文希望能够从对台湾战后初期这段住宅治理历程的侧写，探求建筑史与批评的论述转向，亦即把对于建筑的关注，从视其为一幢幢以建筑师之名加以记述的建筑“物”，乃至于从建筑营造技术的角度，视其为人类文明进程的脚注，转向探究建筑如何在各种论述与非论述实践的过程中，一步步被编进“现代之网”、“理性之网”。换言之，是要将对于建筑的关注，放到建筑与现代性的当代建构这个议题上加以检视。

然而，在我们这样的非西方社会里谈论现代性的“降临”或是“迟到”，绝不可能不带丝毫疑问地接受西方社会对于现代性的主流定义，毕竟这早已是30年前就已经燃起的争论战火。承受着欧美国家自19世纪起挟其帝国势力加诸全球“现代化”的历史宿命论，诸多非西方的学者提出强烈质疑与反驳，要求世人看到西方“现代化理论”所挟持的经济支配乃至文化支配效果。（Tomlinson，1994）然而，不论资本主义经济体制展开全球性的扩展与深化，带来的究竟是难以避免的文化宿命还是强势的文化支配，我们都不得不承认，当今的生活早已和过去有了巨大的断裂。这也促使人文领域展

＊1《中国一周》第239期“国民建屋运动专辑”封面照片。（数据源：《中国一周》，1954年11月22日）

开诸多有关“现代性”论述的反省。近年来对于“现代性”进行批判认识的后殖民观点，更进一步地不再以受压迫者的视角面对西方，而是尝试在历史的缝隙中，看到自身文化吸纳、改造西方异文化所带来文化混杂的强大能量。本文受惠于此后殖民的文化反省视野，尝试借用来自文化研究领域关于“文化翻译”的视角，回到具体的历史处境中，尝试展开一次建筑现代性在地转译的历史探究。[1]

给予本文史学想象启发的是罗芙芸（Ruth Rogaski）极具开创性的研究：《卫生现代性：中国通商口岸卫生与疾病的含义》（2007）。在这本对天津这个中国清末通商口岸城市的殖民现代性研究著作中，作者通过“卫生”论述的翻译与日常实践展开其历史观察。虽然在卫生的现代性翻译路径上，天津有其半殖民地经验的历史特殊性，但从罗芙芸的研究中，我们依然能够得到一个方法论上的参考点，为我们的历史观察提供一条聚焦于现代性转译的后殖民视野。现代性在具体的历史转译过程中，不再只被描述成一个伴随着殖民统治单向的由西方输往东方的暴力过程，透过历史研究我们看到各种外来的观念与治理范型，在翻译、转用过程中与既有文化之间存在着细致的角力与转化。而一场由“卫生现代性”翻译带来的都市、居住及家务意义的转变，改变了人们对符合现代卫生要求的认识，也改变了人们对自我的认识。本文即是在此研究视角的指引下，尝试处理战后初期以“公共卫生”为城市治理核心向建筑进行论述转译的过程。

本文作为探究战后住宅治理过程中建筑现代性构成的初步尝试，将在第二节先简要地整理《卫生现代性》一书中有助于我们借以观察台湾特定历史处境的研究视角：从现代卫生观念自西方向中国的翻译、输入与冲击到如何实践卫生治理，乃至于租界区统治政体的卫生治理带来都市地景的改造，具体展现清末中国城市在列强统治下，政治现实对文化观念的影响，以及文化观念转而向日常生活进行物质打造的细致过程。在这个认识启发下，本文第三节将以战后初期的台北为对象，探寻卫生现代性的建筑转译。观察的焦点放在：面对战后初期严重的环境卫生与都市治理问题，公共卫生论述成为国家重要的都市治理依据，进而将此卫生关注延伸到建筑卫生的管理上，为一个强调通风、采光的现代建筑提出科学知识基础。第四节则呈现另一项由社会精英发动的“理想家庭”论述，将卫生现代性转向涵盖居住的各个层面，明确地为一个崭新的“理想住宅”方案提出论述打造工作。在第五节中详述台湾战后第一次展开的住宅治理方案，是如何将“卫生现代性”转化为具体的“都市住宅”示范方案。最后小结中，我将指明，当前台湾建筑现代性论述对于这段日常生

1．这是我关于公寓体制的现代构成研究中的一部分。在我以台北为基地展开的历史观察中，我发现“公寓”这个住宅形态之所以能够在极短时间内成为台北城市住宅的主流建筑类型，与这个城市战后初次面临的一场现代性论述带来的经验冲击有关。

活现代性打造的忽视与消音，呈现出建筑论述的精英化、形式化倾向，全然背离了现代建筑运动大将们勇于将建筑推往社会变革之路的期待。

02 卫生现代性的“跨语际”转译

罗芙芸在《卫生现代性》一书中采取了一个贴近身体卫生规训的角度，来重写殖民都市的现代性历史。在该书中，罗芙芸试图从卫生论述的翻译与意义争夺，以及现代西方卫生与医学制度的移植等方向，观察天津这个自19世纪中期起被八个帝国势力共同瓜分的半殖民城市，在西方医学知识借殖民势力对该城市进行的卫生改造中，逐渐接受现代卫生新含义的历史过程。对此“卫生”含义变化的关注，让罗芙芸认识到天津这个城市乃至于整个中国，其实真正面临的是，在面对武装的帝国主义到来的同时，展开了一场围绕着“卫生”这个语词而来的、关于如何实现现代化生活方式的争论。为此，罗芙芸将“卫生”这个词翻译为“卫生现代性”，以突显这个语词的殖民现代性意涵。

根据罗芙芸的研究，“卫生”这个概念不论在西方还是中国，都在19到20世纪之间经历了重大的变化。“卫生”曾经是中国尝试寻找“长生之道”的自信表现，中国人通过节制饮食、应时而动、节制性欲，设法达到养生长命之道。平行于东方，西方公元前5世纪希波克拉底的《健康养生法》提倡人们调整饮食、睡眠及顺应天时作习来增进生命质量；公元2世纪罗马医师伽林也提出要节制运动和饮食，并且将人体健康的主要外部因素归纳为：空气、饮食、睡眠、运动与休息、分泌与排泄、灵魂的热情等六大类，也都一样视“卫生”为健康养生的一环。然而，18世纪开始，西方社会在公共卫生学方面的发展大大改变了卫生的观念，开始强调民族健康的重要性。同时，德国细菌学理论的兴起，更加深了医学专业对于人类总体生活环境的认识与控制，为一个卫生的环境提供各种杀菌、清洁的化学知识。虽然重视体液与整体医疗概念的西方传统医疗体系面对新的医学系统曾经在19世纪有过抵制，但总体而言，这个转变的过程并未遭遇太多困难。相对于西方社会，许多在19世纪受到欧洲殖民的非欧洲社会，面对欧洲将十分不同的健康与治疗方法带入殖民地时，几乎都经历过一段戴维·阿诺德《身体的殖民》(*Colonizing the Body*)一书所描述的身体侵犯历程（引自Rogaski, 2007: 8)，包括对殖民地的人种进行各种统计、检查与接种疫苗等等。尤其是当各种传染病如鼠疫、霍乱、天花等疫情爆发时，西方殖民者更是“以现代的健康和卫生的口号，粗暴而强迫地对身体进行殖民”(Rogaski, 2007: 8)。

中国虽然并未经历过欧洲帝国的殖民，但也在19世纪中期一连串外国列强的叩关中遭逢了极大的文化冲击。一个崭新的卫生论述开始出现在中国各个通商口岸，教导民众一种与传统阴阳、气血循环完全相异而以各种化学知识为基础的健康之道。罗芙芸通过流传于中国通商口岸的西方卫生学翻译文献，以及当时中国接触洋务而开始习得西方科学知识的精英文人，如梁启超、郑观应等人关于卫生科学的文章，记录这个西方卫生论述的文化转译轨迹。以卫生学的翻译文献来看，罗芙芸注意到天津当时一位英国翻译员傅雅兰（John Fryer）[2]，积极地与一群中国的同事们共同翻译了不少以卫生论述为核心的西方文献。例如在《化学卫生论》的翻译中，傅雅兰向中国读者展现西方化学知识的权威，几乎能够解释各种世间物质所具备的成分，以及那些成分对人体健康的影响；甚至因为西方化学科学能够改变毒气的组成，而被认为是人类“卫生之匙”（Rogaski，2007：122）。同时，傅雅兰也将美国向儿童介绍卫生观念的书籍翻成中文，向中国广大读者介绍现代卫生观念，并且以食物的营养成分分析，向中国少年介绍英美饮食文化提供人体健康上的优秀能力。另外，傅雅兰也曾经自1879年开始翻译并于刊物中连载《居宅卫生论》，将卫生的焦点由营养转向环境，由物质的化学成分及人体吸收营养的解剖，转向“西方房屋和下水道系统的解剖”（Rogaski，2007：133），强调在居住环境中建造优良的通风、干净的给水和顺畅的污排水，来达到保卫生命的卫生目的。

中国精英文人面对崭新的卫生话语，曾积极地试图通过传统的保健卫生之道来含纳这个外来的概念。梁启超在他的《读西学书法》（1897）一书中，除称赞傅雅兰译作展示了西方科学养生方法之外，还将这种保卫生命的话语置换到国家危难处境的语境中，期待个人在卫生上的改善，能有助于国家整体国力的富强。这个从个人保健转换到国家富强问题的视野，让梁启超极力呼吁中国人应该要有更符合卫生的个人生活习惯，以便通过个人的行动来改善国力。罗芙芸从梁启超关于民族健康话语的重构中观察到，“卫生”即便作为一种卫生现代性为中国知识精英带来了冲击，但仍未被知识精英纳入国家治理责任的一环，民族健康依旧只在人民各自应尽的责任范围内。一直到抗日战争时期，日本展现了习自西方医学科学而在军事医学上惊人的成就，才让中国领导精英认识到卫生现代性对于提升国家治理能力的强大威力。

另外，一位当时英国商船公司的买办企业家郑观应在其著作《中外卫生要旨》（1890）中表示，西方的知识与中国的知识两者是相平衡的，他赞许西方卫生知识能够分辨食物的化学组成性质，是中国卫生知识欠缺之处；但他认为即便西方科学有其优点，却不能否认中国知识“包含了一种总体性的真理”（Rogaski，2007：139），能够涵盖科学所无法企及的人之内在修行之道。而且，郑观应认为，就算西方的卫生之道有时候是有用的，但无论如何也比不上中国的科技和知识。从这两位中国文人对当时西方卫生的回应，罗芙芸认为外国殖民主义在19世纪晚期的中国，

—

2. 根据罗芙芸的研究，傅雅兰在19世纪末积极地翻译各种西方科学论著，他的名字在当时“几乎成为‘西方知识’翻译的同义词。”（罗芙芸，2007：116）

并没有达到“殖民到身体”的力量。(Rogaski, 2007: 141) 然而,相对地,中国人即便在当时即可以掌握西方外科医学的技术,但是,“西方所拥有的更高级的‘卫生科学’的理念——这才是衡量个人与文化的现代性的标准——却并没有进入大多数中国人的思想。”(Rogaski, 2007: 143)

但在另一方面,卫生的现代概念开始进入中国的租界区,罗芙芸观察到,19世纪后半叶天津城市中由多达八个西方国家分别辖治的租界区所进行的城市卫生治理,已然开始将“卫生”的观念转化为具体的城市治理行动,纷纷进行租界区内的卫生环境改善及城市美化,塑造出一条与充斥着水肥恶臭气味的中国人生活区域之间的隐形边界。以天津的英租界而言,20世纪初期租界内不论中国人或英国人的财富愈加增长,但随着水患与污排水问题而来的各种霍乱、痢疾和瘟疫的爆发,租界区对于周围中国人生活习惯造成严重传染源的卫生恐惧也愈发急迫。城市的治理开始依靠更多的卫生现代性技术,包括在建筑法令中对烟囱、下水道系统的管径以及垃圾水肥的人力系统等等进行细节性的规定,改造了原本污浊废气的排放系统,提高了环境建造的标准,也“合法”地赶走了负担不起高额建造费用的中国贫民,为租界区打造出一个不论是中国或英国的中产阶级都愿意配合的卫生环境与洁净景观。同时,面对时而爆发的传染病疫情,在细菌学知识的传播下,人们皆认为水的洁治是卫生治理中最为关键的技术。英租界的英国工务部便在租界内沿河建起供水厂,抽取河水进行沉淀、过滤等净水工程,为租界区内提供洁净的给水。就这样,可见的洁净城市景观与不可见的给排水系统,在原本外观上并无明显分别的租界区与非租界区之间,划出了一条卫生现代性的边界。正是在这个将卫生的文化翻译放到都市治理的历史研究中,罗芙芸让我们像用显微镜一样地看到,通过中国租界区西方各国划界占地的治理手段,一种属于日常生活的文化殖民并不尽然需要通过国族意识形态的吸纳与改造,而是采取了一条经由卫生而来的、在身体洁净与健康的诉求下所带来的物质生活的改造与收编。但不论是租界区中的卫生治理或是20世纪初由国民党展开新生活运动中要求的卫生礼仪,罗芙芸提醒我们,其实都不如统治者期待的顺遂,各种难以被规训的身体习惯,从文化、阶级等方面呈现出现代性构成中的杂音与变调。

总括而言,罗芙芸关于卫生现代性的历史研究,在认识视野与研究方法上皆提供了值得参考之处。首先是关于从文本翻译的阅读中,观察异文化观念在翻译词汇上的角力与转化。这个关于“语际书写”的文化观察是来自刘禾《跨语际实践》的突破性论点(刘禾, 2008)。对于刘禾来说,提出“跨语际实践”(translinqual practice)这个概念,主要是因为她观察到,“由于中国现代知识传统创始于对西学的翻译、采纳、盗用,及其他一些涉及语言之间关系的活动,对中西交往的研究不可避免地要以翻译活动为起点”。(刘禾,

1999：35）但她强调对跨语际实践中有关现代性“翻译”的关注，并非“技术意义上的翻译，而是翻译的历史条件，以及由不同语言间最初的接触而引发的话语实践”。进一步地，对于从翻译的视角观察新思想通过新语词闯入本土语言获得合法性的过程中，刘禾认为重要的是要去看到：

> 当概念从一种语言进入另一种语言时，意义与其说发生了“转型”，不如说在后者的地域性环境中得到了（再）创造。在这个意义上，翻译已不是一种中性的、远离政治及意识形态斗争和利益冲突的行为。相反，它成了这类冲突的场所，在这里被译语言不得不与译体语言对面遭逢，为它们之间不可简约之差别决一雌雄，这里有对权威的引用和对权威的挑战，对暧昧的消解或对暧昧的创造，直到新词或新意义在译体语言中出现。我希望跨语言实践的概念可以最终引生一套语汇，协助我们思考词语、范畴和话语从一种语言到另一种语言的适应、翻译、介绍，以及本土化的过程（当然这里的“本土化”指的不是传统化，而是现代的活生生的本土化），并协助我们解释包含在译体语言的权利结构之内的传导、控制、操纵及统驭模式（刘禾，1999：35-36）。

同时，这个对翻译进行跨语际实践的观察视野，细致地破解了典型传统与现代论述的绝然对立。刘禾反省到，“这种方法可以使我不致陷入以往那种对抗性范式的罗网，这种预先限定了何为现代、何为传统的旧范式在许多有关东西方关系的当代历史写作中依然阴魂不散。”（刘禾，2008：9）罗芙芸对于卫生学翻译文献及中国知识精英改写卫生学意涵的历史研究，也的确揭示了上述取自刘禾的论点，让我们看到一个新的概念在移入本地文化时面临的吸纳与阻却，以至于我们无法再用以往典型的二元式话语，将“东方”与“西方”的文化邂逅以一种狭路相逢的“传统”与“现代”之间永远互不两立的方式看待。这个认识既在视野上也在方法上给了开创性的指引，为本土现代建筑论述中不论是“传统”与“现代”，或是“地域性”与“全球性”的论争找到一个出口，而且是一个带有批判认识的出口，因为罗芙芸的研究在关注观念论述之文化翻译的同时，也揭示了传递观念的论述、语词，乃至于文化形式符码的不透明性质。正是在这里，我们将有机会把围绕着建筑实践是否达到理性表现的形式论式的现代建筑论述，拉回到关注于建筑实践在物质、技术面向上的翻译、挪用过程，开启一条并非仅以现代建筑“思潮”为核心的建筑现代性研究路径。

除了在认识视野与研究方法上提供开创性之外，罗芙芸对列强在天津租界地进行都市卫生治理的观察，更进一步将卫生现代性从论述实践的范畴带到具体的身体与空间规训方案中，而且非常具有颠覆性地从一个围绕着身体污物排除的角度，重新看待都市的现代性治理。这是典型政治经济学以国家、资本为核心的分析视角难以望见的阴影面（dark side），却也是现代性治理与身体最直接遭逢之处。也因此，我们看到一个有可能比苏硕斌采取福柯式视觉敞视原型下的空间研究更紧扣到身体规训的都市研究途径（苏硕斌，2002）。但也因为罗芙芸将治理凝视由都市贯穿到建筑再延伸到身体，而且是各式各样异质的、不尽然接受过一致训练的身体，这一方面意味着都市的现代性治理也就不必然能够像在苏硕斌的笔下那么精准地，在户政、人口的空间制图上呈现出完全理性的计算与管控，另一方面也让我们更确定都市、建筑与身体的卫生现代性建构之间被一连串不尽然一致的论述与日常实践所贯穿，等待我们像罗芙芸一样展开阅读与再翻译。

同时，罗芙芸对租界区的都市卫生治理研究观察到，卫生、不卫生所带来城市景观的“高尚”、“恶劣”的区域划分，并不真正成为外国人与中国人的空间区隔标准，反而是在有钱中国人及外国人这一边和中国贫民的另一边画出一条明显的城市界线。亦即，卫生现代性的殖民内涵通过城市地景与建筑标准的制定，紧扣住城市地租作为资本第二循环而启动的阶级文化差异，绝非简单地从民族文化的宰制与抵抗这种刻板的二元观点能完全解释得了。也正是在这里，卫生现代性的都市治理所加诸的美学意象，为城市美感的政治性分析带入了来自殖民现代性构成的都市政治面向。

在这份关于卫生话语及城市治理的历史探究所得到的成果的启发下，本文从战后初期台湾住宅治理的历史档案中，看到了几个过去被忽略的历史动力，其中之一便是在不同知识学科之间进行论述转译的情形，特别是卫生话语对居住环境卫生的关注这个面向，从历史文献中我们清楚地看到关于建筑的现代理解，从来都与身体的现代卫生观念及都市现代卫生治理息息相关；另一项长期受到忽视的面向，则是以“理想家庭”形态为变迁动力的现代性论述，也在战后没多久就开始浮现，并因此影响了住宅形态向着一个现代家庭模型想象的方向改变。以下便在这两个面向上，展开对这段被消音了的“理想住宅”治理方案的历史观察与重写。

03 卫生现代性向“理想住宅”的在地转译

战后台湾的统治权由日本交回给自称中国正统代理者的国民政府，面对的历史情境不同于罗芙芸笔下19世纪西方帝国压境的中国半殖民城市处境。但不论是日本统治期间在台进行的国民化（同化与现代化）运动，还是国民政府于20世纪初为响应西方帝国强硬叩关而兴起民族自觉运动，并展开现代西潮学习，在战后的台湾都依然是知识分子对国家治理的期待。总的来说，一股隐约的西化、现代意识并未消散，反而向各类知识话语进行扩展、转译。在这个历史处境中，环绕着“卫生”而起的各种治理论述扮演了核心的角色，这当然与战后台湾，特别是台北这个都市面临的治理难题有关。

20世纪上半叶，台湾作为日本的殖民地，也曾经历过都市与家屋的卫生改造，例如1907年日本总督府修正公布的《台湾家屋建筑规则》，便是在严重的鼠疫、霍乱、天花等传染病带来大量人口死亡的威胁下，殖民统治者试图针对家屋建筑的卫生规范提出管制措施。同时，日本统治者在都市中开始进行给排水系统的建设工作。不过，以台北市而言，都市的下水道系统仅完成了局部，而且只针对当时以日本人为主的生活区域进行改造，台湾人生活区域并未全面兴建下水道系统（范燕秋，1994）。至于家屋管制措施达到了什么样的卫生改善效果并无研究可兹确认，但当时由统治政权以警察系统搭配保甲制度对台湾人进行卫生管控，要求台湾人以人海战术捕捉老鼠等举措，确是有效抑制了鼠疫的横行，并且大大降低了传染病死亡人数（洪秋芬，2000）。然而，这些城市与家屋卫生改造事业对台人而言，由于是受制于殖民统治的压力不得不遵行，并未能达到全面的卫生规训效果。论者以为，这可以从二战后国民政府接管台湾的治理前期所遭遇的“复古”心态，以至于在卫生行政上几乎瘫痪得到印证（陈君恺，1993；陈淑芬，2000）。所谓“复古”心态，指的是日治时期统治者悍然停止传统汉医诊治而要求人民接受西方现代医学，包括接受预防注射等等的公共卫生统治措施，对此台湾人普遍敢怒不敢言，除了少数精英全力接受现代化要求之外，一般平民百姓只是表面上虚应规定。这在战后出现明显而严重的反弹，人们不再顺服地接受各种现代化治理规定，特别是预防接种。而国民政府自接管后治理资源匮乏，人力、物力及经费均严重不足，都市受到战争袭击而多处损毁，再加上大量随国民政府军队撤退来台的移民人口瞬间进驻，一时间，以台北市而言，在城市与卫生治理上几近失控。不仅传染病时而又起，引致人口死亡威胁；市区到处只要有空地，不论是否是计划道路，都快速兴建了一排排的简陋木造住宅，以供应急速增加的居住需求，让原本就不完备又受到战争波及的给排水系统变得更加支离破碎，以致于不仅都市缺乏系统性的运作，道路交通受阻，大量的垃圾、水肥难以及时输往市郊处理，而且原本应该在家户之内进行的各类洗菜、晒衣、刷马桶等家务生活，在极为狭小而简陋的居住条件下，被迫溢出到都市街道中。整个城市在当时几乎快被垃圾淹没，而水肥无法清疏带来的“黄祸”也让城市整日浸泡在熏天的臭气中。

一、卫生知识的建筑转译　面对当时都市治理中如此严重的垃圾与水肥等公共卫生问题，当局由于整体建设预算的短缺，短期内难以改善基础设施，卫生行政官员与专家学

3. 譬如，《卫生杂志》便自1950年开始陆续由卫生官员撰文检讨“环境卫生问题”。见王祖祥，1950：6-10；颜春辉，1950：10-12；本刊专访，1950：33-34；刘瑞恒，1951：4-5；王祖祥，1951：5-7。

者转而呼吁人民主动改善“环境卫生”习惯，这成为卫生治理的焦点，不论是报纸或杂志频频出现各类反复重申“环境卫生”重要性的呼吁诉求。[3] 在一项持续多年、每年春秋两季大扫除的环境卫生行动中，当局始终将环境卫生改善的主体放在市民身上，要求市民拥有良好的卫生习惯，才能确保总体环境卫生的质量。然而，这个环境卫生行动从来没能够持续超过一星期。（陈淑芬，2000）

在这种短时间内难以改变市民卫生习惯，基础公共设施又严重缺乏的严苛条件下，卫生知识，特别是当时的公共卫生学知识，开始尝试将防治传染病的知识焦点，由传染病源的认识扩展到对日常生活环境的卫生控制上。以出版于 1953 年的《卫生学》为例，两位时任卫生行政工作的作者[4] 试图将当时各种令人恐惧的流行性传染病，与本岛潮湿闷热的恶劣环境联系起来，将“环境卫生”带入“公共卫生”论述中，因而在既有公共卫生学以传染病管理及流行病学、公共卫生行政及生命统计等主要知识之外，加入了原本属于个人卫生学范畴内的环境卫生要项，包括水、空气、采光，以及食物营养和穿着等方面的卫生知识。一方面在细菌学的论述支持下，将水的洁治与身体的健康联系起来，并开始关心水井与厕所的挖凿与净化技术；另一方面，空气与日光也被强调为保持身体健康的必要条件，并因此开始探究房屋在通风及采光上的做法。居住的卫生学，在这个阶段展开了一个比殖民时期更加详细的知识探究。（经利彬，张文彬，1972）特别需要指出的是，该书在《环境卫生篇》中加入了“房屋卫生”的讨论，让房屋卫生成为环境卫生的一环，并因此被纳入以人体作为传染病管理对象必要的“预防”知识范畴中。[5] 这个对于环境、房屋卫生的关注，可以说是对人体作为卫生管理知识对象在空间尺度上的扩大及延伸。正是在这个公共卫生学科知识紧扣当时都市治理问题的环境卫生论述中，一个以卫生、洁净为名的空间技术正悄然成形。而从这个卫生知识论述的扩展中，我们看到身体的健康和疾病预防有系统地与都市的给排水系统及房屋的通风、采光等环境卫生知识联系了起来。

二、细菌学与水的洁治　这个以身体作为预防感染核心所展开的现代环境卫生知识，首先是沿着现代西方关于细菌学知识的脉络，在其知识构造中开始针对人体不可或缺的水展开科学的分析。在“给水”的讨论中，对于不同用途的水（家庭用水、商业用水、公共用水）及不同来源的水（雨水、地面水、地下水），《卫生学》作者建议，必须通过水质分析来判断水质好坏以及潜在的含菌数差别。水质分析又分为初步的“室外调查”，观察水源周围环境有否被垃圾及污水污染，再进行水的味臭、颜色、浑浊度及 pH 值的“物理检查”，

4. 该书作者之一经利彬在当时是卫生官员。

5. 该书针对传染病的管理提到两类一般性的预防方法，一是避免病菌入侵人体内，另一则是增强宿主（即人体）抵抗力。改善环境卫生是在前一类预防方法中重要的预防面向。

最后再以“化学检查”判断水质中含氧量、氯化物、铁、铅，以及其硬度和细菌集落数、大肠菌数等，尝试借由肉眼判读一直到显微镜的层层检查，提出判定水质优劣的知识方法。在判定了水质优劣，明了了水质中所含杂质及细菌成分对饮用水卫生的影响后，《卫生学》更进一步地介绍以沉淀、过滤及消毒、杀菌等方式进行“水之洁治”的水质改善方法，而这也为一个现代的给水知识引入一种带着积极洁治手段的卫生工程概念。譬如，沉淀方式除了单纯沉淀法之外，作者在化学知识的协助下，用化学公式来说明化学沉淀法为何能起沉淀作用。关于过滤的方式，作者也借助慢砂滤池的剖面图，呈现对过滤知识的细节性认识。简言之，一种“科学性”的分析，通过专业化学知识予以数理化的公式语汇，搭配上解剖图标等知识形式，使看起来透明的水变得可见，以便于说明科学知识如何捕捉、消灭存在于水中的各类杂质与细菌。

这个以分析、洁治作为预防卫生的给水“卫生工程”论述，除了以科学叙事方式建立水的卫生知识之外，也相当务实地针对当时主要的给水形态——水井，提出了相应于周遭环境的卫生条件。现实中，当时整个台北市的供水主要还是以收集地面水[6]及抽取地下水作为主要手段，甚至到了1960年，全市给水档案中还有24座深水井供民众取水。（省公共工程局，1961）＊2 因此，如何凿建一座安全的水井，就变得非常重要。同时，这种对水所具备的媒介、代换功能的现代卫生认识，让环境卫生知识也开始关注个别家屋的引水与排水技术。水井与粪池之间的距离与污染关系再度被加以具体规范。譬如，《卫生学》作者之一的张文彬曾就水井应如何确

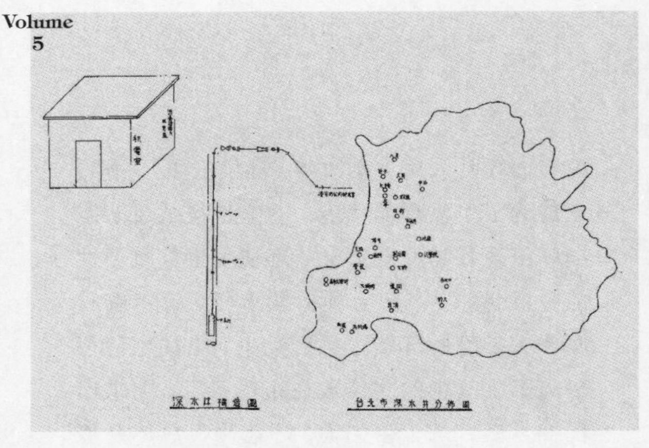

＊2　1960年台北市深水井分布图

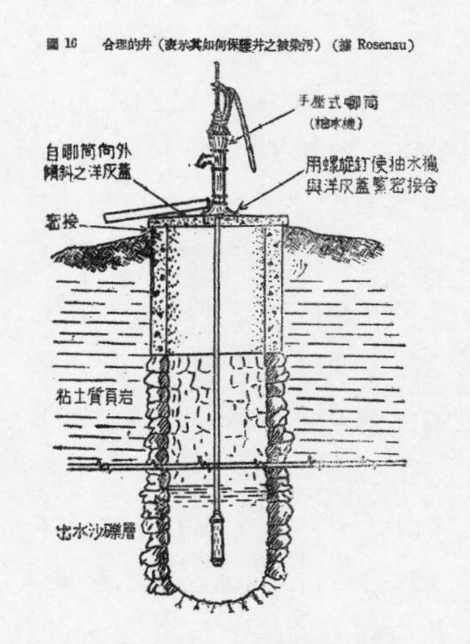

＊3　《卫生学》中对一座“合理的井”的剖面图示

—

6．当时台北市区主要的地面水收集来源分南北两处，北为阳明山水源，南为新店溪。（省公共工程局，1961，无页码标示）

保洁净，在一篇问答文章中，针对水井的开口及内壁的砌筑方式，以及水井与粪坑至少应距离六公尺以上方能防止污物流入水井等细节作了明确答复。（张文彬，1953：49）面对当时仍然以水井汲水的现实，《卫生学》也特别以剖面图形式呈现一个典型适当的水井构造，来说明如何保护水井不致被周围环境污染。＊3 在这里，作者再次加入一种解剖学式的剖面图说来建立视觉说明效果。

这类现代卫生知识建构过程中一再强调的解剖学式的、显微镜式的观察与叙事形式，普遍存在于当时的社会情境中。我们看到当时重要的机关刊物《中国一周》也曾以照片强调“在显微镜下，当不容那祸害自由中国的细菌存在”＊4，便不难明白一种科学的视野如何借由各类领域之间的话语交流普及到一般人的认识上。

另外，《卫生学》也针对当时都市中最为棘手的粪便排放提出了说明，然而其行文着重点并非从系统角度关注城市如何排污及清运粪便，而是为当时的各式粪厕进行污染程度的排序。在野厕、污水坑、干厕、用马桶法、掏汲厕所、改良厕所及带水运送法等七种厕所排污方式中，作者认为由日本内务省实验设计而于台湾加以应用的改良式厕所＊5 真正具备防止病源随污物渗入土壤、感染地下水源的良好功能。该改良式厕所由于附带的化粪池内砌有数个隔墙，可以使粪便顺次缓慢流出，达到沉淀与过滤的效果，可以让原本粪便中的病原菌自然死灭而让粪便成为安全的污物。这种改良式厕所与一般人常用

＊4 《中国一周》1951 年 5 月 21 日第 56 期的封面照片，在照片底下印了一行字：“在显微镜下，当不容那祸害自由中国的细菌存在”。（数据源：《中国一周》

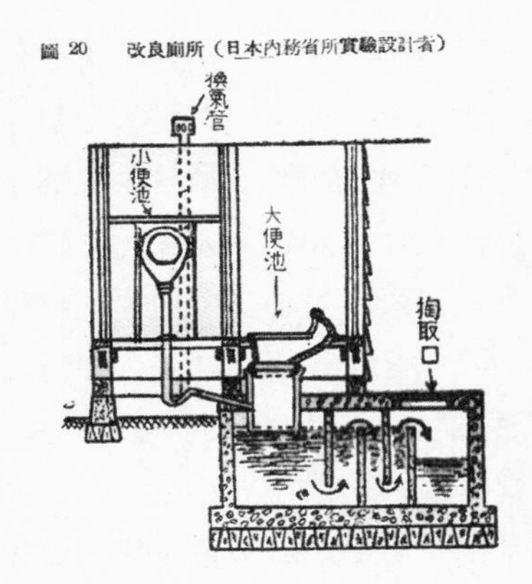

＊5 《卫生学》一书中提及的“改良式厕所”（数据源：经利彬、张文彬，《卫生学》，148 页）

＊6 这是一张当时政府官员陪同美国顾问视察都市卫生环境的照片，从图说文字可以看出当时建设工作

的掏汲式厕所相比，能够在个别家户内就先达到除菌的功效，减少水肥在运送过程中的污染问题。

三、最符合现代卫生标准的水洗式厕所　值得注意的是，《卫生学》并未受到现实条件的阻却，更进一步地主张，最“现代化的排污法”还是带水运送法，此法系将水加于粪便及其他污物中，使其在下水道中借重力作用迅速移走，达到清粪的简便效果。“现今于各机关、公共场所及一部分家庭中所设之水洗厕所（water closet），即系为带水运送法。”（经利彬、张文彬，1972：142）而水洗厕所中，“放流式（discharge system）水洗厕所：此为最近代化而最理想的方法；于欧美各国皆采用此式。此即系将粪便加水洗净，而直送至下水道内，然后与其他污水同样加以处理；此种厕所安全且无任何臭味。”（经利彬、张文彬，1972：142）不论此法在当时是否普及，卫生学知识通过污染程度的排序，以及水流的重力效果，为水洗式厕所（也就是现在通称的“冲水马桶”）在当代居家卫生场景中的出现提供了必要的知识联结，并首度通过卫生知识确认水洗式厕所是“最近代化而最理想的方法，于欧美各国皆采用此式。”

对照这个卫生话语，在现实的都市治理蓝图中，却尚未开始配置任何系统性的排水设施以支持其下水、污物的流动与循环，就算这类水洗式厕所已零星出现在公共建筑中，也只是聊备一格。更何况，当时台湾因为战争带来的各项损毁而准备展开修复的事务多如牛毛，但实际上又面临政治与经济的多重限制，以至于真实的市政治理顶多只能处理一些零碎的事务，几乎难以展开什么成规模的基础建设，更遑论开始任何都市给排水系统的建设。（曾旭正，1994：29）＊6

而现实生活中，也绝少有人使用这种现代化的水洗式厕所，因为它非常昂贵，我们从时任台北市市长黄朝琴谈及他兴建自宅别墅时特别花了百万元添购这种现代化浴厕设备的文字中可以想见（黄朝琴，198：279），此类水洗式厕所绝非一般人所能负担。实际上，当时甚至连稍具规模的都市店屋中都不尽然有自来水，许多家户是在长条店屋的天井处自行设置抽水泵，其他则是各自到公井挑水回家储放。大部分店屋中的厕所是掏汲式，也就是在厕所位置下方挖出粪坑，待一段时日便需要找挑粪夫加以清除。除此之外，大量大陆政治移民来台居住的简易木造住宅则多是一或二个大统间，必须依靠公厕及夜晚的尿桶解决排泄问题，几乎不可能有余地设置所谓带水运送式水洗厕所。

但不知是否正由于这种稀有性与昂贵性带来的视觉奇观效果，让现代卫生知识的建构，得以挟带出一种人们未曾体验过的新卫生生活形态，并且成为进步世界“新颖”现代科技生活的知识中介者。也更由于这个冷酷现实的对照，更突显出这类卫生话语在当时带有的“文明”意涵。

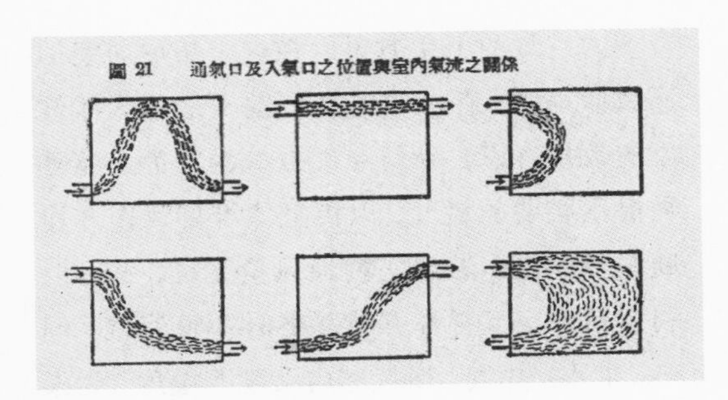

＊7 《卫生学》一书中关于“通气口及入气口位置与室内气流之关系”平面图示（资料来源：《卫生学》，1953，154 页）

四、房屋卫生中的通风与采光　除了水的洁治与污水排放的知识论述，空气与光线也被纳入卫生控制要项中。以总体人口健康为基础的公共卫生论述，开始将卫生管理的触角延伸到建筑中，强调构造、通风、采光在房屋建造中的重要性。在《卫生学》这本试图建构一个适于当时公共卫生治理的书中，作者便清楚地呈现出这个向建筑技术展开的卫生知识图像。观察其问题预设，似仍将台湾视为瘴疠之地，认为台湾典型潮湿气候容易引致疾病。因而，在对房屋的建筑构造建议中，不论是地基、建筑朝向、墙壁、地下室、室内高度、地板与窗，都以如何降低建筑的湿度、尽可能保持干燥为考虑。在通风与采光的讨论中也存在同样的知识／技术目标，亦即试图探寻如何通过通风与采光的控制，改善台湾一般家屋室内环境的昏暗湿热问题。在此知识目标下，一条延续着上述解剖学与显微镜下的科学知识，通过论述及可视化图示，强调出原本不可见的风与光对建筑室内及人体健康的影响。譬如，在关于自然通风究竟如何因为房间墙面开口位置的差别而影响空气在房屋室内流动的说明中，作者以六个代表房屋边界的方形简图，叠加上代表风向的箭头，呈现出原本难以描述的室内通风情形，（经利彬，张文彬，1972：152-153）＊7 并因此借由对风的可视化呈现，来表达其改

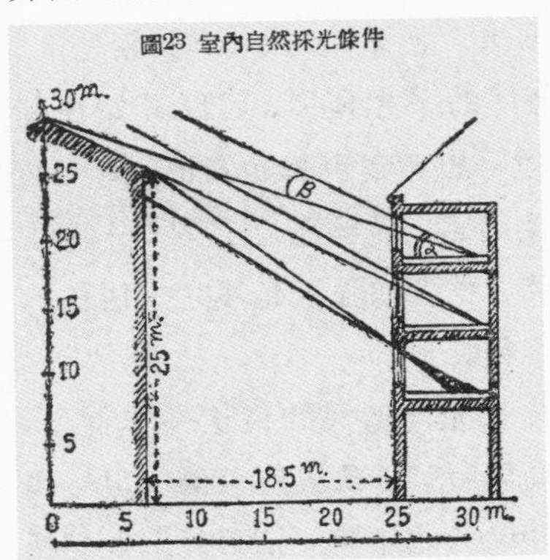

＊8 《卫生学》一书中关于“室内自然采光条件”剖面图示（资料来源:《卫生学》，1953，158 页）

SAC

善室内空气的卫生效果。在这个房屋居室的通风话语中，存在着对新鲜空气之于人体健康的效用考虑。新鲜空气被认为能为人体呼吸提供必要的氧气，以供身体维持运作并协助调节体温。若居室内通风量充足，就可以利用新鲜空气稀释并排除各种不良空气、闷热、尘埃、热气，保持室内温度及湿度，为人体带来舒适与健康。

此外，《卫生学》也展开关于建筑室内光线的讨论。*8 室内光线能否照射充足，必须考虑的要项不止与建筑本身室内高度及开窗大小有关，还与建筑面前道路宽度以及道路对面的建筑高度有关。这样的讨论明显是将采光放到都市脉络中加以考虑。台湾传统店屋建筑在构造条件的考虑下，大多为二层楼高，其室内光线的考虑通常是通过建筑平面深度与天井、中庭的尺度控制来进行，普遍而言仍然较为阴暗。日治时期的殖民统治者为强化家屋通风、采光等卫生条件的改善，曾于 1900 年制订《台湾家屋建筑规则》，规定家屋居室开窗面积最低不得小于室内面积的 1/10，这是台湾重视居住环境光线质量的首度规范性要求。(谢文丰，2005：33)相较之下，《卫生学》翻译的采光模型，已经开始在都市尺度的考虑下思考建筑采光知识，对于当时的都市现实而言，提早地给了采光一个预示的都市脉络，也更加强了光线之于居住的重要与不可多得。

这个关于采光与通风的讨论并非首见。战后正中书局再版了陈果夫所著的《卫生之道》(陈果夫，1947)，书中将“浴日光”及“畅空气”放在卫生十大原则的第一、二项。[7] 这个卫生十大原则正是作者陈果夫自民国五年（1916 年）组织“中国卫生教育社”时所提倡的卫生教育纲领。在陈果夫的谈论中，日光与空气都是生命的基本要素。日光由于包含有紫外线，能促进身体活动力，强化身体抵抗力，甚至可以医治神经炎、贫血、肺病等病症，因此建议人们应该适度地在日光下曝晒以强健体魄。空气更是人体存续的重要元素，每人每天平均要呼吸二万余次，没有了空气人就会窒息而死。相应地，居室开窗也格外重要。他举例说中国旧式房屋多半只有一面开窗，不利于居室内的通风，若遇室内开窗方位不对，甚至会危害生命，因此呼吁人们要注意房屋的开窗与朝向。

很明显，《卫生之道》关于采光、通风等卫生话语，都是围绕着个人如何强健身体而展开的，但战后《卫生学》对采光与通风的讨论，却将卫生关注的视角从身体保健移向建筑的技术考虑。我们暂时不去论究这个关注视角究竟是循着什么样的论述途径转变，在这里比较关键的问题是，这个关注视角的转变究竟达到什么样的知识权力效果？就其最直接的意涵而言，身体的卫生边界被拉到一个更大的建筑居室尺度上加以考虑，也就是说，没有这个建筑尺度的卫生考虑就不可能有卫生的身体。与此同时，也就意味着将身体卫生的自我关注转向了卫生的治

—

7. 此十大原则为：浴日光；畅空气；慎饮食；重整洁；勤劳动；善休息；适环境；正思虑；调七情；节嗜欲。

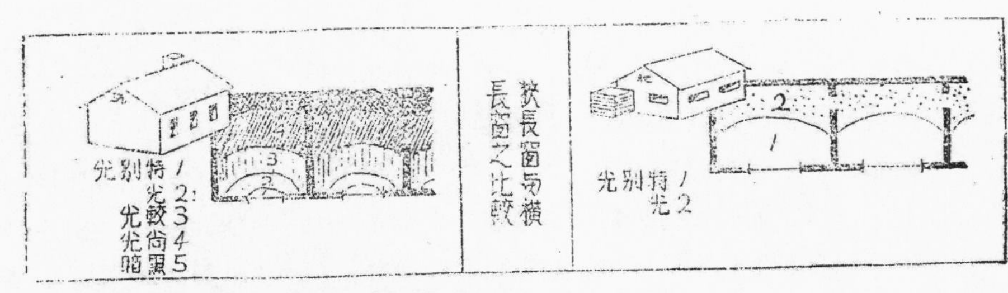

＊9　《我们的家庭》对建筑物开窗形式的看法，认为水平窗带比垂直窗带要能提供室内更充裕的光线。（数据源：《我们的家庭》，1952，96页）

理关注，因而明显地呈现出从政府治理角度出发，进行一系列从身体的疾病防治到环境与建筑卫生规范、控制的话语视角。然而，有关建筑卫生的规范早在日治时期就已被写入《台湾家屋建筑规则》中，亦即从当权者治理角度出发对家屋卫生包括通风、采光、排水等规范要求早已存在，而台湾自1945年公布并于台湾颁行同时适用的《建筑技术规则》也针对通风、采光等建筑卫生有明文规定。《卫生学》在这里关于建筑卫生知识的治理转向，无疑并非创举，我们从它采取的叙事方式，可以初步分析，它为原本简化的建筑规范提出了进一步深化的科学知识依据，在建筑法令规范中仅限于个别建筑开口面积比例的认识中，加入了开窗方式的科学分析（譬如，每一居室至少要有两向对外开窗，并且尽可能对开以达到气流的对流效果，以及为都市建筑受外围建筑高度影响而计算开窗高度以达到适当采光效果的考虑）。只不过这个房屋卫生的科学观点，一直到1974年台湾重新修订《建筑技术规则》时才被纳入相关管制规定中。

但在这段自1950年代初期到1974年由当局提出更细致的建筑管制规定的20年间，这个关于建筑卫生的知识话语难道仅只停留在教科书与专业学科中？它是否曾经通过什么样的方式进入社会大众的视野？实际上，正在建筑卫生话语被写就为卫生学教科书内容的同时，一群都市、建筑、公共卫生及家政专家早已经开始从另一条途径，向社会大众描绘一个带着现代理想生活的美丽远景，而卫生现代性的建筑转译也在那里被重新编写。

04 理想家庭的现代想象

正当卫生现代性向居住环境注入必要知识话语的同时，另一个关注住屋条件的话语行动也正伺机展开。它是更广泛的关于何谓“理想家庭”论述实践的一部分。1952年初，当时的官方报纸《中央日报》连续两个月以“我们的家庭”为主题大篇幅登载了十多篇文章，向社会大众推广所谓“理想家庭”应该知道的生活知识。这个短期专栏得到了相当大的反响，中央日报社便立即在 1952 年 3 月将这些文章以“我们的家庭”为名集结出版[8]。这系列关于何谓“理想住宅”的讨论，让我们对于当时人们如何想象一个理想的家及其建筑标准有了基本的了解，也让我们看到关于卫生现代性的专业学科知识如何转译成一整套现代居住的规范性话语。

事实上，《我们的家庭》这本书是该报社继《我们的身体》发行单行本之后的第二本特辑。从该书编辑前言中我们清楚地了解，这些从身体与家庭出发的系列文章，并非单独个别话语行动的任意集结，而是一个有系统、有目标的知识行动。各主题皆在专家学者指导下，由该报社派记者专门撰稿，并且预先设定了适于一般人阅读的叙事策略，尝试以一对虚拟的新婚夫妇作为主角，搭配上具有专业知识背景的亲戚，负责向这对新婚夫妻解说各种现代家务知识。也正是在协助新婚夫妻寻找适当住房的谈论中，卫生现代性的知识构造被明确转化为“理想住宅”的知识论述。

一、从房屋卫生到理想住宅　在《我们的家庭》中，充足的日光与新鲜的空气依然是“理想住宅”居住卫生的基本要项。专家用了建筑管理术语表示，每个居室的采光面积不得小于室内面积的 3/10，（中央日报社，1952：63）才能使房子里各部分得到充足日光与新鲜空气[9]。同时，专家从每人每小时生活所需之新鲜空气推算，每人生活所必需的“空气地位”，即容许有空气存在的空间之体积，为 440 立方英尺，以屋高 10 ～ 12 英尺来计算，每个人应至少占有地面面积 40 平方英尺，约合两个榻榻米多一点。从这个空间量的估计来看，在专家眼中，当时主角所配房舍以起居室而言，“把家具所占去的地位除开不算，适合你们一家四口的需要而有余。”（中央日报社，1952：64）这就给了生活空间必要面积的理性计算，同时也透露出以“一家四口”的核心家庭想象被挟带到住宅的使用密度上。

同时，除了开窗面积以及居室空间量以外，采光的知识也进一步针对开窗形式影响室内采光质量的向度加以讨论。[10] 根据建筑专家的意见，对同样深度的屋内光线而言，传统旧式狭长直式窗的采光效果被认为比横向长窗来得弱。*9 这样的话语展现了一种非常不同于“旧式生活”的对于光线的理解与感受，既试图脱离传统建筑的构造情境，又于强调充足光线的必要性的同时，带出了一个有别于传统建筑的开窗形式。如此一来，卫生的话语不仅被转化为建筑的技术

—

8. 《我们的家庭》于 1952 年 3 月 8 日初版即印刷了 5 万册，继而又在 3 月 15 日加印 2 万册，出版时间与报上连载时间相差 2 个月不到。

9. 当时《建筑技术规则》规定开窗面积至少须占室内面积的 1/10。（谢文丰，2005：115）

10. 这部分是由当时重要的都市计划与建筑学者卢毓骏指导，由徐佳士撰写的《灯明水净，风日双清》一章，《我们的家庭》，96 ～ 97 页。

话语，也被转化为一个试图与旧式或传统建筑采光方式加以区别的新知识系统。

再者，在此卫生现代性向“理想住宅”转换的知识系统中，建筑材料及构造方式也受到关注。譬如，住宅四周需要铺设排水沟以确保建筑维持干燥。同时，建筑基础也被强调应该砌筑得愈深才愈安全，特别是一般平房的墙基厚度“至少应当是墙厚的二倍”。（中央日报社，1952：60）而且为防止基脚下面的水由于墙脚的毛细孔作用朝上面渗冒，“讲究一点的房子还会在距地一二英尺处的墙脚上嵌入铜片或其他不易锈的金属薄片”，（中央日报社，1952：61）不仅能改善建筑的潮湿现象，也能防止虫类进入室内。在这些话语中，房屋构造不仅需要有安全的考虑，更重要的是从防潮、防虫的卫生角度被论及。

此外，卫生现代性的话语除了日光、空气质量、防潮、防虫等建筑知识的强调，还关注着居住区位及建筑密度的议题，并且视之为“理想住宅”的必要考虑条件。居住区位的论点，通过女主角申请到任职机构配给的距离市区约半小时车程的郊区平房住宅，被塑造成为一个与工作相分离的市郊区位模式。这种居住区位的选择模式在过去的台湾并非不常见，但在这里却从居住安全的角度被重新诠释，郊区住宅“因为远离了工业区和市区主要公路铁路线，使人们走进新住宅区来的第一个印象是恬静、优美、闲适”，而确定了区位上的优先性（中央日报社，1952：59）。另外，“理想住宅”话语也从卫生及安全的角度强调基地空地的重要性，住宅建筑面积占全部基地面积的比例，被认为应该仅为1/3；而建筑与基地面前巷道也至少应有15英尺的距离，如此才能够保障基地内的日照效果，并且“可以远离街道的嘈杂声音，也不致让马路上的灰尘直接扬进屋子里来。”（中央日报社，1952：60）在这里，降低居住密度借助一个与市区工作相分离的郊区住宅方案而被大力引介。相较之下，“市内旧住宅区房屋毗接，一点空地都不保留，屋后偶或留下一块小草坪，许多也被住户们私自改建成临时屋子了，因此，旧住宅区的房屋就像火柴匣一样，一个接一个排着，不仅新鲜的空气谈不到，万一有一家失慎，立刻一片火海。”（中央日报社，1952：60）这种居住密度过高的都市现象，在日照、空气质量及消防安全都难以兼顾的话语中成为强烈的对照，突显出理想郊区住宅低密度的优点特质。

低密度基地上的理想住宅形象也难得地通过透视图及平面图这类建筑的语汇加以呈现。*10图面显示，这座为主人翁打造的理想住宅是一座斜屋顶平房的独户建筑，屋外花草扶疏，入口玄关位于房子的正中，室内空间则被玄关动线一分为二，右侧有前后两间卧室，左侧前方为起居室，经过一开口通至餐室，而餐室则分别有开口通往边间的厨房以及位于入口正后方的厕所。当我们仔细观察这个郊区理想住宅的平面图，会发现它的确尽可能地符合了建筑卫生的基本要求，居室中除了餐室及厕所因为位置的缘故仅有一

＊10-1 《我们的家庭》提议的“理想住宅”外观透视图。（数据源：《我们的家庭》，1952，65页）

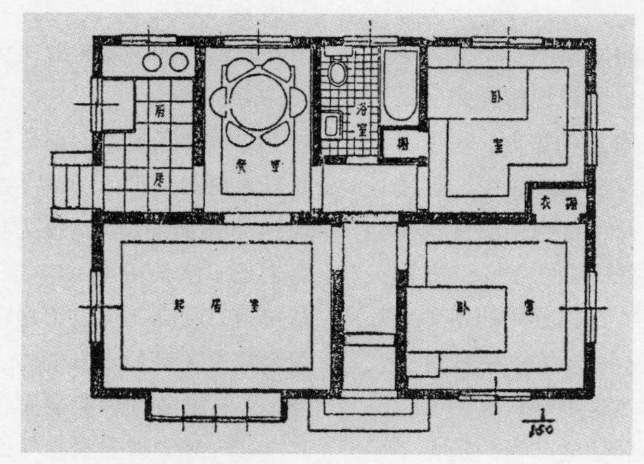

＊10-2 《我们的家庭》提议的“理想住宅”平面图。（数据源:《我们的家庭》，1952，66页）

面外墙能开窗，其他所有房间几乎都在靠外墙两侧开有两扇对外的窗户，为室内外的空气流通与采光提供了足够充分的开口面积。此外，在这座理想住宅中最突出的应该是它采用了上述《卫生学》强调“最卫生”的三件式水洗厕所。而透视图中房子周围的花园与小径也呈现出建筑物前后留设有大量空地，切实地纳入了采光、通风及防火等卫生、安全考虑。

二、异文化的空间想象及其文化政治意涵　伴随着这个以卫生、安全为考虑的住宅而来的，是一个和现实世界中既存的住宅形态全然不同的空间形态及生活想象，并在几个面向上展现出它的异质性。首先，从平面图的尺寸加以预估，这个为一户新婚夫妻及未来应该是一家四口所需的住宅应该有21坪大小，与当时一般家户的居住坪数约13到17坪比起来，实在相当宽敞，若非类似书中夫妻任职于公家机构，一般住户很难买得起这样的独户住宅。另外，这个住宅形态所呈现的方正格局，将一组看来是先进的水洗式厕所置入了住宅内，并将厕所开口对着室内，这对于当时仍在使用掏汲式厕所的人们而言，实在难以想象，特别是当时都市缺乏水肥运送人力，以至于家家户户时常面临着因等不到水肥运送车而带来的“黄祸”威胁，让一般住户很难接受将一间随时会发出异味的厕所放在室内。而它看来宽敞的厨房在现实中一旦要塞下一个盛水的大水缸，又要让人费力地烧着煤球，便不见得如预期的那么合适。也就是说，当我们将这个住宅空间格局带入真实的家务使用，它便显得格格不入。而这个格格不入，突显出这个住宅形态根本是一个异文化想象下的产物。

如果我们再将这个理想住宅的总体空间格局与当时占大多数的台湾传统合院住宅及都市店屋相比较，那么它的异质性就更加突显。首先，最明显的差别是玄关入口的出现。台湾传统农村住宅没有入口玄关，而是以向户外开放的檐廊作为正厅与室外衔接的过渡空间，即便都市里的店屋也只有骑楼作为与道路的缓冲；而这个位于郊区的理想住宅，虽也是二披水斜屋顶建筑，但其入口玄关的设置——先以一或两个阶梯将入口地坪抬高，开门后以一条窄而深的通道将屋外的嘈杂抛在身后，然后才能进入主室，这一连串的设置，透露出一种当时尚未形成的隐私控制机制。第二，“起居室”不仅是连这个名称在过去都不曾出现过，而且，从平面图中完全未画出家具线来判断，究竟起居室该如何“起居”，亦即这个空间究竟应如何使用，似乎超出了当时的想象，但却仍旧在总体面积不甚宽裕的条件下，将此起居室配置成全屋最大的空间，等待着一种属于“现代家庭”的未来使用。第三，拥有线性料理台式的厨房，以及一间三件式卫生设备的浴室，皆与现实中家庭给排水的方式上呈现出极大的异质性，标志着一个新家务内涵的想象。另外，迥异于传统合院在其构造条件上以及对环境的适应上所相应呈现的线性空间配置及弹性使用，理想住宅方案中确定而分化的空间内容（起居是起居，餐室是餐室，卧室是卧室，每一个空间依据明确的家居功能予以命名），通过内部通道被联结而形成一种内聚性的空间配置，再次提示出住宅所处的腹地不甚宽阔的都市脉络，并预言着一个缺乏网络支持的核心家庭单元的浮现。正是通过这些与传统合院住宅及都市店屋之间的差异与断裂，理想住宅得以被明示为一个充满朝气的、卫生而新颖的未来新方案。

然而，当我们从一个历史的距离省视当时对"理想住宅"的卫生现代性描绘时，也绝不能忽略伴随卫生现代性的建筑转译而附着于这些住宅形态提案中的文化及美学政治意涵。首先是关于住宅使用的文化性考虑，《我们的家庭》决定舍去当时市区内留下大量日式住宅的使用想象，采取接近西式的新住宅使用形态，亦即不以日式住宅那种抬高地坪、铺设榻榻米，室内隔间为木制活动拉门，以及家中无需家具、什物的方式，而采取了室内铺设木地板，各房间之间以固定实墙分隔，每间室内配置必要家具的使用形态。这个取舍，一方面有着哪一种居住使用方式比较"现代化"的考虑，譬如在日常居住使用中捡选出卫生设备加以对照，日式住宅的卫生设备被认为"比中式的厕所似乎进步一点，但又不够现代化的水平。"（中央日报社，1952：63）相较之下，理想住宅配置的冲洗式厕所才具备"现代"的卫生标准，而这便是不论传统中式或日式住宅达不到的，所以需要重新创造一个新的居住使用与空间形态。另一方面，则是对于居住文化差异的慎重考虑；一者是对于榻榻米房间席地而坐、席地而卧等使用习惯的不适，"从大陆来的，住进了日式房子，依然在榻榻米上装载一些桌椅床铺，重床叠架，榻榻米便变为多余的了。"（中央日报社，1952：63）再者则是难以习惯日式住宅内活动隔间带来的隐私问题，尤其是"中国的旧伦理观念，在中国人的家庭生活里，仍然保留一部分影响，不论你怎么新，新到主张一夫一妻的小家庭制，你没有法子摆脱亲友的投靠。这一张薄薄的纸门，便没有人信赖它可以作为房子与房子之间的屏障。"（中央日报社，1952：63）在这个以文化及生活习惯差异作为取舍考虑的语境中，"理想住宅"在肩负起提高现代卫生条件与生活隐私这个角色的同时，也确定了它既非传统合院住宅、也非日式木造住宅在空间形态上的正当性。正是在这里，这个开始成形的"理想住宅"论述，通过对空间形态与使用习惯特性的描绘，为战后台湾所面临的新生活提供了日常居住空间形式的新想象。而这个"理想住宅"也并没有只停留在论述的层面，很快地，一项都市住宅示范兴建方案，便在当局的积极发动下，出现在人们的眼前。

05 具体的都市住宅示范方案

1954年11月，不仅是官方刊物，连当时的国民党党报《中央日报》也都非常罕见地刊登了两幅住宅模型照片，一幅是独幢斜屋顶住宅，一幅是两户双拼的平房住宅，两类住宅模型中都有一个前院，独栋者还有一条车道衔接前院中的停车区位。＊11 在这两张照片旁，当日报纸版面也大幅报道行政院内政部都市住宅技术小组将首先选择台北市兴建示范住宅，作为其未来大规模在全岛展开都市住宅计划的先导计划。这是行政院内政部自当年 8 月宣布要在美援经费的协助下，以新台币 3000 万元预算展开都市住宅的兴建行动之后，第一波具体的住宅治理行动。实际上，行政院这一次的示范住宅治理方案规划得相当缜密而具规模，先是向社会各界宣示兴建示范性住宅的决心，旋即于 1954 年底展开一项划时代的公开邀请竞图行动，邀集建筑与营造业者提供理想的住宅方案。

这个都市住宅示范征图行动，后来应建筑技师公会与营造公会要求延长征图期限，(中央日报社，1954.08.18，第 3 版)，最后是在当年 9 月 9 日截止收件，参与征件者计有 41 家厂商，提供了 100 种图案，其中甲种房屋 41 种，乙种 21 种，丙种 23 种，丁种 15 种（中央日报，1954.09.15，第 3 版）。经内政部负责此计划方案的都市住宅技术小组邀集，建筑技师公会、营造业公会、土木工程师学会、台湾大学土木工程学系、考试院、国大代表及安全分署各推派一位代表，共同进行审查筛选工作，共计选出房屋模型 18 座、图案 51 种，作为人民自力兴建住宅的示范方案（中央日报，1954.11.04，第 3 版），于当年 11 月 11 日起在台北市衡阳路国货公司三楼军友总社进行为期 6 天的展览。

展览结束之后，内政部都市住宅技术小组极为迅速地在短短五个月内完成 29 幢示范住宅的兴建，还在完工后相当隆重地举办了示范住宅揭幕仪式（中央日报，1955.10.16，第 3 版），向社会各界人士宣示全岛的都市住宅治理行动，已然在当局积极投入下陆续展开。现在看来，这项住宅治理行动堪称战后台湾首次由管理者发动的一项“理想住宅”方案。

其实早在 1954 年中，内政部即开始筹组都市住宅技术小组，研拟台湾兴建房屋政策之设计筹划与推动事宜。内政部都市住宅技术小组成立当时的成员包括：“内政部”、“经济部”、“财政部” 各部部长、台湾省政府主席、美援会秘书长、考试与司法两院秘书长，以及“国大”代表三人、“立法院”代表二人、“监察院” 代表一人。（中央日报，1954.05.31，第

＊11 完成兴建的都市住宅示范房屋中之甲级独院住宅。（数据源：《中央日报》，1954 年 11 月 2 日，第 3 版）

3 版）该技术小组成立之初预定的计划实施经费为新台币 5000 万元，其中 3000 万由台湾当局筹措，2000 万则由美援相对基金项下拨支。由于美援相对基金的经费在美援会的要求下，需要在隔年（1955 年）6 月底以前使用完毕，内政部都市住宅技术小组才会在紧接着第一阶段示范房屋图案征集与展览行动之后，立刻展开第二阶段都市住宅示范房屋的兴建行动。

行政院内政部都市住宅技术小组在开始征集设计图案的文件中，即将房屋设计类型区分为"公寓式及独院住宅式或拼合住宅式"，并且设定了四种不同经费规模的住宅形态，其中"甲、乙、丙三种房屋，除卧室及起居室外，应附设厨房、浴室及厕所各一间，丁种除卧室外，应附设厨房和厕所"。在这里，卫生现代性话语明确出住宅建筑的基本空间架构。但最后经过对 100 多件设计案的审查，筛选出 51 份设计图，其中甲、乙两种住宅设计均有独院式和双拼式，丙种住宅则区分成独院、双拼、连幢三类，丁种住宅则都是连幢式，没有独院式和双拼式。不过更重要的是，"此次展览的示范住宅，均为一层的平房"，反映出复层公寓式集合住宅在这个阶段虽被明文写入征图计划书，但现实中却仍难成形。

接着，都市住宅技术小组为了立即展开示范兴建，很快就选定以台北市信义路四段为兴建地点，于 1955 年 6 月开始进行 29 栋、共计 49 户的都市住宅兴建工作，[11] 其中包括空心砖造建筑 11 栋、红砖造建筑 6 栋、木造建筑 7 栋、铝造建筑 3 栋（中央日报，1955.07.17，第 3 版）。这批示范房屋的兴建工作于 1955 年 8 月底完成。同时，都市住宅技术小组亦在该年 7 月份完成改组，正式成立"行政院国民住宅兴建委员会"。

在这些完成兴建的示范住宅中，甲种独院式住宅，随不同设计方案，其基地面积大多为 80 ～ 97 坪，房屋面积为 14 ～ 20 坪。这意味着甲种独院住宅的庭园空地很大，至少有 60 坪。同时，每户住宅内部大多有一间起居室、三间大小卧室、一间厨房、一间浴室和厕所，部分设计方案中还另有一间餐室。这类房屋的基础都为水泥混凝土，外墙为红砖墙，内墙则为水泥空心砖或竹编墙粉白灰。地坪除厨房与佣人房是磨石外，其余全为红漆地板。室内附属设备有壁橱、抽水马桶、浴缸洗盆、化粪池等。甲种双拼式住宅的基地面积为 94 ～ 118 坪，房屋面积为 16 ～ 21 坪，其余为庭园空地，此类住宅的设备与独院式住宅完全相同（中央日报，1955.10.17，第 3 版）。

乙种独院式住宅基地面积多在 78 坪左右，房屋面积在 13 坪左右，房屋间数，除浴室、厕所分开之外，其余都与甲种独院住宅相同。乙种双拼式住宅基地面积大多在 63 ～ 76 坪之间，房屋面积在 11 ～ 15 坪之间，

11. 这个栋数与户数的信息在 1955 年 7 月 17 日中央日报第 3 版的报道中与 1955 年 10 月 16 日孟昭瓒在中央日报的专题介绍"国民住宅兴建计划与实施"之间稍有差异，前者谓 27 栋共 46 户，后者谓 29 栋共 49 户。

房屋间数较乙种独院式住宅少一间卧室，其余相同。乙种住宅不论独院或双拼式，其附属设备也都与甲种类同（中央日报，1955.10.17，第3版）。

丙种独院式住宅的基地面积多为93坪，房屋面积多为9坪，有起居室、卧室、厨房各一间，浴室厕所合为一间。房屋基础为水泥混凝土，墙多为水泥空心砖，地坪除卧室、起居室、浴室为磨石子外，其余均为红色水泥地，屋内无壁橱，其余附属设备与甲、乙种略同。丙种双拼式与连幢式住宅的面积均较小，房间数目与丙种独院式住宅约略相等，但均无壁橱、抽水马桶、浴缸、洗盆、化粪池等附属设备（中央日报，1955.10.17，第3版）。

丁种连幢住宅，当然是各种住宅中最差的一种，基地面积最大为59坪，最小为24坪，房屋面积则都为6～8坪，有起居室、卧室、厨房各一间，浴室厕所合为一间，附属设备除水电外，其余均缺（中央日报，1955.10.17，第3版）。

在这些住宅类型中值得我们注意的是，从住宅类别及相应的建筑面积来看，“都市住宅”中的甲、乙、丙、丁四种类型坪数大小差异极大，意味着当局意图通过不同坪数的基地院落、房屋面积、室内附属设备以及相应的售价，来涵盖大范围社会阶层的住宅形式。然而，不论哪一种类别的住宅，对照当时每户人口超过6人的现实，其室内房间数及使用坪数均难以称为宽敞，特别是丙、丁种住宅，室内面积皆不到10坪，无法容纳甲、乙种住宅中必有的壁橱、抽水马桶、浴缸洗盆、化粪池。这样的示范住宅实在与当时一般人们租赁的简易木造房子相差无几，若尚能称之为“示范”，大概只是这类住宅硬是在狭小的室内空间中挤进一间浴厕，以及装设有水电设备罢了。然而即便如此简陋，示范住宅的售价皆相当昂贵，连最简陋狭小仅6～8坪的丁种住宅，售价都要在16000～23000元之间，实在比当时类似坪数但售价却仅约4000元的住宅贵了许多。当然更别提甲、乙种住宅，它们的售价高达六、七万元，绝非普通市民购买得起（中央日报，1955.10.17，第3版）。

另外，就像《我们的家庭》中论及“理想住宅”时，仍然相当矛盾地必须处理当时大部分住宅仍旧以蹲式粪坑为主的厕所形式，告诫人们应如何以加盖方式减少粪坑异味等清洁方式，透露出“理想住宅”理念面对现实的艰难处境；在这项示范住宅的各类住宅方案中，也不尽然都能具备抽水马桶等现代化设备，更呈现出现实的住宅实践难以全面紧扣卫生现代性向房屋卫生进行话语转译的尴尬。这当然和都市治理尚未达到全面性的安全治理模式有关，各种都市循环系统皆尚未配置妥当；同时也意味着这个阶段的住宅治理行动对现代生活的宣示，距离日常细节的落实还有相当的路途。

《国民住宅兴建要览》　为了让人们积极主动地开始进行自家住宅的兴建，“行政院国民住宅兴建委员会”在这项都市住宅示范方案推出的同时，也出版了一本《国民住宅兴建要览》手册，试图以尽可能清楚的程序，协助一般大众自行兴建住宅。从这本手册的内容可以看出，社会管理者认为当时由人民自主兴建住宅必须注意的事项：一、选择基地及建筑概要，包括如何选择基地，如何找地、购地或租地，住宅结构及建材的介绍；二、兴建的法定程序，向大众介绍如何找建筑师及营造厂，如何申请建筑执照，如何申请接水接电；三、住宅的布置与维护，教导读者如何布置庭院、装饰室内、房屋保养及保险事宜。

整个手册有几项不容忽视的特点。首先，在关于如何选择兴建基地的文字中，我们依然看到卫生现代性话语贯穿其间，而且还进一步落实为对具体环境的分析。譬如，手册以台北为例，台北经常吹的是东风及东南风，所以朝东南方向的基地不宜过小过窄，以免夏季得不到该风向的吹布，会让室内风速滞缓，暑热便难以消散，居住于这样的建筑中不仅如同待在蒸笼里一般相当不舒适，也被认为非常不卫生。另外，地势也是选择适当建筑基地时重要的观察面向，不同地形譬如平原、滨海、池沼、丘陵等地带要注意不同的事，但都是为了预先考虑基地的地基强度及排水功能。而基地周围的交通、噪音、给排水也都和是否能提供良好住宅环境息息相关。

更重要的是，从手册召唤的对象看来，兴建行动的主体仍然是个人。每个想要有自己房子住的个人，必须学习如何选择适当的土地，了解通风及日照对基地形状的影响，通晓在给排水及各项天然灾害的综合考虑下判断地势优劣，找到了土地还要学会如何和土地所有人议定地价、签订契约、办理土地买卖转让程序等事宜；有了地要开始建屋，又要明了如何延聘建筑师、办理申请营造执照等法定程序，乃至于寻找适当的营造厂商或包工，而到了营造接近完工的阶段，还需要知道如何向电力公司及水力公司申请接电接水等程序；房子盖好了之后，又要学着如何布置家中庭院及室内，并且要知道如何保养维护房屋，以便长期拥有一座令人满意的自己的家。这些细述的文字内容，透露出当时在住宅兴建这项工作上，商品化及市场化的现象皆尚未成形，同时也还没有出现明确的专业分工。譬如，依当时法令规定，在都市计划区域内建筑房屋，建筑面积在30平方公尺（约9坪）以上者，其建筑图样才必须由开业建筑师设计绘制，主管机关也才会予以受理；若建筑面积不到30平方公尺，则无需申请程序即可自行建筑（行政院国民住宅兴建委员会，1955：25）。

不过，该手册特别针对如何延聘建筑师及寻找营造厂给出详尽的说明，这意味着台湾当局在这个住宅示范行动中，除了提出各类附有庭院的平房住宅以强调都市园林住宅的示范效果之外，也试图展现住宅生产过程中建筑专业的复杂性；手册中一再提醒兴建者要填写各项申请表格、附上规定的建筑图样，更是呈现出当局尝试将其法制化力量贯穿到住宅建筑实践上的企图。

但是，战后初期现实中各项物质条件尚

未整备齐全，相关的法令规范皆处于调适期，让这个带着卫生现代性话语的示范住宅行动，一时间还无法扣连上法制化与专业化分工，相应地，这类住宅建筑的生产也就仍然无法从制度上符合卫生现代性的基本要求，只能停留在个别住宅兴建主体的自主判断之上。从另一个角度来看，卫生现代性在建筑知识上进行的话语与技术转译，在这个手册中虽然有所提及，但当局似乎并未理解到要通过建筑法令将各种建筑知识明确定为必要的住宅治理技术，这就使得一时间无法通过法令规定进行明确的住宅治理调控，因而难以架构起住宅现代性的全面生产。

总括而言，这个结合卫生及理想家庭论述的住宅治理方案，让我们看到了现代性的话语实践在建筑现代性的构成中所带有的迂回性格。建筑现代性的构成绝不只是对西方现代建筑形式话语的表面模仿，也绝不仅停留于建筑生产各面向（结构系统、技术及空间机能）的理性计算。那样的谈论只不过是一再地将建筑现代性论述置于学科内部进行学科知识的再生产，忽略了建筑生产所处的真实社会脉络，以及在此社会流窜的各种现代性话语如何搭接上建筑的日常实践，并且影响了人们对于一种“崭新的”、“现代的”建筑的认识。而我们也正是站在一般人理解中的建筑实践这个视野位置上，才能够清晰地指称那消失于现代建筑论述中的“理想住宅”方案，其实正是建筑现代性构成的鲜明例证。

06 小结：现实中错置的示范住宅

由上述战后卫生现代性在都市治理中面临的艰难处境，进而从身体健康的角度出发向房屋卫生进行话语转译，并提出与卫生论述相应的空间规训方案，因而接合上一般当时关于现代“理想家庭”在空间想象上的谈论及规划，简言之，在社会大众谈论中开始出现了什么是一个理想的、现代的居住环境，以及相应的家庭形态的话语中，我们的观察明确了“建筑现代性”的探究，不仅仅只作用在特定建筑实践乃至其建筑形式语汇是否彰显了来自西方19世纪现代建筑运动的“理性”思维这一个方面。因为以“现代理性”的有无作为现代建筑的实践判断标准，会带来对于那种定义下的“现代理性”及其建筑实践标准的全盘接受，因而在排除了现实社会中绝大部分不被归类为体现现代建筑精神的“其余”建筑实践的同时，无法回答这个社会如何能通过少数精英建筑师的建筑实践，进行日常生活中的现代性体验与经验转化。难道仅由少数两幢王大闳的住宅作品，人们就能理解并转化一个坐落到日常居住经验中的现代感？毕竟这类“现代建筑”的空间经验，无法也并没有被大量复制得让人们能近身体会。作为一个比较，文学的现代性构成或许在媒介的差异上能如此预设，亦即借由文化精英在报刊书籍中呈现的文学作品观察现代性经验的日常转化，但也都存在着论述精英化的危机。更何况大部分现代建筑论述话语中的建筑实践，要不就是根本无法让一般人能经验得到（如上述那些精英自宅），要不就是它的空间尺度与它试图塑造的现代性内容过于抽象（譬如，大型公共建筑的视觉理性冲击），都距离人们日常生活太遥远而难以转换。如果现代建筑论述真正关注现代理性的普遍化议题，而且是带有自觉的关注，亦即不只是毫无批判地拥抱现代理性，那么，它就应该要更具体地明晰，这些建筑实践的现代性构造与现代主体在日常生活中的现代性体会之间，究竟存在着哪些互动与交流，乃至于这些现代建筑实践在现代主体的构成中扮演了什么样的角色；抑或是这些现代建筑的理性实践究竟为现实社会带来了什么具体影响，但不只是停留在战后美式施工图的理性态度给建筑实践带来的工具理性思维，还必须继续追问，通过这些工程理性的细究，究竟给这个社会带来了什么不同于过去的知识与权力认识。否则，它无法避免被视为仅仅是学院内“行话”的反复知识再生产，除了建构起知识权威之外，完全无助于我们反思现代理性对社会带来的身体权力效果和伦理效果。

相对地，当我们将建筑现代性的构成放到一个与卫生、理想家庭等现代性话语交互影响、转化的日常建筑实践时，将能够进一步追问，一种对于福柯来说具有身体规训意涵的现代社会，在我们这个不同的历史文化脉络下所呈现的独特“现代性”，究竟是通过哪些话语、进行着什么样的话语转译，乃至于借由什么样的空间规训效果构成的。也只有在对这个社会带着规训权力印记的现代性构成的历史辨明中，我们才能够进一步认识到，建筑（包括作为其中一种建筑类型的住宅）作为空间文化形式，不仅仅具有召唤民族认同的意识形态效果，更是将现代主体编入一个更复杂的权力生成网络中的一环。同时，也只有借由将建筑视为空间文化形式的角度，我们才有机会捕捉台湾现代化过程中消失的环节，进而从后殖民的视角反思台湾殖民现代性生成的历史构造。此即本文“建筑的现代性转译”之所谓。

理想住宅方案在历史（档案）中消失了，同时也消失在建筑专业者（建筑师、建筑史学家、建筑评论家等）的目光之中。“这绝非历史的偶然，更不是某些作用者（如国家机器或精英建筑师）的刻意行径，而是支配性的现代化论述压抑、排除的结果，是压抑过程所遗留下来/生产出来的殖民现代性主体的征候，如果不是‘疯了’的话”。[12] 也就是说，现代建筑论述在不自觉地接受支配性的现代化论述（譬如，认为西方现代建筑展现的现代理性是我们评断这个社会建筑实践的标准）而生产出特定论述话语的同时，其实正是它不愿面对，或是丝毫未意识到自身带着的（西方现代理性牵引下的）“被殖民”心态，不论当时是否仍处于实际的殖民统治体制中。正是这个殖民现代性主体不自觉的、压抑的“被殖民”心态，使它无法在其论述话语之外看到建筑现代性构成的多重历史路径，当然也更不可能看到这个现代性构成中的身体、知识、权力

—

12. 这个关于建筑现代化论述的后殖民观点，来自于吴欣隆在与本文的互动中所提供的洞见。

网络。从这个观察中，上述被现代建筑论述排除而消失了的理想住宅方案，便正好是我们开启这个殖民现代性主体生产窍门的一把关键钥匙。

这个被称作是消失了的理想住宅方案，虽然在本文中经由建筑现代性的各方转译得到揭示，但在现实处境中，却真真实实地只维持了短暂的时光。大概的状况是，它在风光揭幕的当儿，的确是台湾当局以及社会大众眼中最令人称羡的“理想住宅”，数以百计的人纷纷下单，希望能够抽中签获得购买权，但它的理想形象实际上需要付出不小的代价，不论是个人代价或社会代价。当时甲、乙、丙、丁四类示范住宅中最顶级的甲类住宅，土地面积近百坪，建筑面积包括室内各项起居、餐室、二至三间卧室、厨房、厕所、浴室等加起来超过 20 坪，居住及生活标准比起当时最需要房子的底层民众高出许多，以至于人们需要花费比平常多四五倍的购屋费用，这绝非一般人花费得起、供养得起的生活质量；也就是说，这项把《我们的家庭》所描绘的“理想住宅”具体实践出来的示范住宅方案，只对某些人而言是实际可得的，对于绝大多数的市民而言，它更像难以企及的空中楼阁。

在《我们的家庭》中由机关配给房舍的故事，回到现实里则成为当局试图以示范住宅方案吸引市民自行购地兴建房舍，或由机关兴建后让市民以贷款方式购屋。无论哪种方式，这个示范住宅方案已然为住宅的生产与分配投入了明确的私有化意象。这也让那强调都市园林中美丽、卫生的理想住宅的现代意涵附加上了私有财产制的现实面容。这个意思是，当人们被理想住宅中各种现代性话语所带来的美丽光晕吸引目光而想要追逐捕获时，便得踏入一个已然被设想好的私有化机制，而且一旦踏入便难以停下脚步。

但现实中，台北市自战后以来，六七年的时间里，人口从不到 50 万增加了一倍半（陈绍馨，1979：220），可是住宅的兴建速度却远远慢于都市人口增加的速度，人们被迫居住于简陋狭小的房舍中，更多人是居住于在都市空地上随意搭建的违章住宅内；这个现象造成的不只是居住卫生条件的难以控制，更是都市治理上的失控。面对愈来愈严重的住宅问题，住宅治理陷入了两难的处境，毕竟以“理想住宅”模型促进人们展开一个住宅现代性的追寻之梦，在现实中却难以加快住宅兴建的速度；意思是，即便促进市民自力兴建是这项“示范住宅”原本的治理目标之一，但过于“理想”的生活标准带来的超额预算远非平常人等负担得起，以至于减缓了人们兴建的意愿。相当吊诡地，我们原本以为这个示范方案中理想住宅映射出的美丽光彩会将人们推向一个永不停息的现代追求，但在现实中，它却因为与真实处境之间难以跨越的裂隙，而阻碍了人们追梦的脚步。

回到历史的轨迹中，关键或许并不在于这个体现着“理想住宅”的示范住宅方案，如何由于治理政策的错置而遭取代的现实过程，重要的是，这个被“卫生现代性”与“理想住宅”等论述话语塑造出来的建筑现代性形象,就像是拉康笔下映照自我的一面镜子,映照出现实自我的支离破碎,却又不断地朝着这个现代理想形象努力改造自身,不断地寻找一种不同于以往的、现代的生活空间想象,并在此虚幻的追寻中保持自以为完整的自我认识。

参考文献

1. 都市住宅示范房屋图案模型定期展览.中央日报.1954年11月4日,第3版.
2. 计划都市住宅先建示范房屋2500幢.中央日报.1954年11月11日,第3版.
3. 示范住宅展览今举行揭幕礼.中央日报.1955年10月16日,第3版.
4. 中央日报社主编.我们的家庭.台北,1952.
5. 《中国一周》1951年5月21日第56期及1954年11月22日第239期封面照片。
6. 王祖祥.环境卫生问题.卫生杂志,1950,1(9):6-10
7. 王祖祥.都市卫生重要工作.卫生杂志,1951,3(8):5-7.
8. 《卫生杂志》专访.台北市的环境卫生.卫生杂志,1950,2(2):33-34.
9. 台北市议会.台北市议会首届第四次大会议事录.1951.99页。
10. 台北市议会.台北市议会首届第五次大会议事录.1952.119页。
11. 台北市议会.台北市议会第三届第二次大会暨第二次临时大会议事录.1955.102页。
12. 邱贵芬.后殖民及其外.台北:麦田出版社,2003.
13. 台湾省公共工程局.台湾省自来水概况.台北,1961.
14. 范燕秋.日据前期台湾之公共卫生——以防疫为中心之研究(1895—1920).国立台湾师范大学历史研究所硕士论文.1994.

15. 洪秋芬．日治初期葫芦墩区保甲实施的情形及保正角色的探讨．中央研究院近代史研究所集刊，2000 (34)：211,213,215,268 页。
16. 黄朝琴．我的回忆．台北：龙文出版社，1989.
17. 陈君恺．光复之疫：台湾光复初期卫生与文化问题的巨视性观察．思与言，1993，31(1)：111-138.
18. 陈淑芬．战后之疫：台湾的公共卫生问题与建制．台北：稻乡出版社，2000.
19. 陈果夫．卫生之道．四版．上海：正中书局，1947.
20. 陈绍馨．台湾的人口变迁与社会变迁．台北：联经出版社，1979.
21. 郭文华．一九五〇至七〇年代台湾家庭计划：医疗政策与女性史的探讨．国立清华大学历史研究所硕士论文．1997.
22. 张文彬．井水的消毒．卫生杂志，1953，5(10)：49
23. 张景森．台湾现代城市规划：一个政治经济史的考察（1895—1988）．国立台湾大学土木工程学研究所博士论文．1991.
24. 曾旭正．战后台北的都市过程与城市意识形态之研究．国立台湾大学土木工程学研究所博士论文．1994.
25. 经利彬，张文彬．卫生学．十一版．台北：正中书局，1972.
26. 雷祥麟．卫生为何不是保卫生命——民国时期另类的卫生、自我与疾病．台北：台湾社会研究杂志社．台湾社会研季刊．2004，第 54 期，17-59.
27. 刘瑞恒．都市卫生问题．卫生杂志，1950，3(1)：4-5
28. 谢文丰．我国《建筑技术规则》涵构之历史演化——以《建筑设计施工篇》为例．国立台北科技大学建筑与都市设计研究所硕士论文．2005.
29. 颜春辉．五年来的台湾卫生．卫生杂志，1950，1(12)：10-12.
30. 苏硕斌．台北近代都市空间之出现——清代至日治时期权力运作模式的变迁．国立台湾大学社会学研究所博士论文．2002.
31. Liu, Lydia（刘禾）. Translingual practice: the discourse of individualism between China and the West. In: Tani E. Barlow, ed. Formations of colonial modernity in East Asia. Durham: Duke University Press, 1997.
32. 刘禾．跨语际实践：文学，民族文化与被译介的现代性（中国，1900—1937）．宋伟杰，等译．第 2 版．北京：生活·读书·新知三联书店，2008.
33. 刘禾．语际书写：现代思想史写作批评纲要．上海：上海三联书店，1999.
34. Rogaski, Ruth（罗芙芸）．卫生现代性：中国通商口岸卫生与疾病的含义．向磊译．南京：江苏人民出版社，2007.
35. Tomlinson, John. 文化帝国主义．冯健三译．台北：时报文化出版社，1994.
36. Young, Robert. Untying the Text. Boston, London and Henley: Routledge & Kegan Paul, 1981.

文献

Literature

1

罗马大劫：断裂与延续

曼弗雷多·塔夫里

美人劳拉（Monna Laura）激起彼特拉克的狂热远不及提到罗马终结（全世界的蠢货）时的热情。罗马终结要多谢西班牙人和德国人。对于这些人，上帝作证，我们诅咒他，用语言作为枪与剑。

彼得罗·阿雷蒂诺致费德里科·贡扎加，1527年7月7日

史学界通常将1527年，即罗马大劫的年份，定为致命大灾难爆发的时刻——我们至今为止已经研究过的各种矛盾在此时一同爆发。因此这一事件被认为是推翻业已建立的神话的推手，同时也标志了划时代断裂的开始。所谓的罗马大劫，毁灭了罗马作为“共同的祖国”（communis patria）的形象——文化汇聚的理想地点，欧洲凝聚力的象征。然而要正确对待这个历史问题，必须考虑到16世纪早期罗马的另一个方面，即当时罗马被冠以“新巴比伦”的狼藉之名，其重要性不能被低估。在众多被路德和无数的人文主义者嘲讽的欧洲城市中，罗马是唯一一座仍然能传达（国际知识阶层眼里的）普世价值观的城市——当我们评价利奥十世时代时，必须考虑到这一事实。对于建筑与城市空间组织来说，1527年是一个转折点，原因有二：其一是所谓难民的流散（事实上，难民早在罗马大劫之前就已经存在，且不只是局部地区的问题），其二是难民流散给文化风尚（cultural climate）带来的转变，这一转变同样影响着晚期克莱门特和法尔内塞城的建筑师和艺术赞助人。

基于有效真实论据的解读，基于长时段（longue duree）概念，且对此时段内的历史事件进行评论（histoire événementielle），若是将二者简单对立则会太流于表象。相反，我们的工作是抓住不同时间秩序（diversi tempi）里发生的事件导致的结果。因此挖掘我们所考察的历史时刻的复杂性与多样性就变得非常关键，当提出断裂与连续的问题时，我们将打破其本身的时间限制，将其架构在更大的框架上。

到底从何种程度上，1527年标志着灾难的顶点，国家的彻底改变？我们在罗马终结的悲剧事件中寻找“认识论断裂”（epistemological break）的起始阶段，是否合情合理？第二个问题更加精确具体，能够帮助我们将建筑史这个问题的界限细化。

后一个问题其实更具有争议性。1530年开始，所有必要的要素都已具备，这些要素让我们能够辨认艺术赞助人激进的离经叛道行为，识别艺术家与古典风格之间的关系并且鉴定古典符号和遗存典范的应用情况等。然而，要展示经典范例是如何（因1527年的事件）陷入危机，却是一件更困难的工作。

显而易见，和其他历史问题研究一样，对于我们正在讨论的这个问题，学科之间的惯常壁垒对于阐述研究对象是毫无帮助的；因此，只有总体史观（a histoire à part entière）

才有可能得到有意义的结果。

安德烈·夏斯代尔（André Chastel）在这方面投入颇多，他的研究成果广为人知：《大画坊》（*Marsile Ficin et l'art*）、《"伟大的洛伦佐"时期的艺术与人文主义》（*Art et humanism au temps de Laurent le magnifique*），以及罗马大劫的研究构成了一个天衣无缝的三部曲。还要感谢阿索尔·罗莎（Asor Rosa）、文森佐·迪卡普里奥（Vincenzo di Caprio）、马西莫·米利奥（Massimo Miglio）以及其他人，因为他们的努力，夏斯代尔研究的问题才能被广泛深入地讨论。[1] 首先有必要提醒大家，1527年事件的影响依然余波未平且不断发出讯息，若有人接近这次军事与政治大地震的中心，那么他对这些信息的解读就将变得更加复杂。

01 伊拉斯谟与罗马

正如夏斯代尔在后记中写到的，他研究的核心问题是，罗马终结"意味着意大利自由的终结……加速了罗马风格复兴者与严格的宗教改革者之间的矛盾，释放了俗称文艺复兴时期社会的内部矛盾"。[2] 截至1527年，内部矛盾的拉锯战已经剑拔弩张，到了生死攸关的时刻，为了更好地理解这一情况，夏斯代尔特地挑出了一篇文章：伊拉斯谟的《西塞罗风格》。这部作品强烈抨击了"罗马风格"，作者伊拉斯谟是一位人文主义者，按照

—

1. 参见A. Chastel, Il Sacco di Roma, 1527 (Torino, 1983)。亦可参见夏斯代尔对P. Partner, Renaissance Rome, 1500-1559的评论。关于16世纪罗马的连续性批判，参见A Portrait of a Society (Berkeley,1976), 载于Journal of the Society of Architectural Historians xxxvii,n.3(1978):202-4。关于军事和政治历史，参见J.Hook, The Sack of Rome,1527 (London, 1972), 及E.A.Chamberlain, The Sack of Rome (London,1978)。作为对夏斯代尔的补充，还要加上Ch. L. Stinger, "The Sack and Its Aftermath", The Renaissance in Rome (Bloomington,1985), 320-32。M. Miglio, V. Di Caprio, D. Arasse, A. Asor Rosa的文章合集在Il Sacco di Roma del 1527 e l'immaginario collettivo, Quaderno di studi romani (Rome, 1986), 4。这些文章都很重要。参见Francesco Tateo的评论, in Roma del Rinascimento iii(1987): 21-25。关于罗马的人文主义者的批评，参见E. And J. Garms, "Mito e realta di Roma nella cultura europea. Viaggio e idea, immagine e immaginazione," in Storia d'Italia Einaudi. Annali,5:Il paesaggio, ed. C. De Seta (Turin, 1982), 563ff; P.Brezzi, 154-58。

2. Chastel, il Sacco, 216. 关于Ciceronianus, 关于伊拉斯谟的论战动机及后果，同见于J. F. D'Amico, Renaissance Hutnanism in Papal Rome. Humanists and Churchmen on the Eve of the Reformation (Baltimore, 1983), 140-42; L. E. Halkin, Erastne parmi nous (Paris, 1987), 意大利语版（Erasmo, E. Garin作序）(Rome, Bari, 1989), 255-58; J. C. Margolin, "Le dialogue philosophique comme manifeste socio-culturel: le 'Ciceronianus' d'Erasme (mars 1528)," in Il dialogo filosofico nel '500 europeo, Atti del Convegno, ed. D. Bigalli and G. Canziani (Milan, May 1987; Milan, 1990), 83ff; J.C. Margolin, "Erasme et sa vision de Rome ou l'anti-imaginaire historique d'Erasme," in Storia della storiografia n. i4 (1988), 37-67. 参看注释4。

夏斯代尔的话来说，他忘记了自己对古典文化遗产传承的责任，转而倡导激进的基督教严格主义。若是了解这篇文章写于1528年，这个观点就非常容易理解，差不多同时，阿方索·德·瓦尔德斯（Alfonso de Valdés）写文章证明罗马大劫的合理性——对被掠夺、被恐怖笼罩的罗马城采取了漠视态度。正如夏斯代尔观察到的，随着1526年雅各布·桑纳扎罗（Jacopo Sannazaro）著作《贞洁的分娩》（*De partu virginis*）的问世，异教信仰的风潮和基督教圣诗复兴联手，梵蒂冈教廷的图像学计划也参与其中。为了发泄反意大利和反罗马情绪，伊拉斯谟不仅挑起了基督教人文主义与现代文化之间的暴力分裂；在夏斯代尔看来，这位伟大的荷兰人文主义者甚至成为了“蓄意的反动派”。[3]

很明显，罗马大劫所引出的议题和带来的问题对于评价整个时代至关重要。凭借其特有的才智，夏斯代尔明确提出了微观史学分析法，摒除了会使其论述范围无限扩张的特殊关系。以下我们的讨论采用他的摒除法。

首先，我将重点关注伊拉斯谟与来自卡皮的阿尔伯蒂·皮奥（Alberti Pio）之间的辩论，这场辩论由来已久，产生的不良后果也有其特殊的重要性。正如森姆·德累斯顿（Sem Dresden）所指出的，来自卡皮的王子在其《回应超理性》（*Responsio paranoetica*）中针对伊拉斯谟进行批评，重点围绕圣经翻译的问题：“神圣的经文不应该被意译，意译只允许出现在必要的注释中。”[4] 早在1517年，伊拉斯谟已将这一陈述放在其正确的语境中，他写道：“直译能够较好地呈现出意译所不能传达的意思，但更加自由是评注的固有属性，这不是人类所能改变的。”[5] 这场辩论的关键点就是圣经“反刍”（ruminatio）的合法性问题。圣经反刍被理解为一种强调简单与纯净的福音解读模式。反刍意味着“福音长存”，在这一层面上，伊拉斯谟的人文主义思想接近洛伦佐·瓦拉的思想，一如加林（Garin）所指出的。[6] 因此，单一的传统联系着皮科（Pico）和波利提安（Politian），乔凡尼·弗兰西斯科·皮科（Giovanni Francesco Pico）和《西塞罗风格》（*Ciceronianus*）：在波利提安对保罗·科特西（Paolo Cortesi）的批评中，乔凡尼·弗兰西斯科·皮科与皮特罗·本博（Pietro Bembo）的辩论中，反对“模仿西塞罗”预示着一种新的神学诠释，一种对宗教用词新

—

3. Chastel, il Sacco, 117.

4. S. Dresden,"'Paraphrase' et 'commentaire' d'apres Erasme et Alberto Pio," in Societa politica e cultura a Carpi ai tempi di Alberto III Pio, Atti del Convegno Internazionale (Carpi, 19-21 May, 1978), Padua, 1981, 1, 207-24, citation on 213. 参见同卷中的J. C. Margolin, "Alberto Pio et les ciceroniens italiens," 225-59, 及S. Seidel Menchi, La discussione su Erasmo nell'Italia del Rinascimento, 291-382.

5. Dresden, "'Paraphrase,"' 215.

6. E. Garin, "Fonti italiane di Erasmo," in Rinascite e rivoluzioni. Movimenti culturali dal XIV al XVIII secolo, 2d ed (Rome, Bari, 1976), 尤其是232-34. Cf. 以及Garin, Il ritorno dei filosofi antichi (Naples,1983), 55.

的审问，宗教用词必定涵盖新的修辞法和语言学上“自由”的意识。因此，《西塞罗风格》不是一篇简单的反罗马文章：即使伊拉斯谟没有追随皮科在《关于团体和单一》（*De ente et uno*）中提出来的消极神学观点，但当其向同一位哲学家演讲时，他依然争辩道，永久的和平源于道德与宗教改革。

反刍主张译者的自由，反对将质疑放在首位而不坚持教义。由此立场看来，整个关于模仿（imitatio）的辩论就具有了新的意义。由此而论，对多元模式的诉求暗示着，读者责任模式的假设远不只是“语言问题”。的确，伊拉斯谟从反教条主义的立场回答了教条主义者。他承认西塞罗的重要性，但他批判人们平庸地使用伟大演说家的言论，缺乏想象力与灵感。故而即使伊拉斯谟没有遵循（sequendum）西塞罗，他的作品仍然是人们模仿并努力超越（mitandum et aemulandum）的合适对象。[7] 因此西塞罗成为另一个需要超越的模范：意味着必须有人能够取得和西塞罗同样伟大的成就，并且伊拉斯谟要求这一成就必须被取代。因而伊拉斯谟唯一推行的模仿是：

> 强化自然而不去干扰它，修正自然的安排而不去妨碍其表达。我赞成模仿，但只有当他借鉴的文章与其本身的禀赋相称，能作为其创作的参考模式才行，而非与其天赋相悖，由此看来他应该脱离了在上帝与伟人之间的痛苦挣扎。我也赞成不拘泥于某单一模式的模仿形式——单一的模仿模式不准许模仿者有丝毫的偏离，这些模仿形式能找出每一位作者最精彩之处，或者至少是最值得称颂之处，能找到最能满足模仿者模仿意图的东西。我还赞成不鼓励作者迅速抓取作品之美的模仿类型，这种模仿准许模仿者将作品之美长时间存储于大脑中，就好像食物先存放在胃里，消化之后再输送至筋脉一样。因此，好像模仿的成果由作者的大脑自然产出，表达了其活力与自然倾向。[8]

在这里，这位鹿特丹的人文主义者貌似与阿尔伯蒂以及拉法埃莱持相同的审美观，卡斯蒂廖内（Castiglione）在《廷臣论》中将这一审美观理论化。这不也正是参加圣乔凡尼宫设计竞赛的建筑师们采纳的模仿原则吗？这个原则，能够在将译者置于与“重生”的作者同一层面的同时，拒绝古旧模式。巴尔达萨雷·佩鲁齐（Baldassare Peruzzi）和慕尼黑画的作者不正是模仿甚至超越古代经典（虽然他们对古董持批判的态度），从而将自我从先验观念束缚中释放出来吗＊1/2？甚至于小安东尼奥·达·桑迦诺（Antonio da Sangallo the Younger），他把从《寻爱绮梦》（*Hypnerotomachia*）中得来的启发融入到万神殿（Pantheon）＊3/4 的修缮中去，（至少在彼时）也赞同多模型理论。因而我们不禁问道：用伊拉斯谟的观点去解读罗马利奥十世与克莱门特七世时期的

—

7. Erasmus of Rotterdam, Il Ciceroniano o dello stile migliore, ed. A. Gambaro (Brescia, 1965), 302.

8. 同上，290 (italics mine.) 另外，参见 Margolin, "Le dialogue philosophique," 190-10.

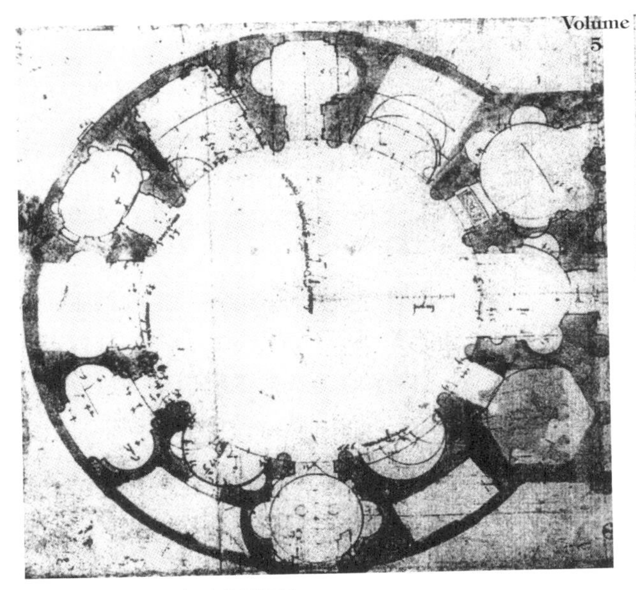

＊1 巴达萨尔 · 佩鲁齐的圣乔凡尼项目（1518-19）研究

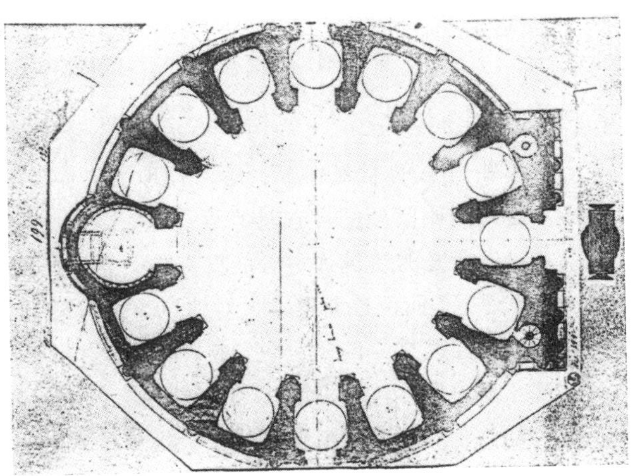

＊3 小安东尼奥 · 达 · 桑迦诺，罗马的菲奥伦蒂尼的圣乔凡尼项目（1518-19）的集中式教堂平面

＊2 朱利奥 · 罗马诺（Giulio Romano），罗马菲奥伦蒂尼（Fiorentini）的圣乔凡尼建筑物立面和纵剖面拼接图

＊4 小安东尼奥 · 达 · 桑迦诺，罗马的菲奥伦蒂尼的圣乔凡尼项目（1518-19）的集中式教堂立面

那些诗意的竞赛作品，是否合理？表面上，这种阐明问题的方式具有误导性，因为至今我们研究的建筑师中可能没有人熟悉伊拉斯谟思想，而伊拉斯谟本人对建筑毫无兴趣。

值得重申的是，《西塞罗风格》中清晰可辨的自然主义具有一种阿尔伯蒂的味道。为了强化自然而不去干扰它：此文暗示伊拉斯谟直指人的内在本质。他的文章是对良知自由的邀请。换句话说，伊拉斯谟认为让人受制于他人的行为规则是不道德的，这样会抑制他的才能（ingenium）和本性（indoles）。除此警示之外，他还写到“缺少基督信仰的西塞罗主义者不是真正的西塞罗主义者”。从这点来讲，《新约》福音中阐述的伦理学其自身就是一个参照点，并且是个人与集体表达的判断准则。此外，对伊拉斯谟而言，这种伦理学是一种解脱，将人类从偏见的枷锁中释放出来。随后，参考伊拉斯谟的原话，丹尼尔·巴巴罗（Daniele Barbaro）在1556年评论维特鲁威时声称：“我鄙视迷信，亦藐视异端邪说”。[9] 虽然这句话用宗教术语阐述论点，其实指向的是有关建筑原则的观点。

伊拉斯谟建议我们丢弃那些突然“据为己有”的东西，因为它将探究变成了无情的“猎取”。相反，人们必须将这些所得长久存放在心里；正如某位学者所指出的，伊拉斯谟时期的和“真西塞罗主义者”时期的罗马是一个完全内在（interior）的大都市[10]。

由此我们可以再次强调一下，创造了华丽罗马的利奥时期的艺术家们，用自己的方式诠释了教皇和美第奇家族的神话，同时赋予孤芳自赏的贵族梦以形式，这些艺术家会很乐于——至少在原则上——赞同伊拉斯谟的格言。

然而，沿着这个方向继续探寻，我们正让在现实中不相干的人或思想以一种别样的方式相遇：换句话说，我们的目的是促成没有共同语言的主角进行交谈。没有共同语言正是关键所在。虽然这位鹿特丹的人文主义者与教皇资助下的建筑师之间的确存在着不可交流性，但很明显，（根据我们刚才的观察）他们各自的原则（principia）归根结底并非相去甚远。事实上，艺术和建筑在罗马的美第奇时代带有非宗教目的特征，而且，非宗教目的给其提供了生存条件。对于那些坚持认为人类行为必定伴随着内部以及集体改革的人来说，这个事实尤其重要。就这一点，我们之前已经提到，“博学、正直、虔诚的人”（vir doctus, integer ac pius）——利奥十世没有达到伊拉斯谟的期望。

以“宗教自由”为灵感，能为文学与视觉艺术发掘生存意义的艺术典范，在“伪西塞罗主义”盛行的文化里缺失，即使视觉和语言艺术，通过逐步征服，已在结构上接受

—

9. I dieci libri dell'architettura di M. Vitruvio, tradotti e commentati da Daniele Barbaro, etc. (Venice, 1556), 82. 关于原话及造成抑制的原因，见第2版（1567），cf. M. Morresi, "Le due edizioni dei commentari di Daniele Barbaro, 1556-1567," in Vitruvio, I dieci libri (1567年版本的凸印版，Milan, 1987), xlvii.

10. Margolin, "Le dialogue", iii.

了自主性准则。人们认为，为了保护其精髓，这些规范会根据艺术赞助人的享乐主义需求来调配自身的修辞能力。

对伊拉斯谟而言，作为艺术新的“透视”武器的语言透明性，当词（verbum）与物（res）彼此分离时，这一透明性将变得毫无意义。以他的观点，透明性这个关键词讲述了一次激进的思想更新：这也解释了为什么皮特罗·本博和雅各布·萨多莱托（Jacopo Sadoleto）都放过了针对《西塞罗风格》中多余的罗马社会背景的刻薄语言。萨多莱托主教，正如来自维泰博的埃吉迪奥（Egidio），把罗马大劫视为上帝降罪于新巴比伦的惩罚，他这样想并非偶然。此外，为坚持这一观点，他毫不犹豫地引用《圣约翰启示录》以加快激进的教会改革。

可以确定的是，《西塞罗风格》以及阿尔贝托·皮奥与伊拉斯谟之间的交锋标志着这场辩论的结束。这是一场曾几何时从欧洲人文主义者中获得动力的辩论。同样可以确定的是，关于如何博学地使用拉丁语的争论，已经预设下一场针对某个论断的更基本的论战。这个论断由一个拥有罗马帝国直系血统的教会提出，拉丁语是赋予自身权威以历史合法性的语言纯粹主义的宝库。的确，正如瓦索利（Vasoli）主张的，保护“受重视的”、“通用的”和“纯净的”语言与保护提供对已发现事物（revelatum）的特许诠释是同时进行的。[11] 在拉法埃莱·利皮·布兰多利尼（Raffaele Lippi Brandolini）的《与利奥的对话》（*Dialogus Leo nuncupatus*）中，阿尔贝托·皮奥回应亚历山德罗·法尔内塞（Alessandro Farnese）对利奥赞助艺术的溢美之词也非偶然，他（利奥）规划修建一座炫耀式的辉煌的教堂。此外，布兰多利尼书中的皮奥被要求为尤利乌斯二世的领土策略发表一份有说服力的正式的辩护词。[12]

到底是艺术问题还是文学问题让《西塞罗风格》单独辟出一章专题，人们有广泛的争议，但最终我们发现艺术和文学在书中有同等重要的地位。当人们意识到在这场辩论中出现的对罗马教皇的城市与建筑策略的批评也是源于人文主义者时，这点就变得愈加清晰。正如我们之前的观察，早在 15 世纪，波吉欧·布拉乔利尼（Poggio Bracciolini）和尼科代莫·特兰切蒂诺（Nicodemo Tranchedino）就批评了尼古拉斯五世，而讽刺作品《猴子》（*Simia*）和《被天堂驱逐的尤利乌斯》（*Julius exclusus e caelis*）与乔凡尼·弗兰西斯科·波

—

11. C. Vasoli, "Alberto Pio e la cultura del suo tempo," in Societa e politica a Carpi, 33.

12. 参见 A. Biondi, "Alberto Pio nella pubblicistica del suo tempo," 同上，97-102. 作者分析了拉法埃莱·利皮·布兰多利尼写的《与利奥的对话》(威尼斯，1753 年。拉法埃莱·利皮·布兰多利尼死后出版的版本)。对话的场景设定在法尔内塞花园，对利奥十世、红衣主教亚历山德罗·法尔内塞和阿尔贝托·皮奥极力赞美，在文中，对亚历山大六世的自负的批评和对尤利乌斯二世的区域策略的正式解释被结合起来。此外，红衣主教也赞扬了美第奇对艺术的赞助；Biondi 表示，由于对话发生在利奥统治的初期阶段，拉法埃莱·利皮·布兰多利尼只是提出初步的方案，而不是给出最终的判断。

吉欧的《论春天牧羊人的责任》(*De veri pastoris munere*)关系密切，在这篇文章里，布拉乔利尼的儿子警告利奥十世不要使用教会基金去建造美第奇宫殿（这很可能暗指朱利亚诺与安东尼奥·达·桑迦诺设计的宫殿）。这类批判不仅是道德说教：通过层层剖析，它们揭示了教皇的《罗马复兴》(*instauratio Romae*)中蕴含的政治价值观。恰恰在这些价值观调整对（由市政阶级孕育出的）古罗马天主教的反应，通过注入新的暗示以吸取经典的怀旧感的时候，它们也是激发波尔卡里（Porcari）试图罢免教皇尼古拉斯的动力。经过长期缜密的应用，最初只用于象征家族地位或阶级地位的狂热崇古，最终演变成教皇与罗马教廷的普遍象征。[13] 古典主义、对收藏的热情、对碑文和古迹的保护以及罗马教廷整体的博学好古氛围，都暗示了一场规模庞大的有组织的挪用，即对业已实施的多起源的、多功能的心理习惯的挪用。此外，16 世纪早期的艺术赞助与保罗三世时期文化策略之间的显著差异似乎不太合理。无论如何，我们必须承认由罗马新任大主教造成的人文主义者与罗马教皇之间的隔阂。他当选后不久，利奥十世试图避免破裂的关系，因而他尽力拉拢伊拉斯谟——正是我们所说的那位和尤利乌斯势不两立的批评家。就此而论，值得注意的是，伊拉斯谟对美第奇教皇的尊重清楚地表明这位荷兰的人文主义者从不掩饰其坚定的反罗马偏见。

然而，毫无疑问，《西塞罗风格》反映了思想的激化状态。1527 年 6 月和 7 月，查理五世与胡安·路易斯·维韦斯（Juan Luis Vives）分别主张帝国胜利，随后教皇的监禁最终为教会议会至上者的志向抱负扫清了一切障碍。但合法性的“宣言”是由君主于 1526 年亲自起草的。如果没有这份宣言，阿方索·德·瓦尔德斯的论辩将是无法理解的，这份宣言概述了为基督教徒起草的一份和平计划，赋予议会限制教皇“君主制”的权力以及惩罚罗马的权力。

如坎蒂莫利（Cantimori）指出，1526 年的“宣言”为君主广泛推行的教会改革打下了基础，即使“伊拉斯谟时期”的帝国大法官法院已成为过去式，君主的意愿仍然得以表达。[14] 事实上，由于自身的恐惧或对自身短期利益的追求，克莱门特七世从来没有明确排除召开议会的可能性。另一方面，带着明确的政治目的，他在纽伦堡会议前拖延敷衍，站在天主教的一边，让君主苦等。欧洲史上的此刻，议会扮演着能直接制止教皇独权的有力武器，另外，这一武器还必然导致一个新式的中世纪帝国势力的建立。但是有没有其他的可能性？一场关于教会等级制度、慈善和虔诚的普遍改革，与罗马道德的

—

13. Cf. M. Miglio, "Roma dopo Avignone. La rinascita politica dell'antico," in Memoria dell'antico nell'arte italiana, I: L'Uso dei classici, ed. S. Settis (Turin, 1984), 75～III.

14. D. Cantimori, "'L'Influenza del manifesto di Carlo V contro Clemente VII [1958]," 现收入 Id., Umanesimo e religione nel Rinascimento (Turin, 1975), 182-92. 另可参见 Chastel, Il Sacco, 113.

全面重建一道，受到同时代观察者的严密监督。[15] 然而这些局部的改革不能让伊拉斯谟满意，也不能让天主教改革运动中的革新主义者满意。

应该在这样的语境下来理解《西塞罗风格》：将其对教皇和元老院霸权政治的攻击隐藏在他对“异教梦想”的文学式逃避的批评之下，在伊拉斯谟与阿尔贝托·皮奥论战的过程中，强有力地显露出其主题。

这些主题（教会改革）已经在美第奇家族的罗马公开化。公布于1513年12月19日的教皇诏书——《教皇政权》（*Apostolici Regiminis*），据菲利克斯·吉尔伯特（Felix Gilbert）的分析，他提醒大家注意诏书中对人文主义文化中风行的世俗化倾向的批判，并要求朱利亚诺·德·美第奇，即利奥十世的哥哥对此作出解释。吉尔伯特很有说服力地重建了一系列的联系：朱利亚诺、文森佐·奎里尼（Vincenzo Querini）和托马索·朱斯蒂尼安（Tommaso Giustinian）之间的联系，加斯帕罗·孔塔里尼（Gasparo Contarini）的朋友和《致利奥十世的一封信》（*Libellus ad Leonem X*）的作者之间的联系等。[16] 然而朱利亚诺似乎站在严格主义的天主教改革派一边，拒绝谴责人文主义灵感艺术。他和列奥纳多·达芬奇的友谊以及对其的赞助与那幅拉法埃莱给他创作的肖像画（1513）一样有名，这幅画的复制品现在陈列在大都会博物馆；此外，我们之前已经评论了朱利奥和菲利贝塔·迪·萨沃亚（Filiberta di Savoia）委托给朱利亚诺·达·桑迦诺的项目＊5。

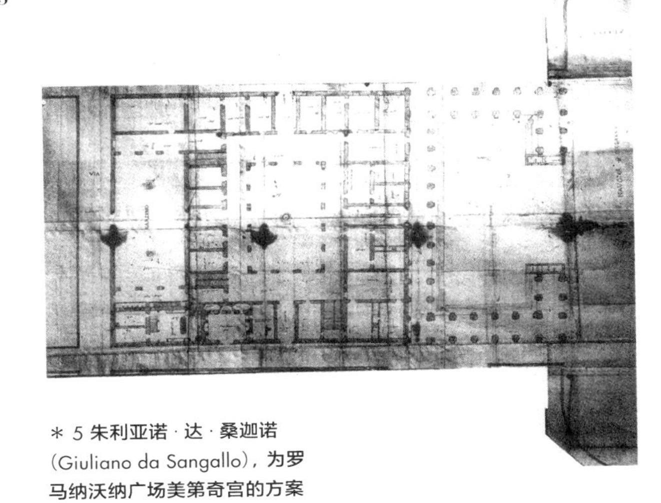

＊5 朱利亚诺·达·桑迦诺（Giuliano da Sangallo），为罗马纳沃纳广场美第奇宫的方案（1513）

怎样最好地分析这种（表面上的）精神分裂？甚至是否有可能用这一术语来解释这些（只有稳定的抽象意志才能发现其中不可调和的矛盾的）思维？确实，我们应该将朱利亚诺的日常行为置于其宗教改革计划及其艺术品位的演变这一大背景中来加以解读。当深刻意识到西塞罗主义者语言必胜信念背后的目的，伊拉斯谟坚定地拒绝了对措辞（elocutio）的盲目崇拜。1529年，他在给阿尔贝托·皮奥的回复中，巧妙地将教会的政治策略与其导致的经文“封存”联系起来。[17] 站在维护天

15. 例如可参阅 Sanudo, Diarii, XXXVII, 88-89和90页。

16. F. Gilbert, "Cristianesimo, Umanesimo e la bolla 'Apostolici regiminis' del 1513," Rivista storica italiana lxxix (1967): 976-90.

17. G. Scavizzi, Arte e architettura sacra. Cronache e documenti sulla controversia tra riformati e cattolici (1500-1510) (Reggio Calabria/Rome, 1981), 168ff.

主教仪式威严、保护触及到辩论核心的神圣建筑的立场，阿尔贝托·皮奥回应道：天主教特赦一直在资助圣彼得大教堂的建设。并且，阿尔贝托·皮奥不仅厉声诅咒伊拉斯谟，同时也含蓄谴责了加斯帕罗·孔塔里尼：卡皮的王子援引天国王朝耶路撒冷这一景象，坚称万神庙就是它的原型，并且它的每一部分都象征了一个奥秘（mysterium）。按阿尔贝托·皮奥所说，不需要如伊拉斯谟和孔塔里尼所坚持的，以牺牲建设与装饰教堂为代价将奢华（caritas）放在第一位；再奢华也不可能达到所罗门所建神庙（templum）的程度，此神庙之美出于上帝之手，无与伦比。这里，与其说是在处理保护文化传统，不如说是在维护罗马教堂政治：这种维护建立在罗马主教绝对首要地位的基础之上，主教是《圣经》经文诠释中教堂承担的独一无二的角色；并且建立在一个“高等的”、自负的、作为控制社会以及教义传播工具的语言之上。

依据上述情况，我们还能严肃地坚持“反动的”伊拉斯谟这一假说吗？

吉斯（Giese）、潘诺夫斯基（Panofsky）和夏斯代尔都坚称伊拉斯谟对视觉艺术漠不关心。依据他们的辩论，我们不得不问，把伊拉斯谟的评论应用于利奥和克莱门特时期的罗马艺术实践是否有道理。这个问题将我们引向一篇附记，它涉及到以前未被探究的宗教思想与建筑之间的联系，有助于解释本章节中处理的问题。

02 神学与建筑：阿德里亚诺·卡斯特雷斯和拉法埃莱·马费伊

约翰·达米科（John d' Amico）已将16世纪前几十年罗马文化中那些已知的血统分离开，以避免过于死板的解释范畴。[18] 在这种情况下，保罗·科特西貌似是更加合理的西塞罗主义倡议者之一（西塞罗主义，正如已经看到的，是一种效仿教皇帝国主义教义的人文主义的表达）；[19] 然而，持不同思维态度（达米科称之为“圣经怀疑论”[20]）的人，也与科特西有联系。科尔内托的阿德里亚诺·卡斯特雷斯主教是这一思潮的重要信徒。当布拉曼特（Bramante）到达罗马后，卡斯特雷斯主教要求他设计一座位于斯科萨卡瓦利广场（Piazza Scossacavalli）的宫殿，阿尔纳多·布鲁斯基（Arnaldo Bruschi）最近分析了这座宫殿的曲折历史。[21] 不难将布拉曼特的最初计划解读为表现其赞助人的严格主义伦理观的建筑——《尝试大典》（*Codex Coner*）中的一幅画以及一些建造片段都对其有记录。实际情况是，决定在院子中消除任何对柱式的参考——院中有柱廊，柱子立在石基上，窗户越过裸露的砖石——看似完全符合卡斯特雷斯严肃的思想和信仰。1507年在《真正的哲学》（*De vera philosophia*）一文中，他对科特西的思想提出异议，卡斯特雷斯清楚表达了一种反智慧、反哲学和非理性立场，让人回

—

18. D'Amico, Renaissance Humanism in Papal Rome, cit.

19. 保罗·特拉西（1465—1510）将他的著作 *Liber Sententiarum*（罗马，1504 年）献给尤利乌斯二世。这本书是对彼得·隆巴得的 *Libri* 一书的评述，用的是一种严格的古典文体。在序言中，他清晰阐明其文学与神学的立场，与皮科在和巴尔巴罗的辩论中用到的观点展开辩论。在特拉西看来，修辞法与哲学不可分离。从这个意义上讲，特拉西倡导一种反学术的态度。特拉西的语言中，基督教的词汇表现得很有古风，并且特别有帝国味道。他称呼圣托马斯为“Apollo Christianorum”，并将其与阿佩利斯（Apells，古希腊画家）相比；斯科特斯成为“Argus theologorum”；奥古斯丁成为“Pythicus theologiae Vates”；教堂则是 publica delubra；异教是 perduellions；诸如此类。Cf. D'Amico, Renaissance Humanism, 144ff, 尤其是 157-58。对古典基督教主题的再现无疑是罗马 16 世纪早期绘画及雕塑的 ordre du jour，例如，为拉斐尔和桑索维诺——同时也为伊拉斯谟指责新异教主义提供了足够的弹药。科特西计划写一本关于王子的书。然而，听取了阿尔卡尼奥·斯福尔扎主教的建议，科特西集中写教皇，最后成书 *De cardinalatu*（1510）。关于这项工作及其包含的关于建筑的评论，见于 K. Weil-Garris 和 J. F. D'Amico, "The Renaissance Cardinal's ideal Palace: A Chapter from Cortesi's 'De Cardinalatu"' 关于意大利 15 至 18 世纪艺术与建筑的研究，ed. H. A. Millon (Rome, 1980), 45-119. 参见. R. Ricciardi, "Cortesi, Paolo," in Dizionario Biografico degli Itatiani (Roma, 1983), xxxix, 766-70, 以及 G. Savarese, "Antico e moderno in umanisti romani del primo Cinquecento," in Roma e l'antico, 23-31.

20. D'Amico, Renaissance Humanism, 169ff.

21. 见于 A. Bruschi, "Edifici privati di Bramante a Roma. Pajazzo Castellesi e palazzo Caprini," Palladio, n. s. II, n. 4 (1989) : 5-44。在布拉曼特宫殿的所有根源中，我们可以回忆起短诗 "Auedium suarum descriptio carmine heroico"，这首短诗归属于卡斯特雷斯自己（参见 Frommel, Der romische Palastbau der Hochrenaissance [Tubingen,1973], 11, 210.）关于卡斯特雷斯（约为 1461—1521），参见 G. Fragnito, "Castellesi Adriano," in Dizionario Biografico degli italiani (Rome, 1978), xxi, 665-71, 及其参考文献。关于卡斯特雷斯的思想，见于 D'Amico 的基础研究，Renaissance Humanism, 169ff, 220-21. 阿德里亚诺·卡斯特雷斯写于 1507 年并在 1514 年出版于罗马的著作 *De sermone latino*，献给多梅尼科·格里马尼。这使我们可以评估人文主义神学得以发源的文化氛围的知识广度：格里马尼在罗马会见伊拉斯谟，他是皮科·德拉·米兰多拉的坚定支持者，而乔凡尼·弗兰西斯科·皮科——另一个 16 世纪“圣经怀疑论”的典型代表，就将他的 Liber de providentia Dei contra philosophastros. Paolo Cortesi's De cardinalatu 献给格里马尼，以特拉西的 *De Cardinalatu* 一书证明格里马尼严谨的宗教态度（p. ccxlii）。参见 P. Paschini, Domenico Grimani cardinale di San Marco (Rome, 1943). 就像卡斯特雷斯，除此以外，在格里马尼的精神中有一种世俗野心和改良主义倾向的矛盾融合。（参见第七章，n23.）他是一个伟大的收集者，他很欣赏雅各布·桑索维诺的艺术，并通过将其介绍给威尼斯而成就了他。关于这些见于 A. Foscari and M. Tafuri, L'Armonia e i conflitti. La chiesa di San Francesco della Vigna nella Venezia del '500 (Torino, 1983), 36ff Castellesi, 罗马亨利七世 [of England]（1494）的代理人在 1500 年被任命为教廷的司库。在 1502 年 2 月成为主教之后，在 1503 年被亚历山大六世任命为红衣主教。由于和波吉亚私交甚好，他在 1503 年的密会中偏袒了西班牙的红衣主教，在 1507 年他因激怒了尤利乌斯二世而不得不逃离罗马。1513 年他被帝国指定参加同年的密会。在 1518 年，由于参与了“红衣主教密谋”，他被指控异端和分裂，职能和工作都被剥夺。

忆起邓斯·司各脱（Duns Scotus）的教义。[22] 虽然大部分的罗马人文主义者，包括科里恰纳学会（Accademia Coriciana）的成员[23]，都强调对文学（litterae）和考古遗迹的研究，但卡斯特雷斯主张回归早期基督教教父著作的研究（这一观点与维泰博的埃吉迪奥以及皮特罗·加纳蒂诺 [Pietro Galatino] 的思想相关）。

对于科尔内托的主教来说，唯有福音才能将信徒引向救赎。理性的灵魂（anima rationalis）因勇敢地拒绝世俗诱惑而得到洗礼。卡斯特雷斯委以人类知识去解释上帝的启示这一独一无二的使命。因此，所有试图理性地解释信仰奥秘的努力，试图培养修辞追求，或是承担在哲学神学框架内的研究，都被视为对基督教伦理的威胁。甚至人文学科（artes liberales）也以是否符合启示的真理为判断标准。[24] 那么，卡斯特雷斯将达米科以及乔凡尼·弗兰西斯科·皮科和雅各布·萨多莱托等人作为思潮中的典型也就并非偶然了。[25]

然而，要从阿德里亚诺主教的行为举止中辨别出这种神秘严格主义的反映是很困难的。作为一个思想开放、拥有巨额财富同时又野心勃勃的人，他激起了尤利乌斯二世的愤怒，参加了反对利奥十世的“主教的阴谋”；作为英格兰国王亨利七世的挚友，他没有充当教会改革者而是岌岌可危的元老院权力的维护者。他位于罗马的宫殿所显示的布拉曼特特征，可以看作是其神学家个性的一幅肖像画；然而，宫殿的整体特性和设计传达出一种傲慢的、西塞罗主义的、教父的综合特征，这些在他的思想以及文化环境中亦能辨别出来。[26]

然而我们的目的是要说明，卡斯特雷斯所代表的文化倾向并非毫无意义。从某种意义上说，它与另一位罗马宗教人文主义倡导者的思想相互关联，必须补充的是，这位倡导者参与了当时最高级别的建筑讨论，他就是拉法埃莱·马费伊（Raffaele Maffei），也就是那个沃尔泰纳诺（Volterrano）。[27]

与卡斯特雷斯的立场相比，马费伊的态度显得更温和。早在1506年，他的《城市回忆录》（*Commentaria urbana*）就从基督教的观点出发，俨然提供了一本人类知识的百科全书，这也是他献给尤利乌斯二世的一部著作。与瓦拉相比，马费伊坚持认为希腊教父著作研究可以作为传统经院哲学的补充。他的兴趣广泛，从巴泽尔（Basil）、格雷戈里·妮萨（Gregory Nyssa）、格雷戈里·纳齐安曾（Gregory Nazianzen）到圣约翰·克里索斯汤姆（Saint John Chrysostom）。他的《论基督教教育》（*De Institutione Christiana*）（1518年，一本献给利奥十世的书）和他的《基质》（*Stromata*）（1518—1520）都坚决维护并清晰阐释了一种处于科尔泰斯式的极端古典主义与卡斯特雷斯式的简朴严格主义之间的神学中间立场。[28] 因此他拥护的基督教人文主义中，外部形式是第二位，并且彼此相关：我们再次面对一种思维倾向，它轻视对信仰奥秘的抽象讨论，然而它仍然谴责米兰多拉的皮科所

—

22. D'Amico, Renaissance Humanism, 181ff.

23. 关于安吉洛·科罗齐和约翰内斯·格利泽推动的

著的《九百论》(*Nine Hundred Conclusions*)。[29] 具有相同意义的是拉法埃莱对于强调优雅转折的空洞修辞及演讲的批判；尤其坚持谴责用异教词语和形象来表达基督教理想。因此沃尔泰纳诺的观点并没有完全偏离伊拉斯谟对无意义言辞(elocutio)的批判。

此外，他的思想中还包含对新柏拉图主义的批判，然而这并不妨碍他高度赞扬苏格拉底的道德观。游离于罗马当时环境之外，又不看重图像与思维倾向之间的密切关联，这样一种宗教与文化之间的辩证关系是很难验证的。因此（虽然他们各不相同），科特西、卡斯特雷斯和拉法埃莱参与了一场在诸多方面具有统一性的对话。拉法埃莱活得足够长寿以至于可以驳斥马丁·路德对罗马和教皇的攻击。[30]

此外，如前所述，拉法埃莱在他的《城市回忆录》中展现了对维特鲁威（他本人称之为 Veturius）和阿尔伯蒂的熟悉，他引用《论建筑》中有关建筑起源的传说以及关于房屋(domus)的相关段落（他作出了准确的诠释），引用维特鲁威有关柱式比例和不同柱式的区别的规则；他甚至引用伯里尼有关广场立面双层柱式的描述。[31] 帕利亚拉(Pagliara)敏锐地发现，拉法埃莱对于维特鲁威的分析是

此学院，可参见前条注释，自 107 页起。

24. 参见 A. Castellesi, De Vera Philosophia ex quattuor Doctoribus Ecclesiae (Rome, 1507), f. H. iv. Cited in D'Amico, Renaissance Humanism, 179.

25. 同上，185.

26. 尽管哲学立场不同，联系保罗·科特西、拉法埃莱·马费伊和阿德里亚诺·卡斯特雷斯的友情或许在卡斯特雷斯的宫殿立面上有所体现。众所周知的是，piani nobili 的两种柱式使人想起文书院宫的先例，而且都可能是布拉曼特的原有项目的变体。关于这个宫殿的工作始于 1501 年，在 1507 到 1513 年之间被打断，1518 年之后得以继续。然而，阿尔伯蒂尼和科特西在 1510 年就提到了它，并且丝毫没有说到它是未完成的。科特西和拉法埃莱·马费伊（见文中）在他们的写作中也提到了文书院宫。两者都是博学的维特鲁威派学者。这个圈子的赞助人是拉法埃莱·雷阿里诺。可能卡斯特雷斯决意模仿文书院宫来做他自己宫殿的立面，这等于是在那个文化圈子里作身份证明。奇怪的是，在 1513 年的会议上，红衣主教支持的是未来的利奥十世，而不是雷阿里诺。

27. 拉法埃莱·马费伊(1451—1522)在 1468 年进入元老院作为秘书。在 1479 年，由于雅各布·格拉尔蒂的原因，他得以跟随红衣主教乔瓦尼·阿拉贡，并在匈牙利的 Mathias Corvinus 法院一直陪同主教。他于 1490 年结婚，一直与沃尔泰拉和罗马保持着文化联系，并同时作为洛伦佐·德·美第奇的通讯员，尽管他的兄弟参与了“帕奇阴谋”。他还与波利提安和米歇尔·马拉卢斯有着密切联系。出于对罗马亚历山大六世的道德观念的责难，马费伊退出了永恒之城，但与罗马文化仍有联系。他最后的作品（在沃尔泰拉编辑）是 Brevis historia of the pontificates of Julius II and Leo X (ca. 1519-20); Nasi Romani in Martinum Lutherum Apologeticus; the Stromata of 1518-20，是关于道德哲学的未完成的文章。参见 D'Amico, Renaissance Humanism, 82-85 页、189 页以后及各处；Savarese, "Antico e moderno," 27-28.

28. D'Amico, Renaissance Humanism, 189.

29. 同上，199.

30. 同上，208-10.

31. P. N. Pagliara, "Vitruvio da testo a canone," in Memoria dell'antico III: Dalla tradizione all'archeologia, ed. S. Settis (Turin, 1986), 30-32.

非常老练的。[32] 但远不止老练。最近玛格丽特·达利·德维斯指出，在《城市回忆录》中，拉法埃莱对西克斯特四世（Sixtus IV）时期的修复和建筑项目提出了详细的评估，在众多作品中挑选出佛罗伦萨的文书院宫和斯特罗奇宫进行讨论。[33] 因此，拉法埃莱在这部很长的作品中插进了一篇名副其实的微缩建筑论文——他效仿了维特鲁威和阿尔伯蒂。在这篇理论探讨中，主教拉法埃莱·雷阿里诺（Raffaele Riario）的宫殿外观被用来引证方石砌体，斯特罗奇宫被用来引证方石成行砌墙（pseudoisodomum）。这些鉴定证明在雷阿里诺主教身边有一个对建设（res aedificatoria）感兴趣的博学的群体；此外，卡斯特雷斯与韦罗利的苏尔皮乔（Sulpicio）、卢卡·帕乔利（Luca Pacioli）和保罗·科特西之间的密切联系也被《城市回忆录》详细地记录下来。戴维斯曾描述过一个场景，其中该场景的前景是文书院宫，背景是罗马学院。[34] 从这些事实我们是否可以推断：拉法埃莱以他作为建筑专家的才能，应该参与了尤利乌斯二世和利奥十世时期的主要建筑项目？

真实的历史情况更加复杂，拉法埃莱的艺术文化性从属于其道德立场。他为教会改革的请愿建立在一个前提之上，即教堂业已违背原基督教的福音纯正性。他措辞强烈，毫不犹豫地攻击教皇和元老院。在他看来，在罗马取得胜利意味着道德上的失败。此外，在《简史》（*Brevis Historia*）一书中，他清楚地表达了对教皇德拉·罗韦雷（Della Rovere）的不满，此书追溯了尤利乌斯二世和利奥十世时期教宗的来龙去脉，其尖锐性和针对性不亚于伊拉斯谟的著作。与荷兰那位伟大的

—

32. 同上，32. 柱列广场在拉斐尔给利奥十世的信中曾被提到，参见 Scritti rinascimentali di architettura (Milan, 1978)，469 页起，尤其是 483 页。

33. M. Daly Davis,"'Opus isodomum' at the Palazzo della Cancelleria: Vitruvian Studies and Archeological and Antiquarian Interests at the Court of Raffaele Riario," 在罗马 centro ideale della cultura dell'Antico nei secoli xv e xvi, ed. S. Danesi Squarzina (Milan, 1989),442-57. 这篇关于西克斯特四世的作品的文章 Commentariorum libri 在本书第 316 页上，文章提到 Cancelleria 和 Palazzo Strozzi 的地方在 399 页。反过来，保罗·科特西提到美第奇府邸是仿照奥古斯都广场外墙建造的。(De cardinalatu: "Siquidem patrum memoria Cosmus Medices, qui auctor Florentiae priscorum symmetria renovandae fuit, primus Traiani fori modulo est in ornandorum parietum descriptione usus.") 参见 . Weil-Garris and D'Amico, "The Renaissance Cardinal's ideal Palace," 86; A.Tonnesmann,"'Palatium Nervae.' Ein Antikes Vorbild fur Florentiner Rustikfassaden," Romisches Jahrbuch fur Kunstgeschichte xxi(1984) : 61-70. 博学的罗马公众对时兴的建筑发展与古代模型的联系显示出浓厚的兴趣。我们可以记起科特西在 Adriano da Corneto 宫和布拉曼特的螺旋楼梯都对文书院宫有所借鉴。

34. Daly Davis,"Opus isodomum," 参见第 449 页。对于 Cancelleria 宫，可看作是他即将展开的研究的预先尝试，C. L. Frommel, "iI cardinale Raffaele Riario ed il Palazzo della Cancelleria," in Sisto IV e Giulio II mecenati e promotori di cultura, Atti del Convegno di studi (Savona, 1985; Savona, 1989), 73-85.

人文主义者一样，卡斯特雷斯把朱利安罗马时期的都市项目和雄心勃勃的建筑规划看作是“贪婪”和傲慢的表现[35]：在他看来，奢华宫殿的浮夸外表是教皇、主教和一干贵族挥之不去的狂热癖好，由此引发对基督教美德的大规模放弃。在此方面，他疏离了他的朋友科特西所坚守的论点，而再一次靠近了伊拉斯谟阵营，伊拉斯谟曾经在《人不可貌相》（*Sileni Alcibiadis*）中宣称：

> 因为他们的土地、仆人、奢侈品、骡子和马、昂贵建筑和庙宇，或是更好的宫殿，总之，因为他们浮华、炫耀的生活方式，教士已经沦落为东方太守……当一座石头庙宇举行献祭时，人们可以亲眼目睹庆典仪式，也可以达到心灵的朝圣，虽然毫无疑问这种朝圣是不可见的。我们迅速保护庙宇的设施，但是谁挥舞着福音中的维持人类正直行为的宝剑？[36]

拉法埃莱完全同意对“场面宏大”、矫揉造作的教廷的正面攻击。他建议将宗教建筑和世俗建筑都限定为公共效用以作为补救措施；这种观点在罗马反对奢华建筑（不能满足城市紧迫功能需求）的历史上一直存在。当发现蓬特雷莫利的洛伦佐·皮扎蒂（Lorenzo Pizzati）一篇针对亚历山大七世的言辞激烈的辩论文后，克劳特海姆（Krautheimer）论证了此观点。[37]

> Ego vero tantum abesse put out ex hoc
> aliquis laudem prmereatur ullam ut longe
> prudentissimum sanctumque plane
> virum existimem qui quum maxime possit
> nunquam nisi forte necessaria aedificaverit.
> Necessaria namque domus estsi eam
> constructam mercari aut uti minime liceat.[38]

针对宗教建筑，伊拉斯谟的《宗教盛宴》（*Convivium Religiosum*）[39]强烈抨击“那些过度

—

35. R. Maffei, De Institutione Christiana (Rome, 1518),ff 128r-129r. 参见 D'Amico, Renaissance Humanism, 222.

36. "Ornatam et cohonestatam vocant elleciam, non cum in populo gliscit pietas, cum vitia decrescunt, cum sacra doctrina viget, vernum cum auro gemmisque lucent altaria, imo cum his negelectis praediis, famulitio, luxu, mulis, equis, sumptuosis aedium vel magis palatiorum substructionibus ac reliquo vitae strepitu satrapas aequant sacerdotes (…) Saxei templi consacrationem vides, animi dedicationem quia non vides negligis. Pro tuendis illius ornamentis digladiaris; pro servanda morum integritate nemo capessit gladium illum evangelicum..." Erasmus of Rotterdam, Adagia. Sei saggi politici in forma di proverbi, ed. Silvana Seidel Menchi (Turin, 1980), 88, 92.

37. R. Krautheimer, The Rome of Alexander VII, 1655~1667 (Princeton, NJ, 1985), 126-30 (Chapter 9: "The Reverse of the Medal").

38.Maffei, De Institutione Christiana, f. 128v.

39.Erasmus of Rotterdam, "Convivium religiosum," in Opera omnia Desiderii Erasmi Roterodami, 1/3 Colloquia (Amsterdam, 1927), 257.

耗费钱财去建造和装饰庙宇以及教堂，而致使很多真正基督教堂破败、香火不济的人”。在与阿尔贝托·皮奥展开的辩论中，他的抨击变得更加具体。然而，拉法埃莱比伊拉斯谟批判得更加深刻，他甚至谴责由尤利乌斯二世发起、利奥十世继续实施的圣彼得大教堂的重建：在他看来，重建一开始就是无意义的。就此而论，他驳斥了教堂传统用来证明“宗教热情，豪华有理”的论点。[40]

我们特别强调拉法埃莱不同寻常的建筑知识并非偶然。他对圣彼得大教堂重建的批评可以和建设专家的评价相媲美。强加在这个浩大项目上的目标迫使拉法埃莱将艺术品味和宗教思考区别开来：在这点上他表现得很阿尔伯蒂。

从这些分析中可以得出一个结论：尤利乌斯二世和利奥十世时期的罗马存在着一种思维趋势，这与伊拉斯谟不无关系，即使其被描绘成西塞罗主义元素的单一集合，而这些元素恰恰受到伊拉斯谟谴责。另外，阿尔伯蒂的道德标准依然是这一趋势的潜在前提，或许更确切地说，是莱昂·巴蒂斯塔（Leon Battista）思想——一方面技术与艺术不可分割，另一方面两者又有各自的内部动力。这个传统如红线贯穿整个人文主义传统。人们可能会得出结论，在这一传统的形成过程中，《西塞罗风格》是一个高潮时刻：从这点来讲，那些将其视为“反罗马”的著作需要修改。

03 抽象概念

然而，一次停顿（caesura）将人文主义文化与那种更具福音色彩的文化区分开。维韦斯、瓦尔德斯和伊拉斯谟的注意力都集中在新的欧洲和平与基督教更新之间的深刻联系。这些改革者期望的是一场革命——回归教会的本源与内化的神性，一般人会认为这既没有“足够的时间”，也与另一个“本源的复原”没有直接的一致性——一场试图复兴经典古迹的革命。如果说按照15世纪的法律思想回归古代意味着重新评估公民（civis）和人类本性（homo naturalis）这两个概念，那么16世纪前几十年“两种本源”（**例如原始基督教群体和古物**）的叠合就是毫无争议的。

然而，有另一座桥梁连接了《西塞罗风格》与16世纪前半叶出现的艺术潮流。在此，我们有必要把精力集中于某些特定的艺术家，即那些涉及精神复兴、个人内心沉浮等时代主题，对于现代忠诚（devotio moderna）和福音思想复发表示担忧的艺术家：洛伦佐·洛托、米开朗琪罗、塞巴斯蒂亚诺·德尔皮翁博（Sebastiano del Piombo）、塞巴斯蒂亚诺·塞利奥（Sebastiano Serlio）（**引用最显而易见的例子**）。[41]

刚提到的这些艺术家使用明显风马牛不相及同时又与罗马大劫无关的“各种风格”，清晰表明对隐喻性“西塞罗主义”的批评：在维泰博的《圣母怜子图》（*Pieta*）有力地证明了这一批评对塞巴斯蒂亚诺·德尔皮翁博也是有效的。所有这些案例都说明，派生于古迹的设计规范所提供的安全保障卷入到与唯灵论和福音论题的矛盾冲突中：这种紧张

—

40. 参见 D'Amico, Renaissance Humanism, 222.

的局势通过米开朗琪罗建筑中英雄式的扭曲、洛托的“激怒”、塞利奥对本土语言和建筑“方言”的保护等传达出来。然而，由米开朗琪罗的朋友弗兰西斯科·伯尼、德尔皮翁博以及如皮特罗·卡尔内塞基（Pietro Carnesecchi）“提升”和编纂的语言，其充分性和纯粹性所遭受到的强烈批判，我们不能忽视。[42] 经过透视分析，卡洛·迪奥尼索蒂（Carlo Dionisotti）提出了福音主义与新方言文学之间的联系。[43] 因此，整段历史与另一段经常被叙述的历史平行：一段罗马大劫只对其产生间接或次要影响的历史，一段宗教焦虑与艺术实验紧密相连的历史。举一个小例子，同时在某种程度上它也是自相矛盾的：朱利奥·罗马诺受雇于思想开放、具有帝国主义情结的贵族费德里科·贡扎吉（Federico Gonzage），而当这样的艺术家开始接触到典型的意大利福音主义者——乔万尼·马泰奥·吉贝蒂（Giovanni Matteo Giberti）、格雷戈里奥·科尔泰塞（Gregorio Cortese）、主教埃尔科莱·贡扎吉（Cardinal Ercole Gonzage）——他就让自己的艺术语言服务于那些反映赞助人宗教理想的项目。[44] 在朱利奥的例子中，我们看到，自由权与使其创作方法富有生机的“轻松”（sprezzature）源于拉法埃莱，一位罗马的利奥时期最不“西塞罗主义”的艺术家，这是其留给世人的珍贵遗产。

另一方面，众所周知，佩鲁齐的实验被路德教会的国土雇佣兵（Landesknechten）滥用，1527 年后此实验再未有激进的发展：1531 年后精心完成的马西莫宫和锡耶纳的圣多梅尼科教堂项目，展示了其最高水平的成就，它们只是发展了一些最初采纳在菲奥伦蒂尼的圣乔凡尼项目（1518 年）、卡皮的教堂以及博洛尼亚的蓝波缇尼宫（约 1532 年）方案中的主题。的确，如果说有哪位艺术家赋予利奥时代的精致艺术氛围以延续性，那就是佩鲁齐，其作品既有古典文化的特殊博雅，同时

—

41. 关于这些主题，参见 R. M. Steinberg, Fra Girolamo Savonarola, Florentine Art and Renaissance Historiography (Athens, Ohio, 1977); R. De Maio, Michelangelo e la Controriforma (Rome/Bari, 1978); M. Cali, Da Michelangelo all'Escorial. Mornenti dal dibattito religioso nell'arte del Cinquecento (Turin, 1980); G. Romano, "La Bibbia di Lotto," Paragone, n. 317-19 (1976): 82-91; M. Cali, R. Fontana, and A. Mazza, in Lorenzo Lotto, Atti del Convegno di Asolo (1980), ed. P. Zampetti and v. Sgarbi (Treviso, 1981), 243-77, 279-97, and 347-64; S. Nigro, "Nota critica e filologica," in Pontormo, Il libro mio (Genoa, 1984), 95—116; 本人的研究, Venezia e il Rinascifnento (Turin, 1985), 79; "Ipotesi sulla religiosita di Sebastiano Serlio," in Sebastiano Serlio, ed. C. Thoenes (Milan, 1989), 57-66. 阿尔甘对米开朗琪罗的宗教性的评论并不总是适当的：参见 G. C. Argan 和 B. Contardi 的 Michelangelo architetto (Milan, 1990).

42. 参见 F. Berni, "Capitolo dell'orinale" and "Capitolo dell'anguilla," in Rime, ed. G. Barberi Squarotti (Turin, 1969), X, 3I-33 and 20-22, on which see Tafuri, Venezia, 109-10.

43. C. Dionisotti, Geografia e storia della letteratura italiana (Turin, 1977), 233.

44. 参见我的文章 "Giulio Romano: linguaggio, mentalita, committenti," in Giulio Rotnano (Milan, 1989), 15-63, 及其附录。

又具有创新的张力。[45] 然而，当我们转向之后的发展，也即保罗三世初期出现的大规模文化转型，这一结论便不再适用。这次突变的一个最显著的方面就是，古迹与后布拉曼特语言之间传统关系的传播。

从这点来说，在论证中，我们面对一个长时段（longue duree）的过程，它包含着某种以维尼奥拉的方式“驯化”规范的倾向，在此过程中，这些规范变得更加严格与抽象。从某种意义上来说，正是16世纪晚期的这些研究，让人们接受了在因循守旧的有机体系环境中米开朗琪罗孤立的主题，接受了由塞利奥和维尼奥拉从中调和的佩鲁齐的空间形态实验。不连续性因而产生，即使这些不连续性发生在长时段这个框架之内，它们的出现仍可以归咎于1527年的“大灾难”。这让我们不得不问：我们怎样确定将古迹简化为规范就从本质上导致了划时代的断裂？

在前面的章节中，我们强调了“另一位”桑迦诺：以独具匠心创造性发明为乐，然而最终会将作品化为极简原型的建筑师。这位在保罗三世时期地位卓然、经验丰富、严格朴素的职业建筑师，在罗马利奥时期浮躁的环境下发展了他的简约风格：又一次，连续与断裂的符号貌似重叠在一起。

人们正确认识到1542年桑迦诺完成的一幅绘画（画作U826A）*6中的示范价值。[46] 这幅画中——也许与建筑师策划的一种维特鲁威式的评论有关——安东尼奥演示了一种“统一模式”：通过一个可与变形记相媲美的图解，演示多立克柱式变成爱奥尼式并最终演变成科林斯式的过程。安东尼奥写道：“正如你所看到的，这些柱式是互相演变的。”（见画的左上角）。

形式的复杂性、对复合模型的依赖、古典范例的复杂特性，因此经历了剧烈的简化。最终，所有柱式都简化成一种单一原型、一种理论上的非历史的抽象体。寻求绝对原型与受桑迦诺的案例影响的语言“标准化”是完全一样的：从这点来说，令人不安的古迹多样性已被驱逐和谴责。只有明白了这种态度带来的后果——当然，相对于本世纪前几十年受到追捧的那些风格的迅速扩散带来的结果而言——人们才能公正地谈论建筑的“异端”。因为有一种源于过度越界的罪恶感产生了，这种感觉与其说与规划的僵化有关，不如说与建筑从“拉丁”经典古迹中逐渐独立出

—

45. 关于这个参见C. L. Frommel, "Baldassare Peruzzi pittore e architetto," in Baldassare Peruzzi. Pittura, scena e architettura nel Cinquecento, ed. M. Fagiolo and M. L. Madonna (Rome, 1987), 21-46。关于杰作Allegory of Mercury (Paris, Louvre, inv. 1419)，它可被视为大劫对佩鲁齐的精神留下的痕迹，同见于弗罗梅尔的文章，"Baldassare Peruzzi als Maler und Zeichner," in Beiheft zum Romischen Jahrbuchfur Kunstgeschichte, II (1967-68), scheda 125, 155-58, 以及A. Bruschi, "Da Bramante a Peruzzi: spazio e pittura," in Baldassare Peruzzi, 311～37, 但画作的时间尚不确定。墨丘利忍受被灌肠，在我们看来，这个发生在无序建筑背景中的小故事，和弥漫在阿尔伯蒂的《莫摩斯》(Momus) 中刻薄的、琉善式的氛围是相关的。在这个意义上，该寓言并不是马西莫宫使用的语言的序曲，而是一种关于佩鲁齐在U581Ar画中的建筑组织中展现出的对碎片的偏爱的象征类比。

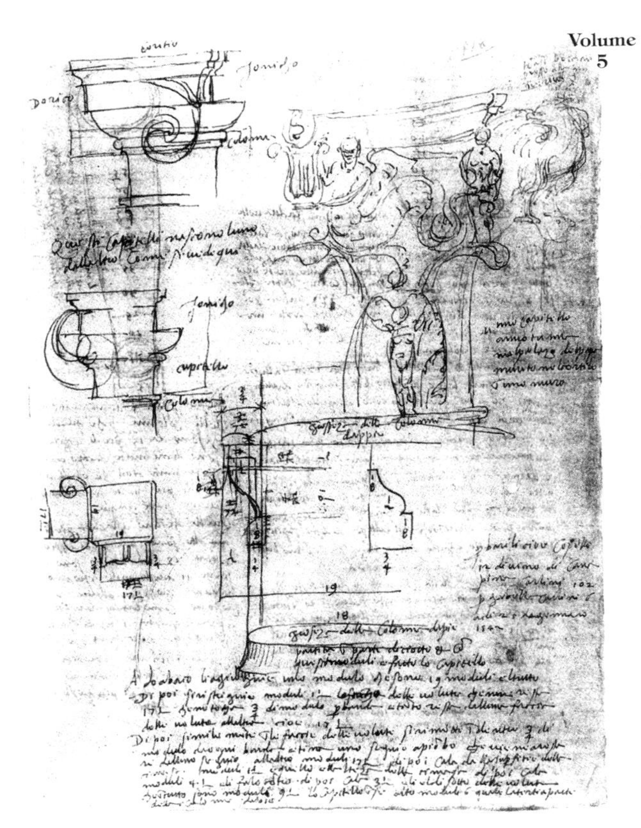

＊6 小安东尼奥·达·桑迦诺，柱头的设计（U826A）。绘图纸的顶部，安东尼奥附加了多利克式（Doric）、爱奥尼式（Ionic）和科林斯式（Corinthian）柱，这几种柱式互相变化。

来相关，而这种古迹被认为是活的话语。在罗马，反历史的观点与反宗教改革运动的氛围之间达成了一个临时性盟约。然而，从前面的分析来看，很明显，简单的因果关系不适用这种情况：当研究伦巴第等其他背景时，一则附加说明更加必要。从这点来说，有人可能会加上一条关于反历史观点的观察，画作 U826A 是一个示范，不属于三种柱式中任何一种，被称为“雌雄同体”的第四种柱式。费德里科·泽里（Federico Zeri）曾用“永恒的艺术”来描述加埃塔的希皮奥内（Scipione）（同样适用于安东尼奥），这里“永恒的艺术”的定义包含了一种需要我们深入研究的直觉。[47]

另一个说明这种态度的例子是文森佐·斯卡莫齐的建筑理论，他的理论表现出一种对时间流逝的恐惧：套用斯卡莫齐的理论，我们可以谈及开创某种永恒建筑（architectura perennis）的愿望就好像维尼奥拉诉诸于固定的规则。《思想》（*L'Idea dell'Architettura Universale*，1615）中过度的理论通过人工的方式，支撑一种濒危的基础稳固（fundamentum inconcussum）的思想。此外，斯卡莫齐通过对根源无情的、学究式的分析，取得了非历史的、形而上学的精妙。

事实上，桑迦诺的简化合成以及前面提到的对典范的迷信，参与了文艺复兴时期“新规范创造”这一过程，贡特尔和内特对此进行了巧妙的阐述。[48] 同时，将语言学生硬简化

—

46. 参见 P. Zampa, "Dall'astrazione alla regola. Considerazioni in margine ad un disegno di Antonio da Sangallo il Giovane," Bollettino d'Arte, Ministero dei Beni Culturali, n. 46 (1987) : 49-62. 同见于 P. N. Pagliara, "Studi e pratica vitruviana di Antonio da Sangallo il Giovane e di suo fratello Giovanni Battista," in Les traites d'architecture de la Renaissance, actes du colloque (Tours, 1981), 179-206.
47. F. Zeri, Pittura e controriforma. "L'Arte senza tempo"di Scipione da Gaeta (Turin, 1957).
48.H. Gunther and C. Thoenes, "Gli ordini architettonici: rinascita o invenzione?" in Roma e l'antico, 261-310.

为一种规范模式归咎于这一过程是不正确的。相反，有人可能发现建筑中基础元素的规范化——柱式、比例、图式——本身就相当于一次从沉重的模型压力中的解脱，准许其进行无穷的重聚合。因此，从语言学的立场，布拉曼特和他的追随者得到的不过是被压缩的价值。有桑迦诺作为先驱，“永恒的建筑”暗示了减少古典模型多样性以达到统一的努力，也暗示了一种选择性操作，这一操作本身是很有说服力的。[49] 因为这个原因，这类维特鲁威主义者不需要对僵化的建筑研究与实验负责。另外，当评价16世纪后期罗马建筑时，我们必须考虑到那种对任何过度模仿古典的形式都采取的不自信态度。由于异教信仰，这种态度并不可靠。即使如此，与其说我们现在对付的是露骨非难，不如说是内化的批判。[50]

在对16世纪抽象规则（L' astrazione della regola）极具洞察力的重建中，帕利亚拉写道，由克劳迪奥·托洛梅伊（Claudio Tolomei）推进的维特鲁威学院（存在至1545年）的项目并没有揭示语言学与实践之间由来已久的的僵化关系。[51] 事实正好相反。在帕利亚拉看来，如果维特鲁威学院提出的全面记录和阐明古代建筑与生活的多个方面的项目被实现，那么关于文本根源与图像根源之间的广泛比较可能已经产生了反典范的结果。“质询手段多种多样，正面应对古典罗马时代建筑内在的浩繁经验，这使得固定规则被相当程度地‘问题化’，而不仅是塞利奥专著中的案例，同时，这还赋予这些规则以新的价值。”[52]

04 时间碎片

事实上，有一部特定的文学作品精确记录了刚刚提到的过程，即斯佩罗内·斯佩罗尼（Sperone Speroni）的《语言的对话》（*Dialogo delle Lingue*），写于1538至1539年之间，被认为是16世纪同类主题中最重要的作品之一。[53]

—

49. Pagliara, "Studi e pratica vitruviana": "Vitruvio da testo a canone," 5-85.

50. 对罗马语境中这种因循守旧的暗示，可以从加利亚佐·阿莱西（Galeazzo Alessi）1570年1月30日写给Fulvio della Corgna主教的信中略知一二，他在其中提到了他为耶稣教堂（Gesù）的立面所做的方案。阿莱西在多立克和科林斯柱式中添加了一种“statuary柱式”(ordine statuario)。他写道：“对我来说设计这个项目似乎并没必要遵循通常的建筑习俗。”后来，阿莱西认为他的耶稣教堂画是对亚历山德罗·法尔内塞主教单纯的赞美，还讽刺性地加上一句，说它们“至少充当了刺激角色来让那些杰出的罗马建筑师脑袋里多点新想法。”信在A. Ronchini被公开，"La chiesa del Gesu in Roma," in Atti e memorie delle rr. deputazioni di storia patria per le provincie modenesi e parmensi (Modena, 1874), VII, 21-22, 以及H. Burns, "Le idee di Galeazzo Alessi sull'architettura e sugli ordini," in Galeazzo Alessi e l'architettura del Cinquecento (Genoa, 1975), 166. On its content, cf. ibid., 147ff, and J. S. Ackerman and W. Lotz, "Vignoliana," in Essays in Memory of Karl Lehmann (New York,1964), 19.

51. Pagliara, "Vitruvio," 46-55.

52. 同上，81.

53. Cf. S. Speroni, "Dialogo delle lingue," in Trattatisti del Cinquecento, ed. M. Pozzi (Milan, Naples, 1978), 1.

这篇文章采用对话的形式，背景设在1530年的博洛尼亚，文章中两种截然不同的语言模型相遇并碰撞出火花，最终达到一种超越古典传统与本土语言传统的新境界。

正如吉恩卡洛·马扎库拉蒂（Giancarlo Mazzacurati）指出[54]，以上观点在斯佩罗内自己的圈子里很受欢迎（火焰学院后来亦引用斯佩罗内的观点）。

对话的参与者之一，廷臣，提出了一系列令人惊讶的论点。以下是对语言模型以及考古知识的价值标准带有敌意的结语：

> （廷臣宣称）你基于拉丁文的写作风格除了周璇于一个又一个作者之间外一无是处，这儿找一个名词，那儿引一个动词，或者又在另一个地方借一个副词。你这么做无非是希望自己如医神，能够通过拼接碎片让这门语言真正重生。在此过程中，你反而蒙蔽了自己。你没有意识到，当一座壮观的构筑物轰然倒地时，一些碎片归于尘土，一些碎片再次破碎，因此想通过削减多样性而达到统一的意图是不可能的。太多碎片掩埋在废墟里，亦或被时间偷走，因而任何人都无法将其定位。

这篇文章似乎谴责了对古迹的模仿和向模型多样性的求助。其论证非常曲折隐蔽：该论点坚持认为经典古迹的“伟大文本”的不完整性扭曲了其现代诠释，阻碍它真正的复苏。廷臣用一个建筑类比来展开这个意在言外的主题：

> 他继续说：你将要建造一栋比原来小而结构比原来脆弱的建筑，通过缩小其原有的比例，你赋予了它一种不同于古代优秀建筑师有意采用的形式。你将用若干小型房间取代大厅，门窗不是太高就是太矮；原来采光窗的位置将会架高实体墙；原来室内阳光普照，而今只能透过最微弱的风，因此，这些房间都不适合居住。最后，它需要一个奇迹——超出人类力量的某种东西——来恢复其原始的整体结构，因为目前缺乏能产出这种建造模型的高级思维。鉴于以上原因，我建议你放弃这个项目——你承担这个项目不过是为了证明自己与别人不一样。最终，你将筋疲力尽但毫无所获。[55]

一旦我们想起斯佩罗内是阿尔维塞·科尔纳罗（Alvise Cornaro）[56]的好朋友（即使他毫不犹豫地批评《论清醒人生》[*Trattato sulla vita sobria*][57]的作者），就能理解何以斯佩罗内用建筑来作类比。科尔纳罗对经验主义观察（对

—

54. G. Mazzacurati, Il Rinascimento dei moderni. La crisi culturale del XVI secolo e la negazione delle origini (Bologna,1985), 265-66.
55. Speroni, "Dialogo," 632-34 (my italics).
56. 参见 L. Puppi 的文章，ed. Alvise Cornaro e il suo tempo (Padua, 1980)，以及 E. Lippi 的杰出贡献，Cornariana. studi su Alvise Cornaro (Padua, 1989)，与丰富的书目。
57. See G. Barbieri, "Il cuoco della mente e la strategia della vita sobria," in Alvise Cornaro,150-57.

比了其两版的建筑论著）[58] 的高度评价似乎可与斯佩罗内的自然语言概念引起共鸣，自然语言重构事物之间的联系却不妄图将之清晰地表现出来。[59] 正如贝尔纳多·托米塔诺(Bernardo Tomitano）后来写到，参考了这位帕杜瓦的学者："言语绝不能左右事物的真假。"[60] 然而，对斯佩罗内而言，世上的最高秩序是无法讨论的:"如果……这个世界确是一个活生生的、有感知的动物，就像人一样，那么可以确定，秩序就是世界的心脏和灵魂；换句话说，这种秩序可以无限持续，并且将永远继续保持下去。"[61] 这里，斯佩罗内重申微观与宏观世界之间的关系；但依然主张语言差异性原则，这一原则使不同语言具有表达不同思想的能力。

整个论证与帕多瓦文化紧密相关。同时，它与罗马大劫之后（由马扎库拉蒂提议）的文化气候的联系也有深层的契合。[62] 斯佩罗内的文章中最引人注目的是为相对式假说的激烈辩护。在拉扎罗 · 博纳米奇（Lazzaro Buonamici）与皮特罗 · 本博的虚构的对话中，前者阐明了一个极端古典主义的论题：古人的完美典范，这种奇迹前无古人后无来者，不可复制（归根结底，这里的观点和廷臣的观点毫无矛盾）。本博通过批判博纳米奇全盘否定历史来作出回应：如果博纳米奇所说为实，那么人类将别无选择而只能"死于痛苦"。另一方面，对斯佩罗内的佩雷托（Peretto）而言，语言不过是对潜在事实漠视的人为歪曲；持不同观点的拉斯卡里斯(Lascaris）认为语言是历史上合法的结构。维护确定事实，维护人类善变的本质，穿越可变形的语言和（作为"科学"内在过程的）修辞形式：这就是斯佩罗内通过其夸张渲染的冗长对话得出的最终观点。[63] 对马扎库拉蒂而言，通过将罗马大劫与《语言的对话》中提到的危

---

58. 参见 A. Cornaro, Scritti sull'architettura, ed. P. Carpeggiani (Padua, 1980)。然而这个版本应该在了解 Lippi 的著作 *Cornariana* 中的 51-92 页的批评之后再来看，他提议第一次编写 *Trattato* 的时间应在 1537 至 1540 年。人们应该记得 Cornaro 声称其写作"是为了教化人民而不是为了建筑师"。在 1551 年 Alvise 给 Domenico Bollani 的信里写道："我的大脑 [esso mio cervello] 曾让我构思一个当下更需要的建筑专著，但它不是解决纪念碑、剧院、竞技场、thermae 等等，而是关于实用建筑，以及美丽宽敞的居住建筑。我会以你的住宅建筑引发讨论，因为它实用又美好。"BMC, cod. P. D. 399c., cited in Lippi, Cornariana, 53-54. 即便在这篇文章里，也是可以寻找到与 Sperone Speroni 的著作 Dialogo sulle lingue 的共鸣，以及 Cornaro 的建筑手段——既有直接又有间接的——以及他引人注目的重新组织威尼斯港口的乌托邦方案，方案包括在人工岛上做一个永久剧院。关于这个可回溯到 1560 年的方案，见我的著作 Venezia, 241-43, 以及附录书目，书中还有 Alvise Cornaro 与同时代建筑文化的关系。

59. 在关于 Speroni 的著作 *Dialogo* 的许多读物中，Eugenio Garin 写得格外尖锐：见于 "Note su alcuni aspetti delle Retoriche rinascimentali e sulla 'Retorica' del Patrizi," in Testi umanistici sulla retorica, ed. E. Garin, P. Rossi, and C. Vasoli (Rome,1953), 重印于 E. Garin, Medioevo e Rinascimento (Bari, 1954; 6th ed 1980), 125-31.

60. B. Tomitano, Quattro libri della lingua Thoscana (Padua, 1570), f. 15v.

61. S. Speroni, I Dialogi (Venice, 1542), f. 65v.

62. Mazzacurati, Il Rinascimento dei moderni, 288ff.

63. Garin, Medioevo e Rinascimento, 131.

机以及与本博的《散文》(*Prose*)第三部中展示的罗马形象作对比，即可清楚认识到罗马大劫的创伤："那里是模型的集合，这里是赝品博物馆"。[64] 这一对比描述了某种时间概念。

> 时间概念在遗失的观念中集合起：遗失了的原始设计，不断削弱着类推的可能性，嘲笑着修复的形式策略，并且彻底排除回归的神话及其概念模型。然而再一次，"时间碎片"的概念，破碎的记忆，自由的新生、杂交、添加和叠加，以及过去成为再度形式化、重写和重构的巨大集合体，这一切都反对有起源的连续的文明史，反对线性回归到太古状态并且认为可再现黄金时代的人文主义概念。[65]

正道的史料编纂实践从来不去尝试在不同文化领域之间机动转化；但这个情况中，斯佩罗内自己授权了这种转化。在罗马建筑环境中，佩鲁齐的马西莫宫跨越了两个时代的边界：除此成就之外，一种几近传统的表现模式盛行开来——对"创新传统"的惯常使用。

一端是斯佩罗内的博纳米奇并无不满的对古物研究的敏感性，另一端是米开朗琪罗的研究。在16世纪前几十年繁荣的实验风潮推动下，也许后者才是对于真正连续性的为数不多的表达之一。[66]

尽管如此，意大利整个建筑文化中没有产生语言之间的对话是有意义的：只有辩论才华的灵光一闪才能产生转瞬即逝的线索，在理论性文章中这些线索矛头直指"滥用"问题(abusi)。[67] 这也证实了一道由罗马大劫后出现的风气所导致的裂痕：甚至文学与建筑之间的联系，在美第奇时期还非常坚固，在维特鲁威学院解散以后变成一种仅限于个人的偶然现象。换句话说，只在1527年后的几十年间才开始充分表现出来的"建造规则"，平行的是一种相抵消的趋势。

通过描绘相平行的历史，人们可以追溯各种潮流的演变过程，这些潮流被迫让教皇和元老院支持的文化政治保留一块自治空间。结果，当"时间充盈"的神话破灭，这些历史都被迫实施"抵抗行为"。因此，认为罗马大劫催生了一个更普遍的文化危机的历史主题应当被分析谱系的一种衍射所取代，这种分析能够公正对待研究现象的复杂性和多样性。同时，我们承认，只有集中精力于一系列的"长波"和中段的历史时间框

—

64. Mazzacurati, Il Rinascimento, 290.

65. 同上。

66. 众所周知，在赛维的文章(B. Zevi and P. Portoghesi, Michelangiolo architetto [Torino, 1984])中包含对米开朗琪罗的反传统诠释的高明论点。弗罗梅尔对米开朗琪罗在法尔内塞宫中的做法的解读是不同的。它试图说明米开朗琪罗将反有机元素(elernenti di disorganicita)引入到桑迦诺的连贯的有机组织中。见于S. L. Frommel, "Sangallo et Michel-Ange (1513 — 1550)," in Le Palais Farnese, Ecole francaise de Rome (Rome, 1981), I, I, 127-74(尤其是160ff). 对弗罗梅尔来说，米开朗琪罗的语言有一个佛罗伦萨的母体，这在罗马的文化环境中引发了一个缺口，这个缺口只有贾柯莫·德·波尔塔、卡洛·梅德洛和洛伦佐·贝尼尼知道

如何缝补。(174) 这条阐释线只有在我们考虑到将米开朗琪罗与布拉曼特和拉斐尔的研究联系起来的那些要素时，才是可接受的。关于这个问题的文章可见于 F. Graf and Wolff Metternich, Bramante und St. Peter (Munich, 1975), 尤其是 19-27; A. Bruschi, "Michelangelo in Campidoglio e 'l'invenzione' dell'ordine gigante,"Storia architettura, n.1 (1979) : 7-28 (尽管关于 Campidoglio 的认知的整个问题都需要被修改) ; L. Puppi, "Prospetto di palazzo e ordine gigante nell'esperienza architettonica del '500," Storia dell'arte, n. 38-40(1980) : 267-75 (Studi di Cesare Brandi); C. L. Frommel, "Raffaello e la sua carriera architettonica," in C. L. Frommel, S. Ray, and M. Tafuri, Raffaello Architetto (Milan, 1984), 13ff. 另外见 C. Robertson 的辉煌 (或许过于大胆的) 提议, "Bramante, Michelangelo, and the Sistine Ceiling," Journal of the Warburg and Courtauld Institutes xlxix(1986): 91-105. J. S. Ackerman 所著的经典专著, The Architecture of Michelangelo (London, 1961 and 1966, Italian translation Turin, 1968 ; 还有第二版, Harmondsworth, 1986) 包含了许多结论 , 至今仍很有价值。米开朗琪罗的主观主义, 他与历史、与早期基督教形式以及罗马 16 世纪的发展的关系 , 应以新准则来看待。在这个意义上, 比较佩鲁齐为 San Giovanni dei Fiorentini 教堂做的方案和米开朗琪罗的改建方案非常重要。形式和宗教的联系, 如 Maria Cali 所著的 *Da Michelangelo all'Escorial* 中仔细研究的那样意义深远。(同样, 也见于 De Maio 所著的 *Michelangelo e la Controriforma*)。对米开朗琪罗的分析无疑是关于 1530 到 1560 年间所有研究的基础。在这个问题上, 巨大的书目对于构想出一个新方法几乎没什么用。

67. 本章的标题为 "Degli abusi" (XX of Palladio's Libro Primo) 似乎包含对米开朗琪罗、罗马诺和塞利奥的批判。见于 A. Palladio, I Quattro libri dell'architettura, ed. Lisico Magagnato and Paola Marini (Milan, ig80), 67-68, nn430-31. 对于帕拉迪奥母题的其他表现形式, 参见 Andrea Palladio, Scritti sull"architettura (1554-1579), ed. L Puppi (Vicenza, 1988), 尤其是 153 页以后。帕拉迪奥的 "滥用" 一章可以里格利奥 (Pirro Ligorio) 抨击米开朗琪罗及其追随者们的 "打破为微小碎片 "(rornpimenti di morselletti) 和 "奇怪发明"(invenzioni strani) 相提并论。由于对 "失去希望的本世纪 " 不满, 里格利奥痛骂了 " 缺乏意义的 (……) 神奇的、支离破碎的 [interrotte]、看上去可怕的 [paurose] 东西 ", 它们只对得上做梦、暴怒、精神错乱, 而无关于美好的感觉 [significato], 以及宗教。参见 P. Ligorio, Trattato, etc. (Turin, Archivio di Stato, Libri Originali di Pirro Ligorio), vol. XXIX, 2ff, cited in S. Benedetti, Giacomo del Duca e l'architettura del Cinquecento (Rome, 1972-73), 420ff. 关于里格利奥, 见于 R. W. Gaston, ed., Pirro Ligorio Artist and Antiquarian, The Harvard University Center for Italian Renaissance studies (Florence, 1988), 10, 尤其 H. Burns 的文章 , "Pirro Ligorio's Reconstruction of Ancient Rome: the 'Antiquae Urbis Imago' of 1561, "19-92. 在桑迦诺写给保罗三世的信中, 表达了对米开朗琪罗在 Palazzo Farnese 中的大檐口的批判, 参见 P. N. Pagliara, "Alcune minute autografe di G. Battista da Sangallo," Architettura Archivi 1 (1982) : 25-50; "Vitruvio da testo a canone,"46ff。对 Grottegche 的批判——艺术审查历史的另外一章——见于 C. Acidini Lucinat, "La grottesca," in Storia dell'arte Einaudi, III: r. Forme e modelli (Turin, 1982), 161ff, 更多分析见于 P. Morel, "Il funzionamento simbolica e la critica delle grottesche nella seconda meta del Cinquecento," in Roma e l'antico nell'arte e nella cultura del Cinquecento, 149-78, 以及 A. Chastel, La grottesque (Paris, 1988, italian translation Turin) 做的深具洞察力的小规模研究。

架，我们的观察结论才有可能接近历史真实。因为只有将罗马大劫事件放到此种历史编纂的视角来考察，“世界形象的时代”才能保持其完整性。

05 公共性的出现

这里的讨论必须更加具体。夏斯代尔对克莱门特的文化品位以及与之相关的罗马赞助人的深度研究，重点放在成形于 1524 年的新艺术环境。对夏斯代尔而言，艺术敏感性的不断提炼、拉法埃莱的反成规主义和米开朗琪罗创新的精确表达，以及对开创新事物的广泛兴趣，这一切都是他称为“克莱门特风格”的主要特征。这位法国学者从不同角度展示概括了这种风格的多个方面：回应了主教吉贝尔蒂所支持的精神复兴意识形态；庆祝了（洛马佐 [Lomazzo] 后来称为）“尚武风格”（maniera marziale）之风潮下的罗马神话；最后，表达了对精细鉴赏力和语言研究的迫切需求。[68]

阿德里亚诺·普罗斯佩里（Adriano Prosperi）对夏斯代尔所说的“克莱门特风格”提出了简要批判。[69] 对我们而言，我们将只观察那些夏斯代尔挑选出来的，能使其编史计划以最佳连贯性展开的某些问题。此外，他得出的绝对谨慎的结论，引导我们将罗马大劫视为一场扰乱了一整套隐喻性探究的“历史事件”。[70]

改变观察视角，通过分析克莱门特和保罗时代的都市战略，我们可以实施外部控制手段（实现教会的管理目的）。如画 U1013Av 所示，首先我们需要为博尔戈北部做一个规划，同时跟进一系列详细的城市整治措施[71]：开始于 1525 至 1536 年间的一份街道系统蓝图文件为梵蒂冈教廷和女士别墅（Villa Madama）之间提供了丰富的联系。克莱门特七世，作为文艺复兴时期最有教养以及最有艺术修养的教皇之一，不打算完成这个当拉法埃莱还是一个主教时就开始建造的别墅；但他选择确保那些已经开始的项目的可用性。拉法埃莱刚去世，克莱门特发现有必要调和朱利奥·罗马诺（Giulio Romano）及乌迪内的乔凡尼这两个对手之间的关系，因为他们在装饰别墅的最佳方案上无法达成一致。朱利奥出发前往曼图亚之后，小安东尼奥·达·桑迦诺成了罗马城里唯一一个能完成这个项目的艺术家，但他和在其他情形下一样，毫不含糊地严厉批判项目“许可证”的说法，尽管他自己也参与其中。但最终，教皇并未完成业已开始的水渠建设，城市花园也以未完成而告终。似乎是家族或经济动机导致克莱门特对项目可行性的怀疑不断增加。除了圣彼得大教堂，克莱门特的艺术赞助对佛罗伦萨情有独钟，

—

68. Chastel, Il Sacco, 137-67.

69. A Prosperi, "Riforma cattolica, controriforma,"Quaderni di Palazzo Te, I, n.1 (1985): 8.

70. Chastel, Il Sacco 137-67.

71. Cf. H. Gunther, "Die Strassenplanung unter den Medici-Papsten in Rom, (1513-1534) ," Jahrbuch des Zentralinstituts fur Kunstgeschichte(1985) : 237-93, especially 263ff.

米开朗琪罗在那里建造美第奇礼拜堂（Medici Chapel）和劳伦狄图书馆（Laurentian Library）。

在罗马，除了开放圣天使桥（Ponte Sant' Angelo）前的十字路口，克莱门特还两次修复万神庙（分别是1524年和1525年），以待神圣的1525年；就保守派来说，他们决定修复蒙蒂地区的图拉真凯旋门（Arch of Trajan），并裁决“部分地方官员摧毁街道，另一部分则冒险毁坏城市古迹”[72]。实施修复，小尺度的公共干预（如1526年的修复），“产生领导者，并且由维安姆·乌尔西发扬光大”[73]，以及城市基础设施的功能完善：1526年，教皇指派卡法雷利（G. P. Caffarelli）管理台伯河区[74]；1528年12月8日，“罗马努斯教皇”的诏书分配三个主教去视察罗马的教堂、寺庙和医院，指导其修复和教会改革。[75]

与活跃于利奥十世统治时期大量的艺术赞助相比，这些倡议显得非常谦逊。众所周知，同时代的人指责克莱门特吝啬而贪婪：然而同时，弗兰西斯科·伯尼的讽刺以及知识界的醒悟——如保罗·吉奥维奥（Paolo Giovio）的案例——都没有公正地评判克莱门特经济政策的新颖之处。为了努力改善利奥留下的烂摊子，克莱门特决定终结为教皇即位庆典委任一批新教会官员这一浪费资金的做法。随着财政集权的加强，1526年“信仰之山”（Monte della Fede）条例下诞生了一种整合公共债务的新方法；1524年开始执行经过精心调整的农业政策，克莱门特和他的侍从弗兰西斯科·阿尔梅利诺证明了他们具有很强的行政管理能力。从这些协调一致的行动中出现了国家集权经济，这种经济与1523至1527年间一系列的局限却又创新的项目有关，不管这些项目业已实现亦或只是蓝图。[76]

克莱门特的现实主义与他对小尺度干预的偏好相辅相成：精致风格是对罗马建筑活动局限性的补充。这种情况成立的条件就是，观众本就是赞助人最亲近圈子里的人。

从各种意义上来说，法尔内塞教皇任期都标志着一种新的背离。常说保罗三世喜欢在罗马画上自己的一笔；其避暑山庄圣马可宫建成后，他将这栋住宅与耸立于卡皮托利尼的塔楼联接起来，塔楼有非常抢眼的高架柱廊（在这方面，比较佩鲁齐的画U576Ar）。[77] 这个引人注目的工程与其他工程同时进行，如桑迦诺在法尔内塞宫的修复工作以及将其与教皇大道（Via Papalis）、纳沃纳广场（Piazza Navona）相连接的街道系统。因此罗马教皇以最外在的方式占领了罗马。这是新事物，促使这种姿态形成的复杂程序不能被减化成一种修复的意识形态。此外，人们应该记住，坎皮多利奥山后设置的教皇塔楼就是将马库斯·奥里利厄斯（Marcus Aurelius）雕像放置在广场中心（这个提议受到米开朗琪罗的批评）的序曲。如此重塑卡皮托利尼，保罗三世给市政贵族残存的政治希望以致命一击。事实上，这些具有象征意义的行为使一场始于西克斯特四世、尤利乌斯二世和利奥十世的征服过程得以完结。

城市中还有类似的权力滥用，如法尔内

—

72. E. Rodocanachi, Les monuments de Rome apres la chute de l'Empire (Paris, 1914), 112.

＊7 从大桥运河（而今为圣灵街）看罗马圣天使城堡。（摄影：比吉（Biggi），威尼斯）

塞广场和保险箱工匠大道（Via dei Bullari）框出了法尔内塞宫巨大实体的远景。[78] 这种强行改变城市肌理的傲慢行为，将教皇绝对权威视觉化，而这种绝对权威是教皇自我赋予的。是否有可能在罗马尤利乌斯二世时期找到类似操作的先例？圣天使城堡的前廊（loggetta）＊7 完成于 1505 至 1506 年间；前面的大桥运河（Canale di Ponte）大约于 1508

73. R. Lanciani, Storia degli scavi di Roma (Rome, 1902), 1, 226.

74. 同上, 226-29.

75. 参见M. Monaco, "Considerazioni sul pontificato di Clemente VII," Archivi d'Italia e Rassegna degli Archivi, ser. II, xxvii(1960): 199 and doc. IV, 211-14.

76. 参见M. Monaco, "Le finanze pontificie al tempo di Clemente VII (1523 — 1534)," Studi romani vi (1958): 278-96; "Considerazioni"; M. Caravale and A. Carraciolo, Lo stato pontlficio da Martino Va Pio IX (Torino, 1978), 214-35. 克莱门特在罗马和佛罗伦萨采用的不同手段只要回忆些许片段即可证实。1526 年 6 月 4 日，米开朗琪罗在罗马的代理人 Gian Franceso Fattucci 写到，他建议教皇将两个美第奇教皇的坟墓置于佛罗伦萨的 San Giovannino 遗址（Il Carteggio di Michelangelo, ed. P. Barocchi andR. Ristori [Florence, 1965-83], III, 224-25）的圆庙中，克莱门特七世反对说这将会花费约 5 万达克特金币，而就在此之前，他自己就提出过一个更加奢侈的提案。在美第奇府邸后面竖立一个高九米半的巨大的大理石雕像正是他的想法——其头部可以作为圣洛伦佐教堂的钟楼。“并且，由于钟声可以被藏在钟楼里，声音就能从巨人像的嘴里发出，就像巨人在哭着求饶一样。”（同上，190-91）这个片段见于C. Elam, "Il palazzo nel contesto della città: strategie urbanistiche dei Medici nel Gonfalone del Leon d'Oro, 1415-1530," in Il palazzo. Medici Riccardi di Firenze, ed. G. Cherubini and G. Fanelli (Florence, 1990), 53. Elam 写道，米开朗琪罗嘲笑了美第奇的野心，并提议，在家族 1527 年被流放后，将米开朗琪罗做的府邸夷成平地，让出一个广场并命名为“Piazza dei Muli”（即：混蛋广场）。

77. 参见H. Wurm, Baldassare Peruzzi, Architekturzichnungen, Tafelband (Tubingen, 1984), 515.

78. 桑迦诺设计的描述城市体系的新视角被 U915Av (see Plate 17) 证实了，在图中，建筑师画了一条从奥古斯塔的 San Giacomo 医院到 Pincio 坡上的老 Horti Aciolorium 的直线，以开敞式谈话间作为背景也作为旋转楼梯的支撑。Cf. H Gunther, "Das Trivium vor Ponte S. Angelo. Ein Betrag zur romischen Urbanistik der Hochrenaissance," Romisches Jahrbuch fur Kunstge-schichte, xxi(1984) : 165-251, 特别是 204.78。

＊8 从罗马圣天使城堡望去，大桥运河和圣天使桥的景色。（摄影：比吉，威尼斯）

年竣工＊8；差不多同时，朱莉娅大道（Via Giulia）和七月广场（Forum Iulii）（法院宫、其广场和教皇大法官法院）的建设在同时进行——这些由布拉曼特设计的项目成为世俗城市中新兴教皇权力的核心。前面已经提到，从圣天使城堡的前廊放眼望去，教皇能目及法院的庭院，这多亏拓宽的街道形成的透视望远镜效果，它让教皇直接目击罗马的商业中心。正如尼科洛·塞卡蒂纳利（Nicolo Seccadinari）的未曾公开的手稿《博洛尼亚史》（*Historia di Bologna*）所言，在博洛尼亚本应该也有令人印象深刻的类似策略。这篇文章注明日期为1511年4月28日，描述了一个由尤利乌斯二世规划的项目，而最近由理查德·图特尔重建。[79] 从城堡开始，一条大道将城市一分为二，途经圣彼得罗教堂，止于圣彼得罗尼奥广场（Piazza San Petronio）（即现在的马焦雷广场）。

我们一直在辩驳一个已被普遍接受的观点，即坚称利奥的都市策略是尤利乌斯策略的另一种形式。保罗三世展望的将拉塔大道（Via Lata）延伸至坎皮多利奥山的设想，实际上应该与利奥对城市研究（Studium Urbis）做出的浩瀚工程——美第奇宫－广场建筑群进行对比，之前已经有人详细分析了利奥的工程＊9。

尽管如此，与克莱门特七世相比，亚历山德罗·法尔内塞教皇的统治更可与尤利乌斯二世相较。[80] 利奥时代建造的大十字路口以及克莱门特时期由小安东尼奥·达·桑迦诺设计的较小的十字路口（大桥运河－保拉街）＊9/10，都被改成三叉线，这证明了与法尔内塞宫相联系的城市体系浮华的成功。保罗三世将如此造作、蛮横的标志嵌入城市中，用一种对死板规律的盲目崇拜替换了美第奇都市生活方式的灵活性和多样性，从而实现了朱利安（Julian）干预政策产生的潜能。[81]

这种现象在多个方面都与形成同时期建筑语言的驱动力相一致。建造一个胜利的罗马（Roma triumphans）已经成为一项紧急任务。有必要结束规模巨大的、短期扩展的项目——圣彼得大教堂、法尔内塞宫、观景楼庭院（Cortile del Belvedere）等，进而以最快速度在整个城市刻上有力的符号。这些建筑提议

—

79. R. J. Tuttle, 'Julius II and Bramante in Bologna," Le arti a Bologna e in Emilia dal xvi al xviii secolo, ed. Andrea Emiliani (Bologna, 1982), 3-8; Tuttle, "Against Fortifications: the Defense of Renaissance Bologna," Journal of the Society of Architectural Historians xli, n. 3 (1982) : 189-201.

80. 参见我的文章 "'Roma instaurata.' Strategie urbane e politiche pontificie nella Roma del primo '500,"' in Raffaello architetto, 59-106.

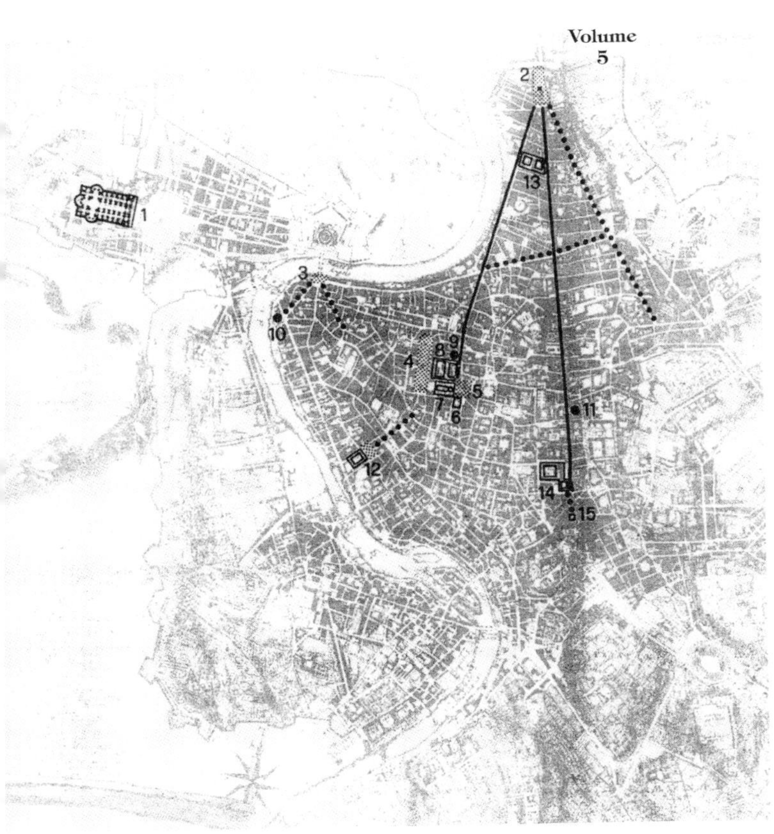

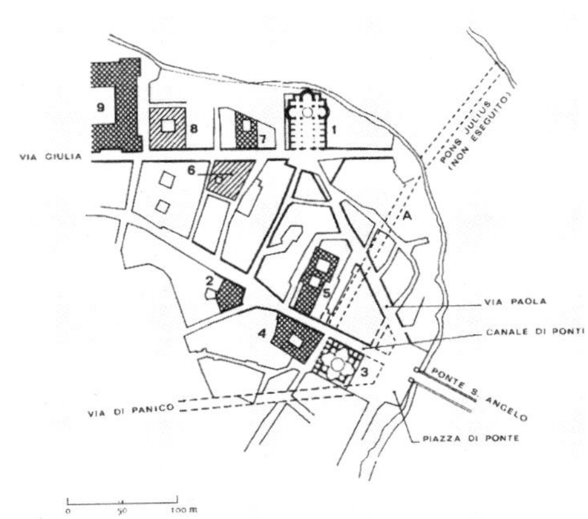

＊10 罗马大桥广场和朱莉娅街之间的区域，约 1521 年。（由塔夫里重构；马尔塔·达勒·穆勒［Marta Dalle Mule］绘图）

＊9 利奥十世的罗马城市规划（1513-21），保罗三世的干预用点线标注：1. 拉斐尔初次圣彼得教堂方案；2. 波波洛广场（Piazza del Popolo）；3. 保拉街（Via Paola）和帕尼洛街（Via di Panico）在运河广场（Piazza di Ponte）相交；4. 沃纳广场（Piazza Navona）；5. 多加纳广场（Piazza della Dogana）；6. 梅第奇－兰特宫（Palazzo Medici-Lante）；7. 大学 8. 桑迦诺的梅第奇宫方案（比较图 14）；9. 圣路易吉弗朗切丝周边地区（San Luigi dei Francesi）；10. 圣乔万尼菲奥伦蒂尼（San Giovanni dei Fiorentini）；11. 圣马尔切洛科尔索（San Marcello al Corso）；12. 法尔内塞宫（Palazzo Farnese）；13. 圣贾科莫斯帕尼奥利（San Giacomo degli Spagnoli）；14. 威尼斯宫（Palazzo Venezia）；15. 保罗三世塔俯瞰国会大厦。（由塔夫里重构，德穆斯·达尔波佐［Demus Dalpozzo］绘图）

81. 关于法尔内塞的城市策略参见 L Spezzaferro, "Place Farnese. Urbanisme et politique," in Le palais Farnese, I/1, 85-123. 同见于 A. Chastel, "La cour des Farnese et l'ideologie romaine," 同上, I/2 457-73; C. D'Onofrio, Renovatio Romae (Rome, 1973), 270ff; G. Labrot, L'Image de Rome. Une arme pour la contre-reforme, 1534-1547 (Seyssel, 1987). E. Gaudioso 的文章是重要贡献："Paolo III Farnese e la politica delle arti," in Gli affreschi di Paolo III a Castel Sant'Angelo (Rome, 1981), 23ff, 在文章中法尔内塞对材料、伦理以及对城市意识形态的革新通过一个清晰的充满艺术性的都市策略被阐述得相当清楚。关于此同见于 Arasse, "Il Sacco di Roma e l'immaginario figurativo," in Il Sacco di Roma del 1527, 46-59 (cf. note i). 最后见于 R. Zapperi, Tiziano, Paolo III e i sui nipoti. Nepotismo e ritratto di Stato (Turin,1990).

的实现以及街道系统的翻新导致了一种新的风气，这种风气最终战胜了城市规划一开始时的失败和不确定性、趋势的多样性以及对项目本身而非结果的强调（这是利奥统治时期的典型现象）。此刻，人们开始察觉到小安东尼奥·达·桑迦诺及其追随者之类人物的优势，正如人们认识到那些急于实现赞助人（如雅各布·梅莱吉诺）愿望的人的优势一样；但1546年以后，人们还能感受到米开朗琪罗的崇高地位。从这点来考虑，将古迹化简为一种抽象准则与前所未有的明确的主观主义相共存。尽管16世纪下半叶，人们试图整合这些互相对立的趋势，但是它们命中注定相互排斥。

不言而喻，这一过程充满了矛盾，如果孤立地研究这些矛盾，将会轻易推翻我们之前提出的观点。然而毫无疑问，自保罗三世任教皇开始，象征罗马复兴（Roma resurgens）的城市建设步伐被迫加快，这抹掉了由中断或进展缓慢的工程项目导致的新建废墟（Neubauruine）（引用克里斯托夫·特内斯的恰当表述）[82] 的特点。

分析这些发展变化，我们须特别注意一个关键要素：一个特定项目所传递出来的信息的瞬间可理解性。换句话说，人们试图在权力效应中恢复的东西，正是在复杂试验中丢失了的东西。因此，一个典型地代表美第奇时代的更广泛的受众群臣服于这种表现过程。

这不是偶然的。罗马共同形象（imago universalis）的建立是复兴的法尔内塞教皇的宗教政策、行政政策以及朝纲政策的决定性特征。实际上，人们会说保罗的战略在构想中试图恢复罗马在现实中失去的统帅地位。从这个角度看来，相较于“最后的文艺复兴教皇”，保罗三世更像是第一位采用华丽形式来补偿建筑个性的主教，之后的教皇纷纷效仿，直到亚历山大七世将其终结。然而，强调这一方面的同时不应该忽视对保罗三世最关心的政治目标的分析。为特伦托议会做准备时，保罗三世想尽办法为自己塑造了一个强大的教皇形象。在这件事上，他又一次精明地玩弄手腕。在这方面，毫无疑问，圣天使城堡里教皇寓所的布局以及保罗礼拜堂（Pauline Chapel）的装饰都具有重要意义。亚历山大大帝的雕塑放置在克莱门特七世的被羞辱的建筑之中，这代表了亚历山德罗·法尔内塞的成功，他的成功反映的远不仅仅是一种复兴（instauratio）的行为，事实上它充满了象征意义的共鸣。

因此由罗马大劫导致的“短路”产生了一系列多层次的效应。在这一系列的影响中，应该为形象作用的新评估保留一份敬意：夏斯代尔对此课题做了研究，并且取得了一定的成果。这位法国学者强调了形象在路德教会和其他反罗马运动中起到的关键作用。他发现罗马并没有足够的可用武器去对抗异教徒宣传的那些亵渎神灵的形象。夏斯代尔把[83] 当时达到权力巅峰的地中海传统纪念性绘画（……）与广受欢迎的北方印刷艺术相较量，后者首次成为宗教和文化生活中一股重要的力量。罗

—

82. Cf. C. Thoenes, "St Peter als Ruine. Zu einigen Veduten Heemskercks," Zeitschrift fur Kunstgeschichte xlix, n. 4(1986) : 481-501, Italian translation in Zodiac, n. 3(1990) : 40-61.

83. Chastel, Il Sacco, 51

马没有能够受其支配的最新媒介，即一套有效的工具。因此，罗马没有取胜的希望。

然而正如前文多次提到的，形象控制变成了教会欣然接受的一项任务，一项有着建筑产出的政策，这些产出即使谈不上自动形成，也能称得上是顺理成章。

事件的转折有一个久远的先例。1550 至 1600 年之间罗马发生的事情似乎实现了尼古拉斯五世“政治信仰”中提出来的计划。这里有必要重复一下，将实验冲动简化为协定导致了一个特定的结果：这座神圣庄严的反宗教改革城市作为一个剧场来运行，其观众也越来越认同普通民众。从这种公共性来看，美第奇时代的形式复杂性似乎是难以理解的。在许多方面，相比于让伊拉斯谟不屑的罗马，保罗三世、尤利乌斯二世和格雷戈里八世统治下的罗马则是更加具有“西塞罗风格”。

然而，曾被剥夺了原初意义的“罗马神话”，由于协定的胜利而变得更加平淡无奇。有关“威尼斯神话”之美化的说法（尤其是在多杰·安德烈亚·格里蒂［Doge Andrea Gritti］[84] 政权时期）应当被放在这种现象之下，认真地重新审视。且不谈罗马神话是教皇的战略目标，罗马大劫抹掉的信息确实具有普救特征；另一方面，1536 至 1537 年后，在桑索维诺的干预下，在圣马可广场，罗马神话体验了自身的复兴，由威尼斯颂扬的罗马神话毫无疑问是极具党派性的。在这方面，达尼埃莱·阿拉斯（Daniele Arasse）对罗马大劫的分析似乎是公正的。对于这位法国历史学家来说，这次事件导致了这座神圣城市的完美复制：一方面是在威尼斯被擅自挪用的罗马神话及其古代自由；另一方面是由查理五世的顾问倡导的具有普救性和帝国性的神话。[85] 但是使罗马帝国变成共同的祖国（communis patria）的正是两个方面意识形态的整合；而正是西塞罗风潮给这种调和以表达空间。一旦被分离，神话的两个方面都表明自己无法重新捕获“古代”的完满意义。帝国思想注定只不过是上层建筑，失去了功效；就其本身来说，威尼斯的共和自由开始影响欧洲政治思想，正如圣马可城市走向衰落的最初阶段一样。无论如何，威尼斯论及复兴时用到有关建筑的话语必然源自于罗马，这点还是比较重要的。

威尼斯的经历不是孤立的。我们的研究还将继续，重点放在罗马大劫这场大规模灾难留下的意义非凡的余烬所能提供的线索：下面几个章节的主题——作品以及形势，1527 年悲剧中互相交叉的多重历史的碎片。

翻译：孙陈

—

84. 这一主题见于夏斯代尔的观察（同上，161-62）。关于格里蒂总督，参见“Renovatio urbis”全集。Venezia nell'eta di Andrea Gritti（罗马，1984）。同见于我的著作 Venezia，162-71，以及本书的第 3 章。

85. Arasse，"Il Sacco di Roma e l'immaginario figurativo，" 46. 他引用了耶茨的文章 "Charles Quint et l'idee d'empire，" in Les fetes de la Renaissance（Paris，1960），II，78ff. Arasse 正确区分了大劫对视觉艺术的历史节奏的影响，并且提到了 Parmigianino 和 Rosso Fiorentino，Beccafumi（48-49）的文体连续性，与此同时，他还表示出对 Domenico Beccafumi（48-49）的理由充分的质疑。

2

先锋派的辩证法

曼弗雷多·塔夫里

在一个特殊领域（大都会）里，“理性的衰落”（downfall of reason）已成常态。西美尔（Simmel）、韦伯（Weber）、本雅明（Benjamin）等人倾力为之的大城市（Grosstadt）主题，显而易见地影响到诸如恩代尔（August Endell）、西夫勒（Karl Scheffler）、希尔布塞默（Ludwig Hilberseimer）等建筑师和理论家。这不是什么巧合。[1]

皮拉内西（Piranesi）所预见的“遗失”（loss），如今成为了悲剧性的现实。“悲剧”经验，就是大都会经验。

这一经验无可回避，知识分子们不再可能延续波德莱尔式的麻木不仁（blasé）的态度。

正如米特勒（Ladislao Mittner）对多布林（Döblin）所作的有力描述，“消极的神秘主义”（mysticism of passive resistance）刻画出了表现主义者的姿态：“不愿失去世界的人，就是那些想要依附世界的人。”[2]

需要强调的是，当本雅明批判恩格斯在都市大众问题上的“道德立场”（moral reaction）之时，他也借助恩格斯的观察引入这样一个主题：工人阶级的状况已经成为都市结构的普遍状况。本雅明写道：

> 对恩格斯来说，这些人群则使人有些惊愕，他以一种道德思考来作反应，附带还穿插进一些美学思考。路人彼此匆匆而过的速度使他觉得不自在。他的描述的魅力在于将一种过时的观点与坚定不移的批判精神结合在一起。作者来自仍处于乡村状态的德国，他大概从没有想过，在人流中失落自己会是怎样的感觉。[3]

我们不一定要认同本雅明对《英国工人阶级的状况》（*The Situation of the Working Class in England*）的偏见。我们感兴趣的是，本雅明以何种方式从恩格斯对大众（the masses）及大都会人群的描述，转到他对波德莱尔（Baudelaire）与大众之间关系的思考。在本

—

1. 这里提到的书是A. Endell, Die Schönheit der Grosstadt, Strecher und Schröder, Stuttgart 1980; K. Scheffler, Die Architekur der Grosstadt, Bruno Cassier, Berlin 1913; L. Hilberseimer, Grosstadtarchitektur, Julius Hoffmann Verlag, Stuttgart 1927.

2. A. Döblin, Die drei Sprünge des Wang-Lun, 1915. 参见L. Mittner, L'espressionismo, Laterza, Bari 1965, p.96.

3. W. Benjamin, Schriften, Suhrkamp Verlag, Frankfurt 1955。关于本雅明将“技术艺术”（technological art）理论建立为某种综合性的意识形态，我们可以参见G. Pasqualotto近来出版的基础性著作*Avanguardia e technologia*, *Officina*, Rome 1971。这本书最终摧毁了对本雅明思想的繁冗诠释。佩尔利尼的研究也是其中一例（参见T. Perlini, “Dall'Utopia alla teorica critica e critica del progresso,” Communità, 1969, nos. 159/160），以及在*Alternative*（Berlin 1968, no.59/60）杂志上发表的文章。

雅明看来，恩格斯和黑格尔对都市大众的看法都没有注意到新的都市现实中蕴含的新的品质和量化内涵；相比之下，巴黎式闲逛者（Parisian flâneur）在都市人群中悠然自得的漫步方式才是都市生活的自然状态。

不管（波德莱尔）与人群保持多大距离，不管他想在人群中获得多少自我空间，他总是会被它侵染，因此他们无法像恩格斯那样以局外人的角度来看它。人群已经注入在波德莱尔的血液之中，以至他的作品很少专门描述人群。波德莱尔既不专门描写巴黎人，也不专门描写巴黎，而是借此说彼。他的大众总是这座大都市中的大众，他的巴黎也总是人群嘈杂的巴黎。这一点使他比巴尔比耶（Barbier）更胜一筹，因为后者的描述方法往往导致了大众与城市的分离。在（波德莱尔的）《巴黎风光》（*Tableaux Parisiens*）中，若隐若现的大众几乎无处不在。[4]

城市的使用者在无意识中被城市利用，他们的“公众”行为呈现出——或者说无所不在地体现出——一种真正的生产关系。人们可以在波德莱尔这类观察者身上看到这层关系。作为一名观察者，诗人不情愿地看到，在日益广泛的商品化进程中，他的参与地位已摇摇欲坠。与此同时，他发现诗人的最终命运就是卖淫。[5]

波德莱尔的诗，就像是世界博览会上的展品，或者说如同豪斯曼（Hausmann）推行的城市改造中的形态变革，体现着对同一性与差异性之间不可分解的、动态的辩证关系的全新认识。当然，对于新的资产阶级城市结构而言，谈论规则与例外之间的张力还为时过早。但是，客体的强制性商品化与恢复客体的真实性的主观努力（尽管它很虚妄）之间的张力已经存在。

然而，现在的问题是，寻求真实性的唯一途径只能是离经叛道。这不仅因为波德莱尔这类诗人无奈地接受自己的小丑命运——同时代的艺术在表达“豪情壮志”的时候，都很清楚这不过是虚张声势的把戏而已，原因也在于此——而且也因为城市已经实实在在地成为一部榨取社会剩余价值的机器，它通过自己的调节机制，对现实的工业生产方式进行着再生产。

本雅明把工业生产中衰落的技术（skill）和实践（practice）——它们仍在手工业中起作用——和具有都市特色的震惊（shock）经验紧密地联系起来。他写道：

非熟练工人是机器训练出来的，他们是受凌辱最严重的那一部分人。他的工作与经验毫不相干，练习在这里变得一文不值。游乐场的碰碰车以及其他类似的逗人玩意儿为人提供的不过是一种品尝接受训练的滋味而已，这与非熟练工人在工厂里接受的训练别无二致——而且他们常常—

4. W. Benjamin，同前引书。

5. “随着大城市的出现，卖淫拥有了新的秘密。其中之一即城市自身的迷宫式特征：迷宫的图像已经溶入 flâneur（闲逛的人）的血液之中。可以说，卖淫赋予它以一种与众不同的色调”。(同上)

别无选择，因为游离在边缘世界的小人物们要么接受游乐场式的训练，要么失业。坡（Poe）的作品（本雅明在这里谈到了波德莱尔翻译的《茫茫人群》[*The Man of the Crowd*]）使人们看清了离经叛道与循规蹈矩之间的真正关系。他描述的行人仿佛已经适应了自动化机器，只能机械地表达自己。他们的行为是一种对震惊的反应。“如果被人撞了，他就谦恭地向撞他的人鞠躬”。[6]

可以说，在与震惊经验相关的行为密码（code）和赌博技术之间，存在着一种强烈的亲缘关系：

> 由于在机器旁工人的每个动作都和前一个动作毫不相干，就像赌博中的骰子一掷（a coup）的动作和前面的动作没有任何关联一样，所以，工作的单调性和赌博的单调性也是一样的，两者都缺乏实质内容。[7]

本雅明的观察可谓敏锐，但是，无论在对波德莱尔的文章中，还是在《机械复制时代的艺术作品》（*Das Kunstwerk im Zeitalter seiner technischen Reproduzierbarkeit*）中，他都没有将生产方式对城市形态学（morphology）的影响与先锋派运动在城市问题上的所作所为联系起来。

巴黎的拱廊街和大型百货商店就像一个巨大的世界博览会。在资本看来，大众（其自身成为了奇观）在其中找到了自我教化的空间方法和视觉方法。[8] 但是，必须看到，在整个19世纪，这种以特殊建筑类型为集中体现的娱乐式教化体验仍然有着巨大的局限性。事实上，公众的观念本身并不是最终目的，它只是城市意识形态的一个侧面。在这里，城市，作为名副其实的生产单元，它是一种协调生产—分配—消费环节的工具。

这就是为什么消费的观念非但不是孤立的，或是生产组织的后续环节，它反而必须在公众面前将自己视为一种正确的城市生活的理念。（这里，或许应该回顾一下生活方式对欧洲先锋派尤其是路斯[Loos]的重要性。1903年从美国回来以后，路斯出版了两期《他者》[*Das Andere*]杂志，它们用反讽的方式争辩道，应该在维也纳中产阶级中推广一种新的“现代”城市生活方式。）

就像波德莱尔的诗中表明的那样，一旦大众的体验转化为持久的参与意识，可操作现实（operative reality）的观念就广为人知（有限度的）。恰逢其时，现代艺术的语言学革命粉墨登场。

20世纪先锋派有太多的使命需要承担：他们要将震惊体验从一切机械主义（automatism）中解救出来，并且以此体验为

---

6. W. Benjanmine. 同前引书。

7. 同上。

8. 对于公众意识形态（ideology of the public）的出现和巨型世界博览会之间的关系，A. Abruzzese在论文“Spettacolo e alienazione”中已经分析过了。见Contropiano, 1980, no.2, pp.379-421。关于拱廊街，可见近来出版的由J. F. Geist论证充分的著作Passagen, ein Bautpy des 19. Jahrhunderts, Bastei Verlag, Munich 1969。

＊柏林植物园

基础，找到资本主义大都会的视觉和行为密码（其特征就是快速的变化和重组、应接不暇的交流、与日俱增的使用频率、折衷主义等等）；他们要将艺术经验的结构浓缩到纯粹的物体之中（一种物化的隐喻）；他们还要将公众整个纳入意识形态的战斗，并且声称自己是超阶级的，因而也是反资产阶级的。

必须重申，总体而言，如果将构成派（Constructivism）视为反抗艺术（the art of protest）的话，那么，历史先锋派的诸多流派如立体主义、未来主义、达达主义、风格派等，都可说是随着工业生产的典型法则应运而生的，这些法则的本质就是持续不断的技术革命。所有先锋运动（这不只指绘画方面的）的基础都是组合法则（the law of assemblage）。既然组合的物体与真实世界完全相符，那么绘画就成了一个投射城市震惊体验的中性地带（neutral field）。现在，关键的问题不再是如何“忍受”震惊，而是要对震惊进行充分的化解和吸收，将其转化为存在的必要条件。

西美尔对这一点做了很好的解释。为了检验“大都市人”（他的说法）的性格特征，西美尔分析了大都会中的个体所表现出的新行为，他将这一行为定义为“货币经济”的立足点。“过江之鲫般的变化中的影像、瞬间一瞥中急速的中断、突如其来的潮水般的印象”，导致了“强烈的精神刺激”。西美尔将这一“刺激”解释为一种新处境，它创造出都市人的麻木不仁的态度。这就是“没有个性的人”（man without quality）的态度，理所当然的，它漠视价值。西美尔评述道：

> 麻木不仁的态度的本质，在于分析力的钝化。这倒并非意味着感觉不到对象，而是指感觉不到对象的意义与不同价值，对象被毫无实质性地经验，这与白痴与事物之间的关系一样。麻木不仁的人充满单调灰色的情调，对什么事都提不起兴趣。通过把所有多层面的事物以同一的方式置于相等的维度，金钱成为可怕之极的平等化中介。在奔流不息的金钱溪流中，所有的事物都以相等的重力飘荡。所有事物都处于相同水平上，它们相互的差异知识体现在它们覆盖空间的大小上。[9]

—

9. G. Simmel, Die Grosstädt und das Geistesleben, Dresden 1903 (Eng. Trans., "The Matropolis and Mental Life, " in The Sociology of Georg Simmel, translated and editad by Kurt H. Wolff, Free Press, New York 1950, pp.409-424).

马西莫·卡西亚里（Massimo Cacciari）曾深刻地分析过西美尔社会学的特殊意义。[10] 现在，吸引我们的是，西美尔在1900至1903年间写的那些关于巨型大都会（great metropolis）的东西。它们所包含的问题，后来成为了与历史先锋派运动相关问题的中心。在奔流不息的金钱溪流中，所有的事物都以相等的重力飘荡，所有事物都处于相同水平上：这里，我们似乎读到的是对施维特（Schwitter）的“梅茨堡”（Merzbild）的文字评论。（我们不应该忘记，Merz这个词就是Commerz这个词的一部分。）问题实际上是：如何主动地呈现出“强烈的精神刺激”（Nervenleben）；如何通过将大都会所诱发的震惊转化成为一种动态发展的新原则，来吸收之；如何有限度地“使用”（utilize）痛苦（“漠视价值”[indifference to value]在大都会经验中不停地激发和滋养了这一痛苦）。我们有必要从蒙克（Munch）的《嚎叫》（*Scream*）转到里西茨基（El Lissitzky）的《两个正方形的故事》（*Story of Two Squares*）。这就是，从痛苦地探索无效的价值，转向使用纯符号的语言。与货币经济完全不沾边的大众能够感知到这一符号。

因而，生产规律成了新的文化习俗的一部分，俨然是一副“自然而然”的模样。这就是为什么先锋派对与公众和睦相处（reapproachment）的问题不屑一顾。事实上，在先锋派看来，这个问题根本就不存在。既然先锋派只在对某种普遍性的绝对事物进行诠释，那么，它暂时不被大众理解就情有可原的。而且它非常清楚，自己的行动模式和价值前提就是与历史一刀两断。

艺术，就是一种行动模式。这是现代资产阶级艺术救赎的最重要的主导原则。但是另一方面，过份绝对也产生了新的、不可抑制的矛盾。生活与艺术两者被对立起来，人们不得不选择要么协调这一矛盾，要么促使艺术进入生活。前者的结果是，整个艺术生产都将问题式（problematic）视为其新的道

—

10. M. Cacciari, “Note sulla dialettica del negative nell'epoca della metropolis (Saggio su Georg Simmel),” in Angelus Novus, 1971, no.21, p.1ff. 卡西亚里写道：“货币经济的内在化过程，就是西美尔分析工作的核心和基础。就是在这一点上，辩证过程真真切切地实现了，并且先前的那些起决定作用的要素也‘全面地’停摆。当多种智性的刺激转化为行为（behavior）时，这个时候，精神生活（vergeistigung）才彻底实现，显然只有到这个时候，个体的自主性才不会外在于它而存在。为了证明这一做法是完全有效的，就必须将对形式的控制（这一形式来自于相关大都市的抽象和思考）明确地证明为‘古怪的’行为……麻木不仁的态度界定了那些差异的幻觉（illusiveness of the differences）。它持续不断的紧张刺激和对快乐的追求，都被证明为是从那些对象的特殊个体性中抽象出来的普遍经验：‘没有什么对象值得偏爱’。”（Simmel，上述引文）卡西亚里接着写道：“智性化、精神生活、商业化全部汇聚在这一麻木不仁的态度之中：通过这一态度，大都市最终创造出它的‘类型’，其结构最终‘全然’成为一种社会现实和文化现实。货币在这里发现最可信的承载物。”还可参见Cacciari: Metropolis. Saggi sulla grande città di Sombart, Endell, Scheffler, Simmel, Officina, Rome 1973。还有他为G. Simmel, Saggi di estetica, Livinia, Padua 1970所写的介绍文章。

德准线；走后者的路，或许黑格尔的预言成真——艺术之死（death of art）。

正是在这里，资本主义艺术的伟大传统聚集成一个整体，呈现在大家面前。我们曾经谈到，作为一位理论家和批评家，皮拉内西对不再具有普遍化意义、但又未资产阶级化（no longer universalizing and not yet bourgeois）的艺术状况进行了阐述；这一阐述现在需要被回顾。批评、问题性（problematicality）、乌托邦戏剧（the drama of utopia）：这些都是形成“现代运动”传统的基本要素。作为一场试图将“资产阶级者”（bourgeois man）塑造成一种绝对“类型”（type）的运动，它无疑有其自身内在的一致性，尽管这种一致性还没有被当前的史学家们充分认识。

无论皮拉内西的《罗马行军场》（*Campo Marzio*），还是毕加索的《女人与小提琴》（*Dame au violon*），它们都是彻头彻尾的计划（project），尽管前者涉及的是建筑问题，而后者则是以人体行为模式的面貌出现。他们都运用了震惊技术，差别在于，皮拉内西的蚀刻画借用的是已有的历史素材，而毕加索的油画则完全是人工素材的运用（**就像后来的杜尚、豪斯曼、施维特也这样做，他们的做法甚至更为尖锐**）。两者都发现了一个机械世界的现实，尽管皮拉内西的18世纪城市规划把世界转化为一个抽象的恐怖怪物，而毕加索的作品完全融合在这一现实之中。

但更为重要的是，皮拉内西和毕加索都试图将某种当时仍是特殊案例的事物“普遍化”。他们所用的方法也完全一样，都是首先对形式进行深刻的批判性思考，然后将这一思考获取的认识大量释放出来。然而，立体主义绘画中蕴含的“计划”已经不满足仅仅以油画布作为载体。波拉克（Braque）和毕加索从1912年开始探索“现成品”艺术，后经杜尚的进一步发展，成为一种全新的表现形式，它不仅充分认可了现实的自足性，而且也宣判了一切再现形式的死刑。画家能做的只是分析现实。他宣称控制着形式，这只不过是在掩盖某种他不愿接受的事实：如今，正是形式控制着画家。

除此之外，现在还必须将“形式”理解为一种主体反应的逻辑，一种对客体的生产世界进行主体反应的逻辑。立体主义力图对这些反应的法则作出限定。在这一点上，立体主义的特征就是从主体出发，最终走向对主体的彻底否定（**正如阿波里奈尔不无忧虑地领悟到的那样**）。作为一种“计划”，立体主义力求实现的就是一种行为模式。然而，它的反自然主义对公众却没有任何说服力。因为，立体主义的意图就是揭示新的资本主义大都会创造的“新自然”（new nature）的现实面貌、必然性和普遍的特征。在此现实中，必然性和自由完全重合在一起。

这就是为什么波拉克、毕加索，甚至还有胡安·格里斯（Juan Gris）都在画布上采用组合技术，目的就是赋予机械文明（civilization machiniste）的语言世界以某种绝对的形式。原始主义和反历史主义都只是这些基本选择的结果，而非原因。

作为分析总体化世界的不同技术，立体

* E. R. 格雷厄姆（E. R. Graham），平安生活保险大楼，纽约，1913－1915 年

主义和风格派都明确要求行动。在对这些艺术产品进行论述的时候，人们很容易过分夸大艺术作品的作用，或者将其神秘化（fetishization of the art object and its mystery）。

必须挑战公众的精神状态。只有这样，他们才能积极地进入由生产规律控制的精确世界（universe of precision）。换言之，必须克服波德莱尔所歌颂的“游手好闲者”的被动性，“麻木不仁”的态度也必须转变为对城市生活的积极投入。诚然，无论立体主义的绘画，还是未来主义的“亵渎”，或者说达达派的虚无主义，都不是特别针对城市本身的，准确地说，城市是先锋派运动的价值基准点。蒙德里安后来勇敢地将城市“命名”为新塑性主义（neoplasticist）构图的最终对象，但是他也不得不承认，已经简化成一种纯粹的行为方式的绘画艺术，一旦被解读为都市结构，它必将死路一条。[11]

波德莱尔发现，诗人总是试图将自己从客观条件中解放出来，这也进一步加剧了诗歌产品的商品化：在艺术家极致的真诚人性之后接踵而至的就是他的堕落。[12] 正是风格派，或者在更大程度上是达达主义发现了通向艺术自杀的两条路：一个是，通过将艺术的矛盾扩大化、理想化，而无声地消失在城市结构之中；另一个是，在艺术活动的结构中过多地加入非理性因素，这实际上也是一种理想化，以及对城市的逃避。

风格派成为对技术世界进行形式控制的一种方法。而达达主义试图天启式地阐明这一技术世界内在的荒谬性。但是，达达主义所构想的虚无主义式的批评，在成为某种控制设计的方法之后也告终结。因此，人们发现 20 世纪中最具“构成”倾向的先锋派与最具破坏性的先锋派之间存在着许多共同之

—

11. 参见 P. Mondrian, De Stijl, I and III。亦可参见蒙德里安的文章，“L'home, la rue, la ville”, Vouloir, 1927, no.25。

12. 在雨果·鲍尔的态度中，这一点非常明显，参见 H. Ball, Die Flucht aus der Zeit, Lucern 1946。关于鲍尔，可参见 L. Valeriani 的专著，Ball e il Cabaret Voltaire, Martano, Turin 1971。

处就不是什么奇怪的事情了。

达达派对语言素材进行粗暴的肢解，也对任何预设的程序持反对态度。但是，如果现在机械化和商业化“价值”的升华不是已经扩展到资本主义发展的所有层面，那么，达达的这些态度有什么意义呢？风格派和包豪斯，前者以宗派的态度，后者则以折衷主义的方式将规划的意识形态（ideology of the plan）引入到他们的设计方法之中，而这种设计方法又是与作为生产结构的城市紧密联系在一起的。确实，尽管从未公开宣称，达达主义却以一种荒谬的方法证实了规划的必要性。

此外，所有历史先锋派都吸收了政治党派的行为模式。达达和超现实主义当然可以被认为是无政府主义精神的特殊体现，而风格派和包豪斯，以及苏俄先锋派也力求表明，自己可以成为政治实践的一种普遍适用的选择。需要注意的是，这些选择无不具有道德抉择的特征。

风格派（还有俄国未来主义和构成主义思潮）的形式原则与混乱（chaos）、经验主义以及日常生活无关，它关注的是如何处理那些使现实变得杂乱、混沌且索然无味的事物。工业生产的全部价值体系（它在精神上把世界弄成一张平板）被当作“无个性”、无价值的世界而抛弃掉，随后又被艺术性地升华为一种新的价值。风格派分解技术以基本单元形式（elementary forms）为基础，试图探索精神世界的“新财富”。这一探索与机械文明的“新贫困”显然有所关联。拆开重组的基本单元形式就是对机器世界的升华。它同时也说明，不再有什么形式可以重温整体性（存在的整体性、艺术的整体性）的旧梦。除非，这种整体性涉及的只是形式自身的问题化本质（problematic nature）。

与之不同的是，达达派积极拥抱混乱。它通过表现混沌而认可其现实；通过反讽现实而暴露出某种已然稀缺的必要性。这一尚未成熟的必要性，正好就是风格派对混乱和形式的控制。事实上，包括欧洲构成主义潮流、甚至可以追溯到从清澈性（sichtbarkeit）开始的整个 19 世纪形式主义美学，都在试图寻求视觉交流的新视界。因此毫不奇怪，达达派的无序（anarchy）和风格派的秩序自 1922 年始，就在理论与实践两个层面上合二为一。并且，它们的关注焦点是设计出某种新的综合方式。[13]

—

13. 实际上，从 1922 年以来，整合先锋运动贡献的主题开始热起来。这一主题中，诸如里西茨基、莫霍伊·纳吉（Moholy-Nagy）、凡·杜斯伯格（Van Doesburg）和汉斯·里希特（Hans Richter）等人的努力是相当卓越的。起初，达达和构成主义的合并是与豪斯曼、汉斯·阿尔普（Hans Arp）、伊凡·普尼（Ivan Puni，又名让·普尼 [Jean Pougny]）和莫霍伊·纳吉等人的宣言应运而生的，参见 "Aufruf zur Elementaren Kunst,"De Stijl, IV, 1921, no. 10, p.156。起到基础作用的是 1922 年在杜塞尔多夫和魏玛的两个先锋派大会。参见 De Stijl, V, 1922, no. 4，里面有杜塞尔多夫大会（1922 年 5 月 30 日）的宣言；还参见 T. Van Doesburg, Hans Richter, K. Maes, Max Burchartz, El Lissitzky,"Koustruktivistische internationale schöpferische Arbeitsgemeinschaft,"De Stijl, V, 1922, no. 8, pp.113-115。Mécano，G，Merz 杂志都来自这一综合。

＊E. L. 基希纳（Ernst Ludwig Kirchner），"波茨坦的女人"，版画，
1914-1915

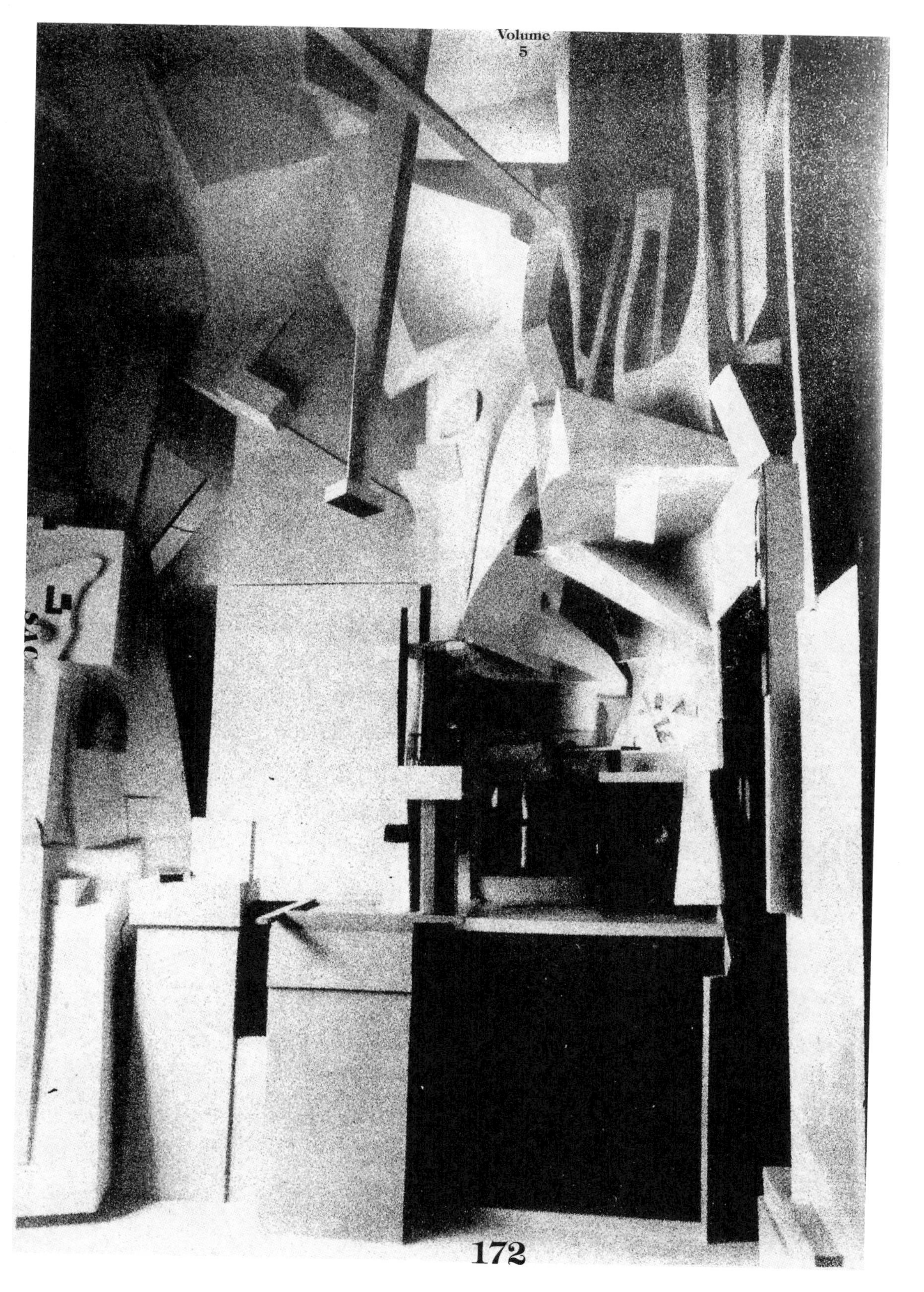

＊乔治 · 格罗泽（Georg Grosz），
“弗里德里希大街”，平板印刷，
1918 年

SAC

＊柯特 · 斯威特斯（Kurt
Schwitters），“梅茨堡”一角，汉
诺威，1920 — 1936 年（已毁）

＊沃尔特 · 鲁特曼（Walther Ruttmann），“柏林：交响乐”，1927 年

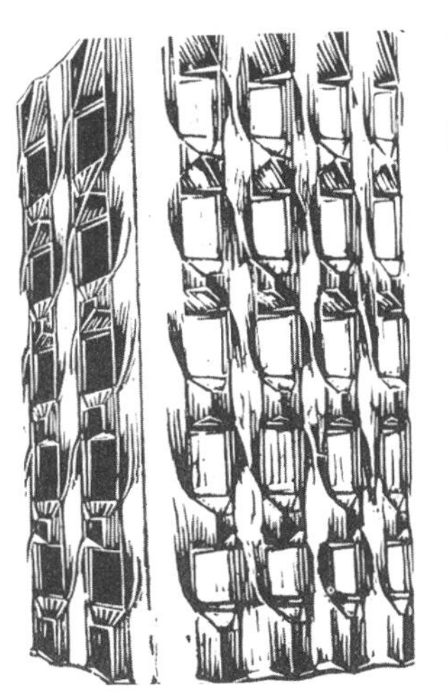

＊弗拉斯特斯拉·霍夫曼（Vlastislav Hofman），单元公寓住宅研究，1914年

＊帕维尔·贾纳克（Pavel Janak），立面研究，1913－1914年

＊弗拉斯特斯拉·霍夫曼，建筑研究，1913年

因而，混沌与有序，作为新资本主义城市的两种“价值”，被历史先锋派接受下来。

所以，混沌就是基本数据，秩序就是最终目标。但是从现在开始，形式就不再独立于混沌之外，而是存在于混沌之中。秩序为混沌赋予意义，并将其转换成价值，转换成“自由”。即使是达达主义的破坏行为，它也有一个“积极的”目标——特别在美国和柏林。综观历史，达达主义的虚无主义，在豪斯曼和哈特菲尔德（Heartfield）那里，已经变形为一种对新的交流技术的表现。对偶发性和聚合技术的系统化使用，最终形成了一种新的、无需语言的“前语言”。这一语言建立在不可能性，或俄国形式主义者称之为“语义学变形”（semantic distortion）之类的东西上。因而，正是因为达达主义，信息理论成为了一种视觉交流的工具。

但是，真正有问题的，是城市。所以，对城市的杂乱和混沌进行修补，就是将城市的所有进步价值都从中抽离。先锋派运动非常清晰地指出，有计划地控制那些由技术所释放的新生力量是很必要的。随即，他们也发现自己其实无力赋予理性诉求（entreaty of reason）以具体形式。

正是在这一点上，建筑介入进来。它吸收和克服了历史先锋派的一切诉求，或者说，使这些诉求相形见绌。因为建筑独自身处在这样一个位置上——它可以满足立体主义、未来主义、达达主义、风格派、以及国际构成主义所预示的种种需要。这些先锋派的运动已经危机四伏。

作为各路先锋派济济一堂的地方，包豪斯履行的是这样一种历史职责：它按照社会生产的现实需要来检验先锋派，并对之进行筛选。[14] 在这里，工业设计与其说是一种构造物体的方法，不如说是一种组织生产的方法更为恰当。它一扫先锋派诗性幻想中固有的乌托邦色彩，使意识形态不再是行动之外的夸夸其谈，而是成为行为自身的内在成分，因为意识形态已经与真正的生产周期紧密联系在一起，且更加具体化了。

然而，尽管具有种种现实主义特点，设计还是心有余而力不足。事实上，就其在企业和生产组织上的抱负而言，设计仍然带有乌

—

14. 自从 H. M. Wingler, Der Bauhaus 1919-1933, Verlag Geber. Rasch & Co., Bramsche 1962; 2nd ed., 1968 (Eng. Trans. Of the 2nd ed., The Bauhaus, translated by W. Aabs and B. Gilbert, MIT Press, Cambridge, Mass., 1969) 出版，这本书包含了大量的（如果不是全部的话）未出版过的档案，关于包豪斯历史意义的修正就一直是现代建筑学者的主要工作。在最近的成果中需要提到的是：W. Scheidig, Le Bauhaus de Weimar, Bernard Laville, Leipzig 1966；Controspazio, 1971, nos.4/5 的全部文章；Bauhaus 1919-1929, 在 Musée National d'Art Moderne, Paris 1969 年的展览的目录；主要的还有 F. Dal Co, “Hannes Meyer e la ‘venerabile scuola’ di Dessau,” 这是意大利版的汉斯·梅耶文集 Architettura o rivoluzione, Marsilio, Padua 1969 的导言。另外，还可参见 M. Franciscono 的重要著作, Walter Gropius and the Creation of the Bauhaus in Weimar. The Ideals and Artistic Theories of its Founding Years, University of Illinois Press, Urbana 1971。

托邦主义的色彩。但是现在，这一乌托邦服务于生产重组的目的。突前的（spearhead）建筑运动（“先锋派”一词在此已经不再适用）所相关的规划——从勒·柯布西耶1925年的伏瓦生规划（Plan Voisin）和包豪斯1923年的改革开始——包含着以下的矛盾：如果将建筑生产的特定元素作为出发点，那么建筑就会明了只有将该元素与城市的重组结合起来，才能实现既定的目标。换言之，如同先锋派所选择的武器已然涉及到那些与经济过程直接相关的视觉交流要素（建筑与工业设计）一样，建筑和城市理论家的规划理想的最终指向也超越了自身的范围：它是广义的生产和消费重组，换句话说，也是有所规划的生产协调（planned coordination of production）。就此而言，建筑变成了现实与乌托邦的调节工具，尽管它最初的出发点只是建筑自身。乌托邦一直都在掩盖这样一个事实：要想在建筑生产中实现规划的意识形态，真正的规划就必须在建筑生产之外才能形成；而且，一旦规划进入了生产重组的普遍领域，建筑学和城市规划就转化为它的客体，而不是主体。

20世纪二三十年代的建筑学还没有作好接受这一结果的准备。它只是清楚地意识到了自己的“政治”角色。要么走建筑之路（指建筑生产的有计划重组和作为生产有机体的城市的重组），要么革命。勒·柯布西耶非常清楚地提出了这一选择。

与此同时，从那些最有政治参与意识的艺术派别开始，比如从十一月集团（Novembergruppe）到*MA*、*Vešč*杂志和柏林环小组（Berlin Ring），建筑都是从技术的角度来定位自己的。先锋派以启示录般的口气宣布“灵韵的死亡”（death of the aura）以及知识分子只具有的纯粹的“技术”功能。中欧的新客观派（Neue Sachlichkeit）认识到这一现实，并且运用新的方法来设计装配线的理想结构。工业劳动的形式与方法成为设计的组成部分，并且反映在提供给我们的消费客体的方法之中。

从标准化的工业部件，到单元、单体建筑，再到整个居住区（the siedlung），最后到城市，两次世界大战之间的建筑强行采用了这一条异常清晰和连贯的装配线。建筑在这一过程的个个“环节”中被充分化解，最终趋向于消失，或者更准确地说，它的形式完全融合到装配过程之中。

这一切的结果就是美学体验的彻底革命。现在，审美不再仅仅局限于客体本身，而扩展到关于过程的体验和使用之中。密斯和格罗皮乌斯的“通用”空间需要使用者，这就使后者（使用者）成为整个过程的中心要素。建筑需要公众的参与，因为新形式不再意味着绝对价值，而是关于社区生活组织的一个构想。就像格罗皮乌斯的一体化建筑（integrated architecture）提出的那样，建筑号召公众参与到对它的设计之中。这样，通过建筑，公众的意识形态向前飞跃了一大步。莫里斯的艺术源自大众又服务于大众的浪漫社会主义梦想，其意识形态形式最终也得屈从于利润的绝对法则之下。就此而言，理论的假设，最终必定要面对城市的检验。

翻译：胡恒

乌托邦的危机：

勒·柯布西耶在阿尔及尔

曼弗雷多·塔夫里

柯布西耶（Le Corbusier）清晰地描绘出他的几个目标：吸纳多样性，用确定的规划来弥补事实上的不切实际，通过强化有机性与无序性之间的辩证性来调和两者的关系，证明最高水准的生产规划与最高端的“精神生产”(productivity of spirit)其实可以相辅相成。这在欧洲进步的建筑文化当中都很罕见。

着手实现这些目标之时，柯布西耶意识到，建筑必须在三条战线上同时开战。如果建筑现在可以等同于生产组织的话，那么，毋庸置疑，除去生产本身之外，分配与消费也是整个环节中的决定因素。建筑师已经不再是客体的设计者，而是生产的组织者。柯布的论断绝非空洞的口号，而是一种决心，旨在将知识分子的主动性与机器文明结合起来。作为机器文明的倡导者，建筑师在指明道路和确定其方案的过程中（尽管它只局限在某个特定领域），必须在不同的方向展开自己的行动。首先，响应工业的呼唤（appel aux industriels)，为之提供恰当的建筑类型。其次，在政治层面上通过国际建筑师代表大会（CIAM)，来寻求一种能够协调建筑（生产)、城市规划与社会重组计划的权力机构。第三，极度明晰的形式，有助于使得公众积极自觉地成为建筑产品的消费者。

更准确地说，形式的任务就是赋予技术精密的人工世界以某种原真性（authentic）和自然特征。而且，既然这一世界总是在持续的变革进程中趋向于征服自然，那么对于柯布而言，整体人文地理环境，就是建筑生产循环的重组必须重点关照的对象。[1]

但是柯布还发现，某些金融家的裹足不前、承建者的个人兴趣、自古以来延续至今的金融体制（比如土地租金制度)，极大地阻碍了文明的发展，同时也阻碍了更广范围的“人”的成长。

1919年至1929年间，柯布西耶研究并建立起一批类型。比如，多米诺单元（the cell of Domino house)、分户产权住宅（Immeuble-Villa)、三百万居民的城市、巴黎伏瓦生规划（Plan Voisin)。这些潜心探索，明确提出了各种干预类型的方式与尺度。在少数建成的实验性作

—

1. 我们还需要在个体对技术世界和此种现实所强加的新空间状况所做的积极适应的层面上，来分析柯布西耶的画。即便在1963年佛罗伦萨斯特罗齐宫的展览之后，这一问题依然是研究的对象。除了Nava的颇具洞察力的旧文（A. Nava, “Poetica di Le Corbusier,” Critica d'arte, III, 1938, pp. 33-38)，这一问题只在极少数有着真正兴趣的文章中得到论述：C. Rowe and R. Slutzky, Transparena. Le Corbusier-Studien I, Birkhauser Verlag, Basel-Eidgenossiche Technische Hochschule, Zurich 1968; C. Green, “Leger, Purism and the Paris Machines,” Art News, LVVIII, 1970, no. 8, pp. 54-56 and 67; S.A. Kurtz, “Public Planning, Private Planning,” Art News, LXXI, 1972, no. 2, pp. 37-41 and 73-74.

品中，柯布超越了德国的“理性主义”模式，对普遍性的前提进行了检验。他直觉地感知到了都市问题必须在哪个方向上思考。

从 1929 年到 1931 年，柯布的城市项目遍及乌拉圭的蒙得维的亚、阿根廷的布宜诺斯艾利斯和巴西的圣保罗等城市，最后又完成了阿尔及尔的奥勃斯规划（Obus plan）。在这些规划设计中，柯布系统阐述了他在现代城市问题上最前沿的理论假说。直到今天，无论是从意识形态还是形式角度来看，这一假说仍然无人超越。[2]

＊勒·柯布西耶为阿尔及尔做的奥勃斯规划，1930 年

与陶特（Taut）、梅（May）和格罗皮乌斯不同，柯布完全打破了建筑－街区－城市的链条模式。作为一个物质和功能的整体，城市结构本身就已经包含了全新的价值尺度。并且，它是一种陈述，其意义只有在城市的全部背景、整体景观中才能得以体现。

因此，阿尔及尔规划中，卡斯巴老城（old Casbah）、帝王堡山（hills of Fort-l'Empéreur）、蜿蜒的海湾都成了可再利用的原始素材。它们真正成为巨大尺度的现成品。在全新的城市结构的作用下，这些现成品的原有意义不复存在，随之出现的是一个史无前例的整体。

但是，这种极端的设计必须与最大限度

—

2. 我在这里只是极其综合性地概述了柯布的档案，它需要彻底、细致的研究。布莱恩·泰勒（Bryan Taylor）关于柯布在巴黎的档案研究（柯布在 Pessac 综合区的设计与实践，和他早期对工人住宅的研究），开启了新的研究方向。这肯定会革命性地修订将柯布视为都市主义者的论断。参见 B. B. Taylor, Le Corbusier et Pessac, 1914-1928, Foundation Le Corbusier-Harvard University, 1972. 关于这个问题同样需要注意的文章是 P. Turner, "The Beginnings of Le Corbusier's Education," Art Bulletin, LIII, 1971, no. 2, pp. 214-224.

的自由和灵活性相匹配。因而，整个操作的经济前提是很明确的。奥勃斯规划不只需要一个全新的“土地法”(territorial statute)，通过克服早期资本主义无政府主义式的土地使用，而使所有城市土地便于进行整体的有机重组，从而成为一种名副其实的都市体系。[3] 在这个案例中，对土地的彻底利用还不够。事实上，工业的目标并不在城市空间中预设某一既定的位置。批量生产，主要暗示的是对一切空间等级体系的颠覆。技术世界是没有地区差异的，它的操作范围涉及整个人类。它是一种纯粹的拓扑学空间——比如人所共知的立体主义、未来主义、要素主义。所以，对于城市的重组而言，整个三维空间都可以大派用场。

显然，这一城市概念包含了两个不同的干预层面：生产环节和消费环节。

整个都市空间和环境的重建，都需要对城市“机器”进行理性化的全面组织。技术结构和交通系统必须在城市尺度上构成一个统一的“意象”。这样操作的话，反自然主义的人工区域就可以在不同层面上和特殊的道路网（高速公路奔驰在蛇状建筑体的屋顶上，底下是工人住宅）上展开，从而获得一种象征性价值。坐落在帝王堡山上的住宅建筑形式自由奔放，宛如超现实主义的先锋派作品。如同萨伏伊别墅内部的自由形式或者位于巴黎香榭丽舍大道的贝斯特居伊公寓的顶部阁楼（the Beistegui attic）滑稽的集合形式一样，这些曲线形的建筑好似一堆巨构，表演着一种抽象的、升华了的“矛盾之舞”(dance of contradictions)。[4]

并且，在都市结构（它最终融入某种有机整体）的层面上出现的是：矛盾的肯定本质，非理性与理性的和谐一致，对剧烈张力所做的“英雄式”的综合。只有通过这一形象结构（除此之外别无他法），必然性才与自由融合在一起。前者以严格控制的规划估算为表现，后者则以更高层面的人类意识为表现——它重现于规划之中。

—

3. 柯布在阿尔及尔的经验尚需进一步的研究。不过，我们可以看看研究柯布城市规划的一本小书的相关章节，G. Piccinato, L'architettura contemporanea in France, Cappelli, Bologna 1965; S. von Moos, Le Corbusier. Elemente einer Synthese, Verlag Huber, Frauenfeld 1968 (French ed. Horizons, Paris 1971); 以及 R. Panella, “Architettura e citta intorno al'30. Algeri nei progetti di Le Corbusier,” 多位作者合著的 Per una ricerca di progettazione, 3. IL ruolo dell'abitazione nella formazione e nello sviluppo della citta moderna e contemporanea, Istituto Universitaria di Architettura di Venezia, Venice 1971.

4. Poème de l'angle droit (Paris：Verve Editions, 1955) 一书中的画，阐明了柯布为穿越迷宫之旅的智性经验所赋予的意义。正如对克利(Klee) 来说（这些画非常接近于他的图像趣味），秩序并不完全外在于创造它的人类活动。当对综合的寻求，一直充斥着记忆的不确定性、疑惑的张力、导向他途而非最终目的地的路径的时候，这个目的地只有在切实经验的完满性中才能抵达。同样，对柯布来说，绝对形式充分实现了对未来不确定性的持续克服，它将怀疑论的立场确立为集体救赎的唯一保证。

柯布西耶同样使用了震惊技术。但是，柯布那些所谓的“激发诗意情感的客体”（objets à réaction poétique）是在辩证有机的整体中彼此关联的。并且，它们也必然对形式与功能的动态的内部关系进行实验。在每一个解读和使用的层面上，柯布的阿尔及尔规划都将公众彻底卷入其中。当然，值得指出的是，这种以观众为前提的参与，是一种批判性的、反思式的、知识分子式的参与。实际上，任何对这一城市形象的“漫不经心的解读”（unattentive reading）都会留下一个含糊不清的印象。我们不能排除，柯布就是在利用这一间接效果，使之成为某种必要的间接刺激。[5]

但是，“通过吸收焦虑的起因来化解焦虑”，这并不是柯布的阿尔及尔方案的全部意义。它要解决的问题是，在生产的最低单元（也就是单个居住单元）层面上，如何获得最大程度的灵活性、可互换性、适应性，以满足快速消费的需求。巨大的结构框架坐落在层层叠叠的人工地层（terreins artificiels）上面。在这些框架之中，预制的居住单元水银泻地般地插入其中。对于公众而言，这是一种邀请，他们可以积极参与到城市设计之中。在一幅设计草图中，柯布西耶甚至还预想了在结构框架中插入些怪异且折中的元素的可能性。给公众自由，必须做到这点才算数——允许他们表达自己的低级品味。这里的公众有两种：海边的蜿蜒的巨型建筑中居住的无产阶级，和帝王堡山上居住的中产阶级。就此而言，建筑不仅具有教化意义，而且也是一种整合集体的工具。

另一方面，自由对工业的意义更大。与恩斯特·梅的“法兰克福厨房”不同，柯布西耶并没有把最小的居住单元具体化为标准的功能要素。因为，在单体建筑层面上，必须着重考虑的是，急剧的资本扩张所推动的不断涌现的技术革命、新的样式和快速消费等迫在眉睫的问题。从理论上说，居住单元是一种短期消费物。它能随个体需要的变化而更替。而建筑生产所规定的创新模式和居

—

5. 在柯布西耶的许多文章中，建筑干预作为一种阶级同化的工具，显然被人为地削弱。但是他为荷兰 Van Nelle 工厂所写的东西却将之表达得相当清楚：“鹿特丹的 Van Nelle 烟厂，这一现代创作，清除了‘无产者’一词原先所具有的绝望含义。以自我财富为中心的本能向集体行动的情感的偏转，导致一个极端快乐的结果：出现了个人参与人类事业的所有阶段当中的现象。劳动依然处于基本的物质状态，但精神照亮了它。我再说一遍：一切都在‘爱的证明’（a proof of love）这句话中。我们必须通过一种有扩大和净化功能的新的管理形式，来领导现代世界走向这一目标。告诉我们自己是什么身份，可以采用什么方法，为什么要工作。为我们提供规划，展示规划，解释规划。让我们团结起来……如果你为我们展示并解释规划，那么有产阶级和无产者的旧有界限将不再存在。取而代之的是有信仰和行动的唯一社会……我们正处在一个最严格的理性主义时代，这是道德心的问题。”（Le Corbusier, “Spectacle de la vie moderne,”La ville radieuse, Vincent Fréal et C., Paris 1933, Eng. Trans., The Radiant City, translated by P. Knight, E. Levieux, and D. Coltman, Orion Press, New York, and Faber and Faber, London, 1967, p. 177.）

住标准又引起了更多的需求变化。[6]

现在，阿尔及尔规划的意义已昭然若揭。作为城市重组的主体，公众被要求批判性地参与到这一创造性活动当中来。理论上说，在激烈的、“使人振奋”的不断发展和变革过程中，技术先进的工业企业、政府职能部门、城市的使用者，大家的角色都相差无几了。可以说，从生产现实到城市形象以及形象的运用，整个城市机器已经将机器文明的“社会”潜能推到了极至。

现在，我们必须回答这一显而易见的问题。为什么柯布的阿尔及尔规划，和后来他为欧洲和非洲城市所做的规划，甚至还有那些较小型的计划，都半途夭折了呢？我们已经说过，即使在今天，在建筑设计和都市规划的领域中，这些计划都算得上是资本主义文化中最先进、形式上最高超的设想。这一说法，与柯布西耶的失败经验不是相矛盾吗？

答案是多种多样的，各有道理，而且互为补充。然而，我们首先不应该忘记的是，柯布西耶在以一种严格意义上的“知识分子”身份来工作。与陶特、梅、瓦格纳等人不同，他拒绝与地方、国家的政府部门合作。他的设想产生于特殊的现实（当然，阿尔及尔的特殊地形和历史积淀是独一无二的；所以，以此为基础的规划形式也是不可重复的）。但是，他的方法毫无疑问能广泛应用。从特殊到一般：这正好与魏玛共和国的知识分子们所秉持的方法截然相反。颇含深意的是，柯布在阿尔及尔四年多的工作是没有官方委托和经费支持的。他自己“杜撰”出一份委托，设想它可以普遍应用，并且愿意为自己的行为和创造性角色付费。

这一切，使得他的工作模式具有实验室的种种特征。诚然，一个实验室中的试验不可能自行转化为现实。而更麻烦的是，柯布所设想的规划的普遍应用性，和他试图去触动的背景结构正相冲突。由于柯布的目标是建筑革命化行为与经济技术现实的尖峰任务相并轨，但这一现实到现在为止，还不具备连贯的有机形式，所以，柯布所设想的现实主义被当作乌托邦，就没有什么值得奇怪的了。

在另一方面，如果不与现代建筑的国际性危机的状况联系起来，换句话说，如果不将其与“新世界”[7] 的意识形态危机联系起来的话，阿尔及尔的失败——也就是柯布的失败——是不能被正确理解的。

现代史学研究是如何诠释现代建筑的危机的？这无疑是一个相当有趣的问题。通常

—

6. 以此为基础，我们可以反驳班汉姆的论点，他以技术发展为立足点，批评“现代运动”大师们在类型学上的停滞。他写道，“在选择稳定的类型或规范时，一旦正常的技术发展过程被打断，建筑师就会选择暂停。正如我们所能看到的，要中断这些变化和革新过程，唯一的途径就是抛弃我们现在所知的这些技术，并且将研究和大规模生产终止下来。”(Reyner Banham, Theory and Design in the First Machine Age, Architectural Press, London 1960, p.329) 或许已经没必要指出，从1960年到现在大幅激增的那些建筑科学幻想（它们想弥补技术发展的“图像”维度），同柯布西耶的奥勃斯规划相比，都相当令人不安地倒退了。

＊大都市：克莱斯勒大楼的尖塔，纽约（建筑师：William Van Allen，1928-1930 年）

的看法是，现代建筑的危机始于20世纪30年代前后。此后，这种危机愈演愈烈，至今方兴未艾。最初，几乎所有的责难都归咎于两个政治黑洞——欧洲法西斯主义、斯大林主义。然而，大家全都忽略掉的是这样一个现象，整个世界在刚刚经历了1929年的巨大的经济危机之后，新的决定性要素在不断涌现：国际资本重组、反周期式的规划体系的确立，以及苏维埃的第一个五年规划的实施。

不无意义的是，凯恩斯（Keynes）的《通论》（*The General Theory of Employment, Interest and Money*）在经济学领域中所阐述的目标，几乎都能在现代建筑之中找到。凯恩斯干涉主义的基础与现代艺术的基础如出一辙。它们都试图“通过将未来看作现在，来摆脱对未来的恐惧”（内格里[Negri]语）。在严格的政治意义上，这同样也是柯布西耶城市规划理论的基础。凯恩斯对他所谓的“灾难性的执政党”（party of catastrophe）的政策进行了反思，以便在新的层面上化解这些政策的灾难性后果。[8] 同样，柯布也意识到现代城市的阶级现状，并尝试在更高的层面上化解冲突。他试图为社会大众的整合描绘最新最美的蓝图，从而使作为城市发展机制的运作者和积极使用者的社会大众现在具有有机的“人”的意义。

这样，我们最初的假设得到了验证。当规划的现实状况（reality of the plan）将化身为规划理念（ideology of the plan）的建筑学一扫而光的时候，也就是乌托邦层面已经被替换的时候，规划就成为一种操作机制。

当现代建筑的天生承担者——大工业资本——离开了它原始的理念，将上层建筑抛在一边的时候，现代建筑的危机就出现了。从这一刻起，建筑的意识形态就是茫然无措。它固执地坚持自己的设想会成为现实。这要么会使其跨越落后的现实，要么就是在胡搅蛮缠。

这样来看，我们就能理解1935年以来的现代运动的衰落和令人焦虑的纷争。对城市和地域进行理性化控制这一普遍欲求，从来都没有回应。它们一直都在隔靴搔痒，只是对那些偶然出现的局部目标略有作为。

这样一来，貌似有些匪夷所思的情况出现了。形式的意识形态似乎不再坚持它对现实主义观点的忠诚。它退回到资产阶级文化内在的辩证关系的另一位置上（乌托邦）。尽管“设计的乌托邦”（utopia of design）一息尚存，但是，其过程（它已完全跨越了意识形态层面）已然被破坏了。作俑者就是，对混乱的恢复，对焦虑的静观（构成主义似乎一劳永逸地消解了它），以及崇高的无序。

建筑的意识形态陷入一个无可否认的僵

—

7. 作为一种释放潜力的无限领域的“新世界”的意识形态，是里西茨基和汉斯·梅耶两人的共同点。参见梅耶的重要文章“Die neue Welt”, in Das Werk, 1926, no. 7.

8. 参见A. Negri, “La teoria capitalista dello stato nel ’29: John Keynes,”引文同样参见S. Bologna, G. P. Rawick, M. Gobbini, A. Negri, L. Ferrari Bravo, and G. Gambino, Operai e Stato. Lotte operaie e riforma dello Stato capitalistico tra rivoluzione d'Ottobre e New Deal, Feltrinelli, Milan 1972.

局。它抛弃了自己对于城市和生产结构所扮演的推动性角色，并且躲在重新发现的学科自主性或者自我解构的神经质姿态背后聊以自慰。

当下的建筑批评无力分析设计危机的真正原因。它的注意力全部集中在设计自身的内部问题上。它汇集起征兆性的新生意识形态（symptomatic ideological inventions），以此为视觉交流技术和技术乌托邦的结合提供一个新的依据。或许还应注意的是，这一结合的理论背景是某种含糊的“新人文主义”（neo-humanism）。与上世纪20年代的新客观派相比，这一“新人文主义”的重大缺陷在于，它将自己的角色混淆为乌托邦和发展之间的中介。并且，正好就是城市形象在一直致力于恢复这一结合，显然这颇值得体味。

在这里，城市俨然成为一种上层建筑。事实上，艺术的当务之急就是构建城市的上层建筑面貌。波普艺术、光普艺术，它们对城市“成像能力”（imageability）和“未来美学”（prospective aesthetic）的分析，其目标都在于此。当代城市的矛盾消解进多重意象之中。并且，通过对形式的复杂性进行修辞上的夸张，这些矛盾被掩盖下来。平心而论，这一形式上的复杂性只不过是从发达资本主义的规划中逃逸出来的那些不和谐音的爆发。因此，恢复艺术概念，有助于新的掩饰任务。确实，由于工业设计在增长消费的层面上是技术产品的核心，并且决定着产品的质量，所以，对生产残渣和废料再利用的波普艺术就居于后卫的位置上。然而，这正好应对了视觉交流技术当下的双重要求。一旦艺术拒绝将自己置于生产周期的先锋位置，那么它反倒验证了消费过程的无限性。事实上，即使是废品垃圾，经过艺术的转变升华为无用或虚无的艺术客体（具有某种新的使用价值[value of use]）之后，可以重新进入（即使是从后门进入）生产——消费的循环之中。

这一慎而重之地将自己放在后卫位置上的艺术也表明，它拒绝向城市的矛盾妥协，并且将它们彻底解决。它也拒绝将城市转变成为一个统一的有机机器——没有古代城市特有的无用的铺张形式，或者是随处可见的功能障碍。

这样一来，艺术就必须向大众表明，矛盾、不平衡、混乱都是当代城市不可避免的特征。它必须让大众看到，混乱包含超乎想象的丰富性和无穷无尽的可能性，某种“游戏”品质——它现在被塑造成社会的新物神（fetishes）。

新的城市意识形态的提议可以归结如下：建筑的和高技的乌托邦主义；重新发现以卷入公众为前提的游戏；对“美学社会”（aesthetic societies）的预言；力邀大家捍卫某一

9. 关于此现象之征兆的文本可参见：G. C. Argan, Relazione introduttiva al convegno sulle “strutture ambientali”, Rimini, September 1968; L. Quaroni, La Torre di Babele, Marsilio, Padua 1967; M. Ragon, Les visionnaires de l'architecture, Paris 1965; A. Boatto, Pop Art in U. S. A., Lerici, Milan 1967; F. Menna, Profezia di una società estetica, Lerici, Milan 1968。把这些文本放在一起，并不是说就完全无视各自的特点。

种想象力（championship of the imagination）。[9]

在这里，我们有必要特别提及皮埃尔·瑞斯坦尼（Pierre Restany）的《总体艺术白皮书》（*Livre blanc de L' art total*）[10]一文。它主张对艺术的所有诉求进行综合和平衡，以便突破操作主义的桎梏，赋予艺术新的教化意义。文章的重要性在于，其所有观点都产生于对目标缺失（我们现在还对之追求不止）的忧患意识。换句话说，为拯救艺术而提出的“新”方案，这与历史先锋派的主张的内涵基本相同。不过，其自身也是含糊且缺乏信仰的——更早点的先锋派在这点上则颇值得肯定。瑞斯坦尼写道：

> 语言的变形，只不过是社会结构变更的投射。技术，通过不断缩减艺术（新语言的综合）和自然（现代的、技术的和都市的现实）之间的鸿沟，扮演着一个决定性角色。它是一种必备的、强力的催化剂。
>
> 技术不仅创造了巨大和无限的可能，而且也显示出转型时期必不可少的灵活性。它增强了艺术家的意识，不再拘泥于操作的形式效果，而是更加注重人类想象力的发挥。简言之，当代的技术已经为想象力的充分发挥创造了条件。一旦摆脱了标准化的束缚，摆脱了现实和生产的问题，创造性的想象力就成为人类的一种普遍意识。展望美学是人类伟大梦想的载体，引导我们走向人类的集体自由。艺术的社会化就是创造力和生产力合而为一，走向动态综合和技术变革的

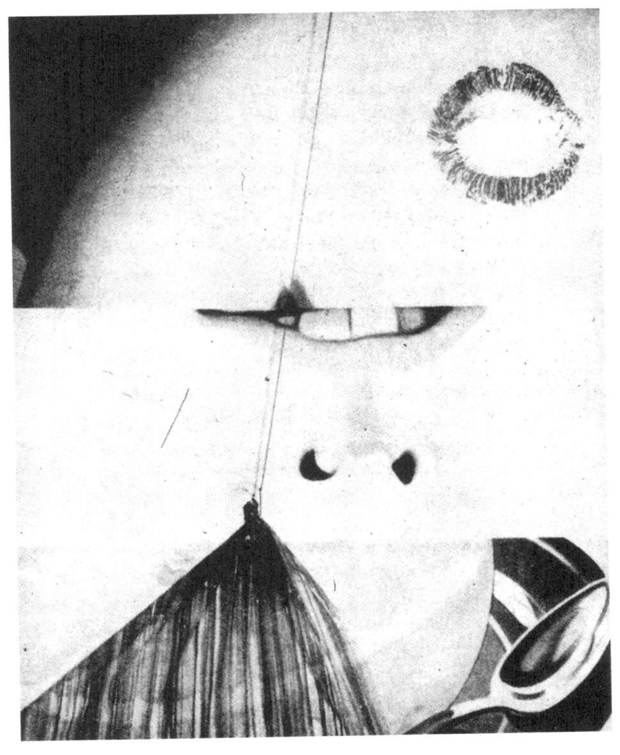

*詹姆士·罗森奎斯特（James Rosenquist），“清晨阳光”，1963年

—

10. Pierre Restany, “Le livre blanc de l'art total; pour une esthétique prospective” in Domus, 1968, no. 269, p. 50.

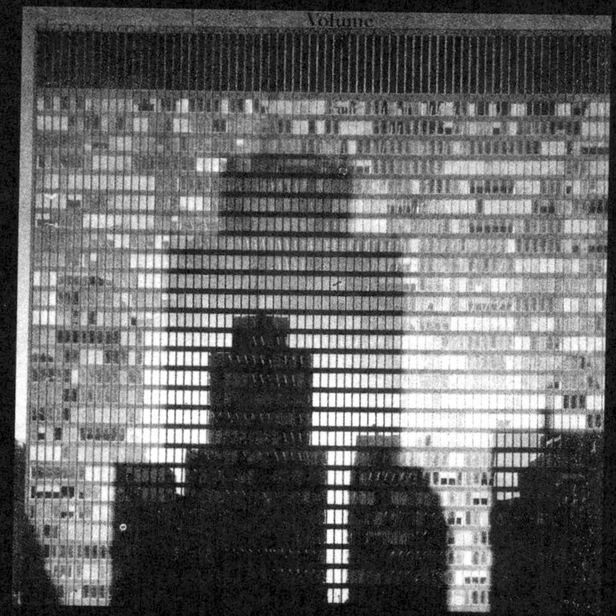

＊密斯，联邦中心，芝加哥，
1959-1964 年

＊密斯，巴特利公园的重建设计，
纽约，1957-1958 年

目标。正是这样的重构将人类和现实真实的现代面貌表现出来，使他们回归自然，远离一切异化。[11]

这样，一切就都自圆其说了。马尔库塞的神话被用来证明，只有进入到当前的生产关系之中，才有可能获得某种定义模糊的"集体自由"。人们只需要将"艺术社会化"，并将其置于技术"进步"的前端。现代艺术的整个过程是否清楚地表现出乌托邦特征已经不重要。事实上，我们甚至可以把法国1968年5月风暴提出的最含糊的口号再捡起来。"想象的力量"（L' imagination au pouvoir）把反抗/保守、符号隐喻/生产过程、逃避现实/强权政治（realpolitik）都调和起来。

不仅如此，通过重申艺术的中介角色，我们还能将启蒙时期曾赋予艺术的自然主义（naturalistic）属性归还给它。这样，"先锋"批评显露出它的目标。"先锋"批评为艺术(它把语义分析的所有结论都接受下来）所鼓吹的混乱和暧昧，只不过是将当代城市结构的危机和混沌升华了的隐喻。瑞斯坦尼继续写道：

> 批评方法必须致力于美学的普及化：它取代了个体"劳动"和多重生产；从根本上区分创造和生产这两种互补秩序之间的差异；在所有综合性试验领域中，它对操作性的探索和技术合作都进行系统化处理；用知觉心理学的方法来建构游戏和奇观观念；从集体交流的角度组织环境空间；使个体环境融合在安居乐业的城市集体空间之中。[12]

这些观点希望检验与判断那些通过未来学（futurologies）和渴求自我释放来实现的作品，这是必然的选择。它们能够解释美国嬉皮社团的游牧村庄（暂时性住房采用的是富勒的结构，"自由"和技术结合在一起）；或者第14届米兰三年展展出的环境设计；或者索特萨斯（Jr. Sottsass）的色情性的自我炫耀主义（erotic exhibitionism）；或者还有纽约现代美术馆在1972年组织的"意大利：新本土景观"展览的室内和否定性设计（negative-design）。[13]

换句话说，我们正在见证一种不断增殖的、先锋的、反抗性的设计。但是，它与沃霍尔（Warhol）和帕斯卡里（Pascali）的电影不同。这种设计被国际机构制度化，大加泛滥，且被吸纳进精英圈子。通过工业设计和对"微环境"的创造，大都市结构中所爆发的矛盾被升华，成为一种排遣式的反讽对象，进入私人生活。阿基佐姆小组（Archizoom）的聪明"游戏"，佩西斯（Gaetano Pesce）令人痛苦不已的制造物，通过对想象的私人化使

—

11. 重点强调。

12. 同上。显然，我只是将瑞斯坦尼的文本作为新先锋派里广泛流传的神话的一个例子。再者，我的许多断言也可能适用于那些意在通过乌托邦进行救赎的更为严肃的"学科"尝试。关于作为技术乌托邦的艺术，参见G. Pasqualotto, Avanguardia e technologia, cit.

13. 参见展览目录Italy: The New Domestic Landscape. Archievements and Problems of Italian Design, edited by Emilio Ambasz, The Museum of Modern Art, New York 1972.

用而提出某种“自我解放”(self-liberation)——尽管他们在口头上的宣扬正好相反。奥登伯格(Oldenburg)或法哈斯图姆(Fahlström)的那种具潜在威胁性(still-menacing)的符号,发现自己在一种和平的“本土景观”中还有用武之地。

这些多少有些精巧的游戏之所以在设计领域中大展拳脚,原因在于建筑周期与工业生产的“客体”之间出现一道裂口。那么,在意象的爆炸中,我们是否并未发现新的自动化技术已经显露出生产控制发生巨变的征兆?并且,对建筑活动进行技术重构已经不可回避?[14]

但是,需要注意的是,即使在纯粹的意识形态领域中,“否定性”设计开启的对自我疏离(self-disalienation)的徒劳企求,在某些画家——比如罗森奎斯特(James Rosenquist)——那里仍有所回应。他的形式塑造活动,比之“令人难受的”环境,给人的触动要强烈许多。在介绍其版画作品《F-111》的一个访谈中,罗森奎斯特作了如下应答,发表在《党性观察》(*Partisan Review*)上:

> 这张画中有51块格子。最初,它来自一个出售不完整的视觉残片的想法。把其中一块挂在你的墙上,你会感觉到某种怀旧之感。它不完整,这似乎挺浪漫的。它必须要对这样一个观念做点什么:现在的人们忙于收集,他正在把时间或历史的留声片买下来,就像第六大道和52街区的建筑的片段一样。这一碎片甚至在现在或不远的将来,也许只是一个空白的铝板,但是,在早些时候,它或许还曾是一个奇特的檐口,或者某种似乎更为人性化的东西。
>
> 多年前,当人们看到第六大道上车来人往的时候,那时的交通工具或许是马群什么的,大街上也都是有节奏的肌肉运动。而现在,他在街上看到的或许只是静态运动的瞬间一闪。艺术应该是什么样的,它就像这幅画的一个片段,只是一块铝板而已。[15]

“静态运动的瞬忽一闪”(a flash of static movement),罗森奎斯特的《F-111》,是与“某种死寂符号”(deadly silence of a sign)相关的最为内在的、浓缩的大都市经验之一。这一符号来自于蒙德里安的《百老汇爵士乐》(*Broadway Boogie-Woogie*)之类的当代绘画。即使是费城中心,凯文·罗奇(Kevin Roche)在纽黑文的塔楼,或者是山崎实(Minoru Yamasaki)和罗斯(Roth)在曼哈顿的世贸双塔,它们也不过只是“静态虚空的飞逝闪现”(fleeting flashes of static emptiness)。这些建筑的特别之处与其说是有意为之的形式空无,还不如说是这些“碎片”在当代大都

—

14. 我在“Design and Technological Utopia”一文里继续阐述了这一观点。它收在上一个注释所引用的展览目录里,第388页及之后。

15. G. Swenson, “The F-111: An Interview with James Rosenquist,” Partisan Review, vol. XXXII, no. 4 (fall 1965), pp. 596-597.

市中呈现出来的含义。按照罗森奎斯特的比喻，尽管这些作品是碎片，它们也不甘心自己仅只成为理智的收藏家眼里的“一张空白的铝板”。[16]

在这一点上，有人会疑惑，在这种蓄意的形式沉默与鲁道夫（Rudolph）或伦迪（Lundy）的孤注一掷的（但具怀疑性的）形式扭曲之间，是否真的存在实质上的差异。后者特别是波士顿发展中心和伦迪在纽约第五大道的鞋店。

为了“维持”大都市空间，建筑似乎被迫自行成为一个幽灵。看上去它在用这种方式救赎原罪，而实际上，它只不过想要赋予城市原始结构以形式（由于自身的学科规则而独立）。当然，值得我们悉心体味的是，在美国（此类现象在美国最明显），大学城反倒像一个活生生的建筑博物馆，汇聚了曼哈顿或底特律之类的城市所不容的多种形式经验。现在，密斯，这个现代建筑的冒失鬼（enfant terrible），他那无可置疑的（建筑）产品所预言的东西已成为现实。纽约的西格拉姆大厦或芝加哥的联邦中心，由于绝对的非语义品质，都成为“通过自身的死亡来得以存在”的客体。并且，它只有用这种方法才能免于失败。[17]

今天，与新先锋派的“喧嚣”相比，密斯的“静默”似乎有些过时。但是，与历史先锋派的提议遥相呼应的新先锋派，有什么真正的新东西吗？学术分析很容易证明，翻新的意识形态兴趣且不说，新奇的空间是极端有限的。实际上，如果不考虑马尔库塞式的乌托邦——它试图用想象力所达成的大拒绝（great refusal）来恢复未来之维度——那么，与历史先锋派的内在一致性相比，这儿显然缺了些什么。

既然关于形式的思考必须不断地整合进生产周期，那么，我们应该如何解释那些坚持过度的形式处理和恢复艺术的特定维度的行为呢？对于此项质疑，一个广为接受的答案显然参考了符号学和批判性语言分析领域中的成果。用这些方法来研究建筑语言的“新基础”，其目的在于寻找一块客观的地形，以战胜那些曾经克服过的问题。

翻译：胡恒

—

16. 关于这一点，我们应该回顾马里奥·马里瑞-伊里亚（Mario Manieri Elia）关于世贸中心所做的敏锐分析。参见 L'architettura del dopoguerra in USA, pp. 85-88.

17. 最大的错误莫过于将密斯·凡·德·罗的后期作品解释为是对其 1920 年代作品的否定，或者将其后期设计解读为是一种对新的平静的学术世界的野蛮入侵。密斯或许可以称得上是“黄金一代”的建筑师中最“不可测度”的一个。如果我们将其激进的元素主义（这个东西形成了 1919 至 1922 年柏林先锋派的某些悲剧性的禁欲气息）与达达主义的经验分离开来，那么要理解他是不可能的。确实，我相信，他和科特·施维特斯（Kurt Schwitters）、汉斯·里希特（Hans Richter）的友谊，以及与 *Frühlicht*、*G* 这些杂志的同仁之间的友谊，能够解释很多看似难以理解的事情。另一方面，需要注意的是他和“风格派”团体之间的友谊。赛维坚持这一友谊的存在（参见 B. Zevi, Poetica dell'architettura neoplastica, Tamburini, Milan 1959），但是密斯自己否定了这一点（参见他和彼得·布雷克的对话：P. Blake, "A Conversation with Mies,"edited by G. M. Kallmann, in Four Great Makers of Modern Architecture, symposium held at Columbia University, Da Capo Press, New York 1970, p. 93 ff.)。为了理解这一看法的原因，我们必须回到早期密斯的彻底的反乌托邦文化，举个例子，正如他在"Rundschau zum neuen Jahrgang," (Die Form, 1927, no. 2, p. 59) —文中所表达的。在这个问题上，我反对赛伦伊（P. Serenyi）在其文章中对密斯后期作品的诠释（参见"Spinoza, Hegel and Mies: the Meaning of the New National Gallery in Berlin,"Journal of the Society of Architectural Historians, XXX, 1971, no. 3, p. 240)，或者莫霍伊·纳吉（S. Moholy-Nagy）的文章（"Has 'Less is More' become 'Less is Nothing'? "in Four Great Makers, pp. 118-123)。康拉德（U. Conrads）的文章（"Ich mache ein Bild···Ludwig Mies van der Rohe. Baumeister einer strukturellen Architektur,"in Jahrbuch Preussischer Kulturbesitz 1968, Grote, Cologne-Berlin 1969, vol. VI, pp.57-74）就更加客观，尽管它与这里所讨论的东西距离尚远。

评论

Review

1

缝隙空间：演变与革命 *

童强

01 缝隙与空间

对空间的考察，是我们理解自身以及社会的重要方式。因为，人和社会，总是在特定空间中的人与社会，是在特定的空间环境下休养生息的群体。过去，人们只将所在的场所看作是不变的场地、恒定的舞台，其实，人的生存本身包含了这一场地以及相互之间的互动。正是在这个意义上，我们才需要关注空间，关注它（人的生存平台）是如何搭建起来的。

这个空间，首先是物理空间、几何学意义上的空间，它有特定的长宽高等，而且各向同性。至少在经验的范围内，我们既不能压缩一立方米的空间，也不可能把它加工成两立方米的空间。其次，人们选择一块土地，耕种、生活、繁衍，依托于一定的社会组织结构，以及各种社会制度。这是一种社会空间。在其中，我们发现一种非常有趣的空间现象——缝隙。它无处不在，且无法消除。

物的世界中总是存在着各种缝隙，桌子与墙壁之间形成的缝隙，房子与房子之间形成的角落，都是随处可以看到的缝隙。缝隙可以缩小，我们使劲把桌子靠近墙壁，但两者之间不可能没有一道缝隙。理论上讲，缝隙并不能用填充物来消除。实际上，填补得越多，填充物之间的缝隙就越多。所以，缝隙，就像噪音，可以人为地减小，但始终顽强地存在着。

缝隙是如何产生的？在经验层面上，一杯水倒进一盆同样的水中时，杯中水不会与盆中水形成缝隙。这是因为倒入盆中时，杯水本身并没有自己固定的边界。从这个角度来看，任何物体只要有边界，相近或相互靠拢的部分就会产生缝隙。这里，我们可以认识到两点：一、有边界就有缝隙，缝隙是边界的特征；二、缝隙是至少两个相近物体的特征。

缝隙不同于裂缝。尽管它们的物理特征基本相同，但裂缝总是源于一个物体。原本是同一，但在内部形成某种形式的边界、界限，由此产生裂缝。缝隙通常代表了两个客体的边界状况。

02 缝隙空间的社会学

人的生活具有各种边界，所以社会空间充满了各种缝隙。人总是按照某种具有边界的方式建构他周围的空间，他需要盖房子，他不想让别人靠他太近，他需要一块属于他自己的耕地；一个群体需要一块属于自己的地盘，他们不想让其他部族的人随便进入这个地盘，等等。生存展开的过程似乎就是对边界的讨价还价：确立一个边界，然后修改它，捍卫它，再次修改它。

* 本文为作者主持的国家社会科学基金项目(12BZX035)“中国早期空间政治学研究”的阶段性成果。

生活总是在设定各种边界的过程中展开。这注定了我们的社会生活空间充满了各种各样的缝隙。无论是个人、团体，还是城市、国家，这些社会主体都会以一种分隔开来的区域作为自身的存在空间或者活动场所。任何行为主体，从国家主权到机构团体，都需要永久的或临时的、实际的或者象征性的领地。领地就是分隔开来的区域，只要有两个分隔区域存在，它们相互之间必定会形成缝隙。想要消除缝隙，只能取消分隔。而我们知道，这是不可能的。因为个体的生存，不可能像杯水融入盆水那样让其他个体来代替。

只要有人、有社会实践活动，就必然会有缝隙。社会空间的缝隙也具有不可消除性，它已经成为城市空间中无法删除的组成部分。非但不能清除，而且随着中国当前城市化的进程，越来越多的劳动力涌入城市，空间缝隙化的速度也在加快。当然，这并不意味着100万人的城市比50万人的城市具有更多的缝隙，而是说，快速城市化进程中，社会组织化的相对滞后会加速缝隙化的速度。很显然，从社会层面上来理解缝隙，就不能仅仅局限于个体的边界，还必须考虑社会的组织结构。

一个游行的队列，一群奔赴前线的战士，这时考察个体之间的边界、缝隙显然没有什么社会学意义。因为游行的人从理论上讲都是为了一个共同的诉求，奔赴前线的战士完全是作为一个作战团体，更适宜被看作一个整体，特别是当他们面对敌人的时候。所以，在社会学层面上，缝隙总是在某种社会结构、社会组织的背景下被识别的。

社会空间形态有多种分析角度和描述方式。我们可以选择功能的角度，即把整个社会暂时看成是一个能够正常运转的系统。一个系统能够运转，意味着它的各个部分必须发挥特定的功能，各个部分相互协调，系统才有可能维持下去。

现代社会，特别是在城市，每个人都是通过各种功能供给系统（如行政、金融、交通、电力等）得到相关的产品和服务，食物、用水、电力、燃气、交通、电信、医疗、教育、娱乐等，而且总是通过这个功能系统提供自己的劳务，获得报酬以维持生计。即为了支付自己所需要的产品与服务的费用，人们必须在这个庞大的系统中找到工作。

这个庞大的功能系统，包括国民经济的主干、政府、教育、司法、军队等各种子系统，是社会运转起来的重要支柱。子系统都具有相应的空间形态，简单地说，它们都需要相应的工作人员，需要各种固定或不固定的空间。如电力系统，它的电厂、输电线网、管理部门、员工的住宿、电力生产、维修所需要的活动空间等，总之，它的功能输出总是以特定的方式在相应的空间中展开。这个空间通常是高度限定性、高度定义的空间，即，它有着一系列法律、行政上的规定、限制，也受到法律上的保护，如电厂“重地”就不是随便出入的地方。

各个系统在空间中分布，盘根错节，会形成各种缝隙。缝隙是与功能系统相对的

＊深圳城中村

些庞大的商业、金融、酒店服务业的哪一个系统，也不可能是哪个总部必不可少的分支。一个摊位是这些功能系统完全忽略的空间形态，或者说，是被这些系统排斥在外、疏离出去的空间形式。当然，功能系统会反驳说，我们从没有排斥这个摊位，那与我们无关。但是，社会学意义上的社会是一个整体，它包括穷人和富人，这个摊位的形成无论如何都与这些功能系统有着直接的关系。不论合法与否，这个摊位都是一种缝隙空间。它是商业中心里的一道缝隙。

一种空间状况。换言之，它是处在功能系统的边缘、被社会生产疏远化的某种空间形态——包括缝隙、窟窿、空档、角落、边缘等各种微不足道的空间形式。在金融机构、豪华酒店、跨国公司总部、著名品牌专卖店纵横交错、相互拥挤在一起的商业中心大街上，临时摆放的一个摊点，无论如何都不会属于商业中心那个空间。即使它就在商业中心最为中心的地理位置上，它也不会属于那

一群流浪者如果占据大桥下面的桥洞，就把那个纯粹空间意义的缝隙（桥洞）建设、改造成为适合他们自己生存实践活动的缝隙空间，一种具有社会学意义的缝隙（一种建筑形态上无法定义，但社会学以及未来的考古人类学必须承认的居住空间）。城市系统与乡村系统毗

邻，同样会产生不可避免的缝隙，通常称之为“城乡结合部”。它具有典型的缝隙空间形态——“城中村”。

我们不能完全根据“城中村”人的衣着、居住条件来对他们进行社会学身份判断，但他们所处的空间形态，却是非常重要的指标。依赖于缝隙空间生存的人，不太可能同时又隶属于明确的功能系统。这是说，缝隙空间总是对应着特定的社会群体，社会分层中较为边缘、底层的群体，外地人、拾荒者、无固定职业者等等。他们的构成比较复杂，似乎很难从理论上加以明确的定义，一般说来，它们只是在面向功能系统的劳动力竞争中处于不利状态的群体。功能系统内部的岗位竞争变得越来越困难。当然，由于整体的竞争环境，庞大的功能系统不可能为所有的劳动力提供岗位。另一方面，由于竞争，总有一部分人不可能获得功能系统提供的正式职位。

“多余性”成为这些缝隙人、边缘人社会角色的特征。多余的物，总是对应着空间上一个暧昧的位置；边缘的、多余的劳动力，将在城市中占据一个含混的位置。如果当前城市化进程意味着吸引越来越多的劳动者聚集在城市当中，那么不可消除的多余性，就意味着城市正在加速空间的缝隙化。

03　缝隙空间的形式

社会功能系统的主体部分如果不能提供足够的就业职位，救助保障系统又不能充分生效时，那么一部分成员游离出来、边缘化而与社会功能系统形成对立，就是必然的了。

社会空间的构成受到多种因素的影响。权力通过空间定义（法律、安保等）以及强制和引导的方式管理、协调整个社会化空间，并为实现社会秩序提供空间上的基础。但随着城市化进程的加快，功能系统或者各种正式机构提供的岗位数相当有限，而且似乎越来越少，那么，总有一部分人、可能还是越来越多的人只能在各个功能系统的缝隙之间开辟自己的生存空间，自我设立“职位”，诸如开办小型经营体、摆摊等。这种缝隙化、边缘化空间通常都带有非正式、半正式的特点。发放广告的人所占据的街头无疑是他开辟出的工作场所，但它含混、不固定，没有任何正式定义。街头报亭尽管可以是政府允许的，但由于活动性和临时性的特点，多少仍然是弱定义的空间形式（没有土地证、房产证等）。

这些边缘群体的组成非常复杂，从基本合法的小商贩、短工者到半合法的经营，乃至于从事非法经营、非法活动的人，都可能属于这一范围。当然，这并不表明从事非法活动的人与遵纪守法的商贩之间没有区别。边缘群体的共同特征主要反映在其生存活动的非正规性上，这决定着边缘化群体所对应的是不正规、不正式的空间，即缝隙化的空间。但缝隙空间并不是随手可以领取的免费报刊，它几乎总是斗争的结果。也就是说，空间上的缝隙并不意味着直接就是缝隙空间，缝隙空间是缝隙人争取自身的生存空间的结果。

从缝隙空间的开辟上，略可辨识出挪用、

渗透、占领三种形式。

第一种类型：挪用　利用空间中的缝隙、时间监管上的缝隙，而使一个空间为己所用，我们称之为挪用。城市边缘化的群体并不会移向农村或者回到农村，他们终究要在城市中生存下去。有报道说，目前第二代民工已经无法适应农村生活，许多人从没有从事过农业生产，他们更加认同城市生活。城市并没有专门定义出一系列他们可以安居下来的场所，或者为他们融入城市提供某种制度化空间的保障。他们的生存成为自我保障式的生存，因此他们不得不发展出来各种灵活的游击策略——挪用。挪用城市空间的各种缝隙、孔洞、角落，形成自身的生存空间。当城市不能充分提供相对容易获得的生存空间，而那些看似缺乏竞争力的人又一时无法通过规范渠道获得各种岗位时，他们为了生存而挤占、挪用一切可能空间的斗争就不会停止。

缝隙化的挪用可分为“长期挪用”或“短期挪用”两种类型。城市中大量定义不明确、监管不到位的区域往往是长期缝隙化空间挪用的重要来源。一个违建形成的摊位是否合法常常很模糊。有时，即使按规定不合法，但人们会合乎情理地容忍它的存在。一块无人管辖或管理不严的场地，如废弃的厂房、长期没有施工的工地、城乡结合部等区域，会由于定义模糊而被长期挪用。许多城市中，有的“违建”建筑存在长达数十年之久。

从监管上来看，繁华街头、中心广场、高级写字楼等都属于高度定义的空间。但这些区域，不免会有监管上的疏漏，由此形成“时间上的缝隙”。人们利用这一缝隙，就可以在一个相当正式、正规的空间中开辟一个短暂挪用或者周期性挪用的生存场所。

＊拾荒者夜占广场整理垃圾，南京，新街口

南京德基广场上的一个例子就是这种挪用的典型。在南京繁华的商业地区——新街口德基广场的广告牌下，每到夜晚人们就可以看到，一群外地拾荒者，借助明亮的广告灯光“翻晒”、整理垃圾，“近十名男女正在翻整三四十包用大麻袋装的垃圾，地上随处堆放着废纸、瓶瓶罐罐、锅碗瓢盆及各种从写字楼里弄来的废旧打印机、墨盒及各种绳索等”[1]。繁华的广场一侧成了拾荒者免费使用的工作场地。当然，清晨来临，一切又都恢复了原样。它是利用监管的缺失而形成的一个不定时的短时段挪用。这一挪用持续了一段时间，当记者报道此事后，城管部门迅

—

1. 见董婉愉报道:《南京新街口每晚上演“垃圾秀”》，《扬子晚报》，2007 年 7 月 14 日。

速出动，很快取缔了这一非法占用。缝隙很快被填平了。

这一典型的缝隙空间具有三方面特点：一是空间挪用者作为“从业人员”具有非正式、非正规的特征。“职业”一词本身就包含着某种正规性。“所游必有常，所习必有业”（《礼记·曲礼上》），稳定性、专业性以及职业道德的要求是一个正式职业通常的特征。“正规的东西可以变成一种机构化的职业，非正规的东西则不然”。[2] 缝隙者从事的领域往往比较边缘、模糊，从事的内容容易变化，他们今天拾荒，是拾荒者；明天在工地做工，又成了民工。他们大多数人的从业内容一般不需要过高的职业技术内涵和技能要求。当然，某些群体可能在某一方面具有相当娴熟的技术，如偷盗者精于开锁、处理车辆防盗装置，“医托”非常熟悉哄骗外来求医者的一套“技术”等。但这些都不是职业化、正规化的技术。值得一提的是，他们从业的领域或行当往往无法清楚地描述，这些活动成了各种报道或信息交流中的模糊区域，它们并不处于社会正常视野的范围内。因此，缝隙者也无法获得对自己身份的明确认识。

二是挪用、挤占缝隙空间者具有高度的灵活性、机动性。与挪用者从事工作的非正规特点相联系的，在于它们的多变与机动。如上述广场上的拾荒者，据报道，“他们都是安徽怀远县某村的，现在南京的约有百十个人，分成六七拨，主要集中在大建筑工地上临时安身，因为这些地方距市中心很近，而且正好属于管理的空白。如果有人管，他们就另外换地方。……白天他们分头在各工地和居民楼幢里翻捡垃圾，到了晚上，大家相约来到德基广场前一起分类翻晒”。后续报道中，这些拾荒者在广场上的作业当然被取消了，但显而易见的是，他们只能而且肯定会转移到另一个地方重新开展自己的工作。现代社会发达的交通、通讯技术，大大提高了他们的流动性和机动性。

三是缝隙空间的形成与生存压力直接相关。缝隙空间的开辟与占用是与这些边缘群体强烈的生存动机联系在一起的。当生存面临诸如饥饿等直接压力，他们很容易与代表着社会的庞大功能系统形成强烈对抗。压力的驱动或者对抗所激起的反抗会使他们不顾一切地开辟各种缝隙，见缝插针，有空子就钻。所以，缝隙空间层出不穷，无法清除，成为城市的一种普遍现象。

第二种类型：渗透　分散灵活、时间上更加不确定的空间挪用，我们称之为渗透。功能系统的空间，严格保障、高度定义的正规空间，并非总是固若金汤。缝隙化总是存在，只是程度上有所差异。渗透也是一种挪用，但比通常的挪用更加机动、分散，更加不确定。任何一个高度定义的空间，监管的疏忽都可能造成“入侵”。侵入者在短时间里占据某个空间，实现自己的目的。流动的兜售

—

2. 卡尔·施米特：《政治的概念》，刘宗坤等译，426页，上海人民出版社，2004。

者、偷盗、抢劫者正是利用这种渗透形式为自己不断地开辟“工作场所”。

渗透式缝隙空间的存在还取决于功能系统本身。一般地说，“缝隙空间”总是处在空间的缝隙之中，如城乡结合部、公园角落、街头巷尾、桥梁的桥洞等，但并非总是如此，它们往往渗透、附着在中心区域、功能系统区域的内部。

豪华酒店、高端写字楼也会需要场地清洁、废品回收、物品寄送等工作，它们不一定都是由正规的公司来完成。功能系统本身就包含着缝隙产生的机制。繁华的中心商业区的结构以及运作本身不断地生成缝隙。外地人、无固定职业者、拾荒者总会在繁华地段中找到角落，不断地渗透、开辟缝隙。另一方面，中心区域本身“富含”缝隙化生存的资源。商业街的快速发展给附近背街小巷中“违章搭建”的盒饭店、快餐店以及临时摊点提供了机会；大医院附近都是廉价旅馆、快餐、花店、水果摊开张的好地方；市中心密集的商业写字楼，正是拾荒者捡拾“废旧打印机、墨盒及各种绳索等”颇有收益的场所；火车站、长途车站广场大多是倒卖火车票的人（俗称“黄牛”）、非法营运车辆见缝插针的区域。还有一种复杂的吸附中心的情况，即正式的经营体可能会附着许多晦暗经营的缝隙空间，如酒店、夜总会、洗头房等自身正规经营的局部空间不免地下化、缝隙化，以适应某些特殊的经营。

04　缝隙空间的战略

在讨论第三种类型“占领”之前，我们可稍微停顿一下，来探讨缝隙空间开辟者、占据者所具有的战略。

无论是挪用，还是渗透，都具有灵活、机动的特点，这构成了缝隙化生存最重要的战略。从某种意义上来说，缝隙人与战时的游击队员有着非常相似的特点。

游击队理论的研究者认为，游击队员具有非正规、灵活性、政治倾向和依托大地的品格等四个方面的特征。首先，游击队员都是非正规的战士，没有统一的军装、统一的武器等。而城市缝隙人、边缘人就其“活动”而言也都具有非正规、非正式，甚至是半合法、不合法的特征。

其次，游击队员具有高度机动性、灵活性，在时空上、作战方法上具有神出鬼没、机动灵活的特点。我们看到，城市缝隙人、边缘人同样具有类似的时空上的不确定性。夜晚，城管监管不力，拾荒者就能够把成吨的垃圾搬到白天最热闹的广场上。而当他们从这个广场被驱逐之后，很显然，他们会在最短的时间内开辟新的战场。

历史上，游击队员的身份很难确定，从合法的战士到罪犯、恐怖分子，这样一个很宽泛的界定中，他们都有可能。他们有时候是得到法律认可的战士，有时候则被视为罪犯、土匪、恐怖分子。这一点与现代城市缝隙人、边缘人含混的身份十分相近。他们可能是循规蹈矩的小商贩，也可能是持枪抢劫、贩毒的不法分子。

游击队行动的正当与否，在于他们是否具有相应的政治目标。缺乏政治目标时，他们就很难与土匪、罪犯区分开来。一旦具有保卫家乡、驱逐入侵者的目标，他们常常被视为爱国英雄。二战期间，德国的非法抵抗战士和地下活动分子成了游击队员的典型。1941 年到 1945 年苏联卫国战争期间，在敌人的后方有许多英勇的游击队员配合着前线部队作战。中国抗日战争期间在敌占区、敌人的后方也有大量非常出色的游击队活动。所以游击队具有以大地、以家乡为依托的品格。

中国和西方的传统都认为，战争中也存在着规则。规则、限制或者说律法，是社会活动的基本框架。交战双方尽管处于敌对状态，但仍然必须遵守某些规则，如中国古代两军交战，不杀来使，不重伤（不与受伤者格斗，不让其再受伤），不擒“二毛”（不俘虏老兵）。春秋时，宋襄公坚持等到楚军渡河、形成队列之后再开战的做法，实际上是古代战争的规则。[3] 后来的战争，往往不再考虑规则。中国式的战争早已明确：敌人就是绝对的敌人，并且绝对就是敌人，而对待敌人唯一的办法就是彻底消灭他们。各种起义、镇压、与外族的战争几乎无一例外都是不受限制的战争。

从根本上讲，游击队的行动突破了常规战争的许多规则。置身于战争的限制之外，几乎成了游击队的本质。[4] 在许多情况下，很难从军事上的正规与非正规、法律意义上的合法与不合法来界定游击队的行动。灵活而突破常规以及某些限制的作战方式，包括狙击手的冷枪、暗杀、偷袭、扣押人质，以及新近出现的汽车炸弹、自杀式爆炸等，至少从军事手段上来说，游击队和有组织的犯罪以及恐怖组织都有可能采取这些行动。

但当然，游击队员实际上受到最终的限制，即他的政治品格，他依托于大地的品格。也就是说，他属于他所在的那一片土地。他的游击队员生涯的所有正当性都源自这里。没有这一点限制或者说依托，那么游击队员就很难把他在战争中的各种突破规则的做法与通常的犯罪行为区别开来。

正规与非正规、合法与不合法区别的含混，同样表现在城市缝隙人、边缘人身上。作为城市边缘群体，他们的谋生包括了从合法到非法、较正规到完全不正规等各种手段。所以，从某种意义上来说，城市缝隙人成为了城市的游击者，而且城市化进程正在加速他们队伍的壮大。从游击队员与缝隙人的战斗或者生存方式上来说，两者关键性地都具有突破规则、突破限制的特点。

严格说来，作为城市的成员，缝隙者、边缘人任何逾越法律、道德限制的做法都是不被允许的。但现实是，他们无法完全在法律法规允许的范围内居住、工作、生活，生活无助者不得不在街道机构首肯或默许的情况下搭建违章建筑维持生计。当缝隙人没有办法获得生活来源，拾荒者无法正当地寻找到一个工作场地时，突破规则，即不正规乃

—

3．见《左传·僖公二十二年》。

4．同注 2，356 页。

＊切 · 格瓦拉的游击队

至非法地挪用一个空间就几乎成为必然。一个饥肠辘辘的城市流浪者，完全有可能突破基本的道德限制，觊觎店里的面包。因此，在缝隙空间中，城市缝隙人、边缘人随时置身于规则与限制之外，特别是在生存对于他们而言并非是一种日常的常规操作时，突破规则与限制的做法就几乎难以遏止了。

在主导性空间中行之有效的法律、法规，在缝隙化的世界中并不一定行得通。缝隙世界往往处于社会法律、行为规范、价值观的边缘。德基广场的拾荒者表示："我们只选灯光亮的地方搞（翻整垃圾），我们管不着这是不是南京最繁华的地方。"面对城管行动，他们毫无畏惧，还笑着说："垃圾没收就没收，你们又没权扣我们人。"他们对正常社会的价值取向、行为规范采取的是揶揄嘲讽式的"认同"，他们自有一套"活法"。根据他们的"活法"，在禁止摆摊的地方摆摊就必然是"有理的"，切割价值不菲的各种电缆作为废品贱卖就成为"可行"的生计。

总之，我们看到整个社会空间某种缝隙化的过程。由于社会分层等原因，城市边缘人更容易开辟或占据缝隙空间。缝隙人无疑成为城市游击者，他们机动灵活出现在城市的各种地方，既在偏僻地区，又在城市中心，既在管理不严的地方出现，也会在监管严格的区域现身。所以，面对缝隙人，现代城市需要的不仅仅是管理，而是城市政治，即城市的目标是尽可能满足所有城市人的基本需求，即，任何人都有权生活在他们想要居住的城市，城市有义务提供各种便捷。

*华尔街，2011 年 10 月 1 日的抗议

05　占领：以"华尔街"为例

现在可以讨论第三种缝隙空间的生成手段——占领。近期发生的"占领华尔街"运动恰好为我们提供了一个眼前的例证。

占领是一种挪用，但就"占领"本意而言，它无需具备挪用、渗透的全部游击策略，它只须凭借自身的力量实施强制性的挪用。它无需考虑规则或者利用监管的疏漏，而是直接声称并且现实地使某一空间为其所控制。

占领华尔街（Occupy Wall Street），就像这句口号所标明的那样，无疑是一个严格定义的空间（华尔街）将在瞬间被缝隙化（被其他"不相干"的人占领）的大事件，一群示威者声称要占领纽约市金融中心所在地——华尔街。

"占领华尔街"运动作为一种集体行动，给我们展示了以占领的方式开辟缝隙空间的手段。占领行动于2011年9月17日开始，当日近一千名示威者试图进入华尔街示威，遭遇警方的阻拦后，许多人经过华尔街，聚集在祖科蒂公园（Zuccotti Park）里搭建帐篷。其他地区的“占领”运动大多也是在广场、公园之类的地方搭建帐篷，驻扎下来。

对于行动者而言，最重要的行动就是抗议。最常见的形式是高举抗议牌，上面写着各种标语。人们还发表演讲，张贴各种抗议文字。

占领华尔街的目标是“要持续占领纽约市金融中心区的华尔街，以反抗大公司的贪婪不公和社会的不平等，反对大公司影响美国政治，以及金钱和公司对民主、在全球经济危机中对法律和政治的负面影响”。组织者试图通过占领该地以实现“尽可能达到我们的要求”之目的。在行动者的网站上，一份有关活动的关键声明中说：“最基本的事实就是我们99%的人不能再继续容忍1%的人的贪婪与腐败。”行动者抗议不平等待遇并主张对富人加税。一些抗议者则呼吁要求关闭联邦储备系统，结束所有美国参与的战争以及打击毒品的战争。参与行动的一位卡车司机说：“这个运动的宗旨是，我们反对现有的体系，我们不针对警察，不针对华尔街员工，更不针对任何一个美国人，我们没有人会说，嘿，看那个人走出大楼了，我们揍他一顿……我们反对的是当下这个国家系统。”在英国伦敦，示威民众中有失业年轻人表示：“感觉我们是政治经济体系中所有错误的一个缩影。他们应该对一些事情负责，虽然不是说全部的事。他们只顾自己，成为众矢之的也是自然。”行动者在万圣节举行游行。他们西装革履，头戴礼帽，一副资本家打扮，并高举着“我破产了”和“不要吸血鬼经济”等标语牌。有评价称，此次行动“具备了与民主党、自由意志主义、无政府主义以及社会主义共同的政治目标追求”，“具有明显的左翼色彩”。

作为缝隙空间的占领者，他们很容易被当局力量从中驱逐。据报道，当地时间2011年11月15日凌晨，纽约警方对“占领华尔街”示威者实施强制清场，当

＊华尔街主干道，波士顿

局清场意志十分坚定。纽约警方命令活动示威者离开祖科蒂公园，称该公园卫生情况糟糕且有火险隐患，必须进行清扫。清场持续了数小时，其间全副武装的防暴警察和示威者爆发了激烈冲突，百余人被逮捕。这也清楚地表明，“占领华尔街”尚未成为暴力占领，而只是一种空间挪用，一种缝隙空间的开辟。或者说，它将原本强制性的占领行动，战略性地转变成更富有灵活性和行动性的挪用，总之，革命变得更加缝隙化了。如果是这样，那么，就不能简单地否定这一“占领”行为，因为其后的几个月，它又开始占领大学以及其他地方。就缝隙化的进程而言，占领仍在继续。

“占领华尔街”的本意是占领华尔街，由于受阻，行动实际上演变为占领祖科蒂公园。行动者声称他们在本意上并不想发动一场暴力革命，因此，此番占领不同于革命、战争中的真正通过武力而实现的强制性的占领，而是某种挪用式的占领。这使得被占区域明显带有缝隙化空间的特点：空间定义不明确，界定含混。它既不是革命时期为暴动者所占领的敌军司令部，也不是战争年代为军队所夺取并立刻实施军管或临时政府管理的城市，甚至都不是一次长途野营活动时建立起的帐篷区，它只是含义模糊的聚集区，明显的空间外观特征只是搭有帐篷而已。但无论如何，“占领华尔街”都是一次“成功”的占领行动，它的强制性显示为他们迫使警察同意他们可以留驻在公园里。行动者终于在祖科蒂公园、波士顿杜威广场等地安营扎寨。聚集区含义模糊，正显示了它是一种缝隙空间。当我们把开辟这种空间的形式，行动者称之为“占领”（occupy）的手段与军事、革命暴力行动相比较时，不难看出，这种“占领”是空间缝隙化的一种新形式、新途径。

缝隙化的行动大多带有非正规、半合法的特点。行动者的“占领区”本质上只是一个短暂的挪用场所，帐篷本身显示出它的暂时性，而他们的集体行动同样显示出某种不正规、零散、自发的特征。

06　占领与政治

作为一种政治表达、反抗体制的“占领”，只有成为一种强制性、暴力的夺取和占领时，才可能是一种占领。

占领、占据意味着什么？“占领”这个词在中、英文中都意味着某一空间、场所被占用。

1. 一个空间一旦被某人占用，那么，别人就无法再占用。[5] 空间不能想象被两个事项同时占用。占据、占领意味着排斥性。

2. 占领是个体、集团意志的体现，因此它必然意味着武力的过程。除非那里是一个无人管辖、无人觊觎的地带，但到达一个无人占据的区域又如何体现为是一种名副其实的“占领”呢？总之，占领一个空间必然是武力或强制性。[6] 一个武装的群体、特别是

—

5. Collins Advanced Learner's English Dictionary：If a room or something such as a seat is occupied, someone is using it, so that it is not available for anyone else.

军队更能胜任这一任务。占领华尔街运动虽然有一些冲突，但总体上，它不是武力过程，更像是警察给行动者安排好场地的露营。就“占领”原初所具有的武力含义来说，它是没有条件的，因为原初的“占领”不可能允许外在力量干预自身的意志。

3. 占领意味着行动者对所在场所、空间拥有权力、控制力。空间就是权力；权力的空间形态直接体现为对辖区空间所拥有的支配权。就这点而言，占领华尔街运动对自身所占据的狭小区域只是暂时性的、缝隙化的微弱支配。

但是，我们看到，占领行动在一开始就没有提出根本性的挑战，它不是一场革命。它是由加拿大反消费主义组织“广告克星”（Adbusters）发起，行动灵感来自 2011 年发生的“阿拉伯之春”，尤其是 2011 年埃及革命期间开罗解放广场周围的集会与示威运动。它并没有表现出来是一场经过长期酝酿、周密计划的集体行动。

“占领”行动的政治诉求非常含混、抽象。行动者提出，他们反对的只是“当下的国家系统”，“反对现有的体系”，他们对整个美国金融体制、监管体系表示不满，但是这些不满、抗议和反对又“不针对任何一个美国人”、“不针对华尔街员工”、“不针对警察”，因此，似乎可以设想，让所有这些员工、警察站在一边，派一群修理工把这个国家系统、现有体系修理得更合理、更完善，99% 的人分得的更多，而 1% 的人占有的财富减小，增加对富人的征税，那么，这些占领的行动者们似乎就可以撤出“占领区”了。

他们有不满，但并没有表达究竟是对具体的什么不满；他们对整个国家体系不满，但却不需要有一个人出来承担责任；他们也不能表达国家体制究竟是什么环节上出现了问题。总之，他们只是知道，不满在华尔街。华尔街就是“吸血鬼经济”。从目标方面说，他们只是期望那个抽象的国家系统、体系变得更好一些，更合乎人们的愿望。但是，如果不针对每个美国人，将美国人都从这个体系、系统分离出来，那么这个体系、系统就完全只是一个抽象的东西。反对一个抽象的东西无甚意义。所以，“仇恨华尔街很容易”，但在行动者只是希望通过静坐示威的方式下，来消解这种仇恨却是很难。行动者们缺乏一个比较具体的行动目标，有媒体在运动之初就分析说，如果是这样，它就“不大可能取得任何成果”。原因之一，在于“目标不明确。任何希望实现某个目标的抗议活动都需要一个目标。如果这样一场示威缺乏具体目标，其宗旨充其量也是有限的，而最坏的情况是根本不存在”。抗议最多仅仅表达出“对华尔街的一种普遍的厌恶”。[7]

—

6. Collins Advanced Learner's English Dictionary：If a group of people or an army occupies a place or country, they move into it, using force in order to gain control of it.

7. 美国《大西洋月刊》网站 2011 年 10 月 5 日文章《“占领华尔街”不会奏效的 5 个理由》，见 2011 年 10 月 6 日新华网，http://news.xinhuanet.com/world/2011-10/06/c_122122223.htm。

社会运动一般都是通过直接破坏活动，对抗社会精英、当局和其他集团或文化规范，向它们发起具有号召力、影响力的挑战和斗争。20世纪以后，社会运动日趋和平，暴力特征减弱，运动逐渐体现为在公共体制范围内斗争与合作相结合的特点。[8] 此次占领行动也反映出人们并不愿意通过暴力来解决问题。但问题在于，静坐有可能解决提高工资等问题，但能解决对国家体制、金融系统的不满吗？按照马克思主义理论，只有通过革命，才可能解决体制矛盾。占领运动在体制不情愿的条件下，不采取某种激烈的行动而只是温和地占领祖科蒂公园，就要使整个体制有根本性的改进，完全是不可能的事情。

事实上，此次运动即使现实地占领华尔街，也并不意味着它是革命性的占领。作为体制的华尔街并不仅仅是华尔街的金融证券所在的办公室、营业厅，而是资本主义制度，整个制度运行的机制、保障、法则以及它整个的空间。如果不打碎这个国家机器，那么运动就不可能在真正意义上彻底占领华尔街。总之，占领行动显然没有触及资本主义制度以及制度空间的根本。它从一开始就不是替代性的行动方案。行动者对华尔街持有一种含混的态度。它既提出口号“占领华尔街”，又没有、甚至没有去设想如何真正占领华尔街。

但是，在缝隙空间日益普遍的今天，占领行动却呈现出一种新的缝隙空间的开辟形式。它以一种革命的姿态、以引人注目的方式实现了一种短暂的表达。当它被整个社会注意、报道、阅读时，它的抗议并对政府施加压力等目的或许就已经达到。“革命”可以在缝隙化空间中展开，或者说，革命也可以缝隙化，即我们想革命，但并不是真的要革命；但如果所有人都知道了我们有革命的意愿，我们表达了，那么革命就“完成”了。

正因此，占领活动中的游行、示威、演讲、张贴自己的意见就与各种音乐演奏完全融合在一起。目击者称：“在离华尔街一街之遥的祖科蒂公园里，示威者们从9月17日起便驻扎于此，并将其更名为‘自由广场’，随着音乐舞动的人满身大汗，包括几个白头皓首的白人老头老太太。一个已经连续敲击几个小时的黑人鼓手累到接近虚脱，猛地把鼓槌扔下，一旁跃跃欲试的观众立刻替换上来。强劲的鼓点动人心魄，连一旁表情严肃的纽约警察也不自觉地用脚轻轻跟着节奏拍打。”在这位目击者看来，“如果不是大家一起声嘶力竭喊出那句‘All Day，All Week，Occupy Wall Street’的口号，我会以为自己身处某个音乐节或者锐舞派对的现场”，“一场井然有序的民众狂欢”。[9] 音乐是革命缝隙化的手段。

—

8．参见西德尼·塔罗：《运动中的力量：社会运动与斗争政治》，吴庆宏译，7页，译林出版社，2005。

9．彭韧：《占领华尔街现场亲历记》，原载《全球商业经典》杂志，转引自凤凰网财经频道，2011年10月28日，http://finance.ifeng.com/news/hqcj/20111028/4950390.html。

07 “帐篷区”的空间特征

占领运动并没有用武力强制性地占领国家体系、功能系统的重要空间，而是开辟出某种缝隙空间——一个群体临时性地挪用一片公共空间。它的界定模糊且含混。

公园广场属于公共空间，所以，警察姑且可以容忍行动者群体性地占领，但私人领地却是无论如何不容侵犯。再看英国的例子，报道说：

> 当地时间10月15日中午，众多英国民众发起“占领伦敦证交所”的活动，打出标语，喊着口号，聚集到伦敦证交所外抗议。此时伦敦天气晴朗，对抗议活动非常有利。从上午11点多开始，就陆续有抗议民众来到距离伦敦证交所很近的圣保罗大教堂集会。伦敦证交所是与华尔街并肩的顶级金融中心，截至10月15日，已有万余名英国人通过社交网站FaceBook报名参加此次抗议活动。鉴于英国今年屡次发生骚乱事件，提前得知消息的伦敦警方早有部署，不少警察很早就在伦敦证交所外巡逻。伦敦证交所所在的帕特诺斯特广场属于私人领地，数十名警察排成人墙封锁了广场的每个入口，抗议者不能进入。中午12点多，随着集会的人越来越多，众多抗议者涌到帕特诺斯特广场的入口处，高喊口号，还一度试图冲破警察的封锁。未果后，抗议者开始围着证交所外围的建筑进行和平游行，“占领伦敦证交所”变成“包围伦敦证交所”。[10]

帕特诺斯特广场是私人领地，是高度定义的空间。它在法律上的权属非常明确，并且受其保护。如果它被武力强占，就会给警察、甚至军队的强制性驱逐制造借口。所以，从总体上来看，整个占领活动多少是在体制容忍的范围内展开的。这意味着占领行动仍在体制的空间中，占领还无法成为彻底的对抗。

广场和公园，作为公共空间，被成功地开辟为一个帐篷区。有着正式定义（公共空间）和特定功能（休闲健身等）的空间，现在被擅自挪作“露营”之用，成为缝隙空间。但是，它不同于拾荒者夜晚在广场上翻整垃圾的空间挪用，甚至也不同于城市通常所见的大规模的缝隙空间。

拾荒者占用广场是纯粹的空间挪用，挪用就是目的。除此之外，他们没有任何更多的“表达”。大规模的缝隙空间并不少见，比如目前的“城中村”、建国前上海的“滚地龙”现象。这些缝隙仅仅是规模庞大，却不是组织化的缝隙。“占领华尔街”的抗议者不同，他们的目的并不在占领一个公园、一个广场，而是通过占领、通过挪用某种空间而实现政治表达。不论这种表达多么含混，缺乏现实的可操作性，“占领华尔街”运动所形成的缝隙，已经具有了政治色彩。它以

—

10. 人民网http://world.people.com.cn/GB/157278/15908095.html. 2011年10月15日，《英民众占领伦敦证交所警察封锁入口》。

缝隙形式表达了集体性的政治诉求。所以，市容城管等执法人员一旦发现拾荒者的侵占，就立刻取缔或阻止，而占领祖科蒂公园却让当局颇费斟酌。缝隙空间如何在一贯的政治诉求引导下演变成为一种新型空间，这可能是现代城市的新课题。

挪用是一种暧昧行为。原先的公园、广场，作为公共空间，此时被挪用为露营的营区。这一挪用，按当地的法律是否合法似乎非常含混。警方后来在祖科蒂公园清场的理由是“该公园卫生情况糟糕且有火险隐患”，而不是露营本身有问题。

露营为什么能够成为一种抗议形式？从空间上来说，就是边缘化的个体空间意外地组织起来，形成某种不确定性。它是某种形式的失控，即这种空间暂时性地不可控制。对于国家权力而言，这无疑是挑战，尤其在它公开表达出来的时候。

无论如何，祖科蒂公园已经被缝隙化了。对于行动者而言，他们不可能占领所有的空间，警察由此设定占领者的边界。我们看到“占领区”周围设有栏杆。栏杆里面，是抗议者聚集活动的地方；栏杆外面，则站着警察。边界表明了行动者的行动在空间上并不完全自主，它们是受限的行动。占领原本是体现占领者意志的行动，现在则是听从警察的引导，在认可的区域内非暴力地实现的“占领”。

不过，在界限里，一种新的空间正在形成。“占领华尔街”行动给参与者带来一种新的空间经验。

广场、公园并不是露营地，但他们搭建帐篷，就在那里住下。即使下雨，他们也寓居其中。他们就地安排饮食，接受捐赠的食物，广场边的食品屋也可以出售食物。他们也接受捐赠的衣物。

这种缝隙空间完全不同于平时的集体露营。它呈现出某种不确定、开放、活跃的特性。占据者不自觉地意识到，他们是在建立某种不同于外部世界的空间。他们整齐地搭建帐篷，并且试图在其中展开另一种日常生活：饮食、睡觉、织毛衣、交谈、打坐、弹琴等。[11] 在这样的空间中，行动者甚至还具有某种空间规划的意识。他们留出笔直的通道，并用纸牌标识出，那是一条主干道。当行动者能够获得、哪怕是极其暂时地获得一片空间时，这片新的空间竟然能够带来一种革命的意识：

他们试图建立一个新世界！当然，不论这个新世界与旧世界有多么相似。

08　革命的困境

占领运动仍在继续。但它表现出犹豫、迟疑：革命的困境。

占领运动刚刚起来时，人们期待着它是一场真正的革命。但很快人们就看到它并不像它呼喊的口号那样激进，并没有准备发动一场历史上空前绝后的革命。它不针对警察、银行业员工，甚至不针对任何美国人。或者

—

11. 参见陈卫华新浪博客中的目击报道，http://blog.sina.com.cn/s/blog_642f13c70102du41.html。

它仅仅针对那些拥有42%财富的1%的人口。它没有严密的组织，没有行动纲领，缺乏一个具体的革命目标。因此，占领华尔街，就很难是一场真正摧毁“吸血鬼经济”的革命。

它有不满，甚至怨恨，但它似乎并不想用砸烂旧秩序的方式，来创建一种新秩序。从某些方面来看，他们温和的占领方式，或者说缝隙空间的开辟方式，都是他们有所不满的旧秩序、旧世界所给予的。他们就是从这个世界当中成长起来的。所以，在他们占领所取得的那个短暂的象征性的世界中，即他们露营的园地中，我们看到既期望与外部世界不同（他们是在抗议），但又与外部世界保持一致的特征。

外部的行为规范或习惯，如爱整洁等，被带到新空间中来。行动者不仅清扫自己的营地，而且清洁工具也相当有序地堆放在一起。他们还建起了一个小型图书馆、一个医疗救助站。他们自己定义空间，尽管这种定义缺乏强制力，是临时性的，随时可能更改，也依然表现出某种“占领”的意识，即对空间内部的事务进行支配和管理。外部世界的法则、规范仍然保持在这个占领的空间当中。很显然，行动者表现出对资本主义制度的复杂态度。

这或许是20世纪后期，工人阶级对资产阶级的革命似乎转入低潮的又一个例证。一百多年前，马克思曾称工人阶级是“资本主义的掘墓人”。一个多世纪以后，西方学者称，这个“坟墓仍然没有挖好”。阻碍工人阶级革命的原因有多个方面。19世纪晚期和20世纪早期的工人运动强烈倾向于马克思主义学说，但此后，工业社会理论家认为，他们放弃了其革命的姿态，转而赞成改良主义的主张。[12]

工业社会理论家用“阶级冲突制度化”这一术语，意在表明“工人阶级被整合进资本主义体系”当中，劳动者的身份权益有很大改善的过程，阶级冲突已经通过制度化的解决得到缓解。总之，工人阶级无需对资本主义进行革命性变革。工业理论认为，“公开或者破坏性的阶级斗争仅仅局限于工业资本主义发展的早期阶段。工业仲裁模式的建立和规范化使阶级冲突的棱角趋于钝化，并转化成为‘工业冲突’。工人们也能够分得一小块工业蛋糕了，因为他们已经拥有了获得其经济利益的渠道。此外，政治权力的获得也促进了其工业谈判权利的发展”。[13]还有学者阐述，西方的三种公民身份权利（citizenship rights）大大缓和了“阶级冲突”：一是公民身份权利，主要涉及法律面前人人平等和参与法律体系的权利；二是公民政治权利，涉及普遍公民权的获得以及组建政党的权利；三是公民社会权利，主要指工业谈判的权利和获得福利的权利，包括失业救济、医疗保险等。学者认为，“这三种权利的发展明显改变了阶级划分的影响和阶级冲突的本质”，这使得工人阶级与资产阶级之间的

—

12. 安东尼·吉登斯：《批判的社会学导论》，郭忠华译，39页，上海译文出版社，2007。

13. 同上，38页。

“阶级斗争的威胁已经不再足以瓦解资本主义秩序了”。[14] 似乎工人阶级有了足够的好处之后，就不再想砸烂资本主义的体制了。

另一方面，工人阶级的群体或者说劳动者群体本身发生了变化，这就是非体力劳动的白领工人增加了。美国劳动力中，白领工人的数量已经超过蓝领工人，其他西方国家也有类似的趋势。这种状况与马克思当时的情况有很大不同。马克思认为，大部分人口将注定成为体力劳动者，从事例行单调的工作，最终形成一个广大的无产阶级与少数资本家对抗的格局。学者也注意到马克思在《剩余价值理论》中所说的一句话：“中间阶级的数量将持续增长，他们是一些介于工人与资本家和地主之间的人。”一些学者认为，中间阶级的出现，或者白领数量的增加，将改变马克思所说的资本主义社会阶级构成的状况。[15]

西方马克思主义学者认为，中产阶级数量的扩大并不能真正改变资本主义社会的阶级结构。非体力劳动者的增长是与办公自动化同步的，但这并没有改变白领工作的单调、机械的性质。另一方面，女性进入职业领域，但她们大多是白领阶层的底层。因此，部分学者仍然认为，劳动者日益无产阶级化的状况并没有本质上改变。不过，白领阶层的出现确实使资本主义社会的阶级状况变得复杂起来。

西方工业国家在20世纪七八十年代，失业率呈显著上升趋势。法国学者安德烈·高兹认为，相对于白领工作而言，蓝领的工作越来越萎缩。这是信息技术的冲击所致。信息技术将消除大部分现存的体力劳动，同时也将消除许多单调乏味的白领工作。高兹相信马克思的意思是，工人阶级作为建立一个公平而人道社会的潜力，是以工业资本主义所能带来的剩余价值为基础的。现代工业潜在的生产能力，能够创造远远大于人类基本需求的财富。在剩余价值的生产中，可以预见到一个摆脱了强制性劳动限制的自由领域，工作本身将成为目的。高兹认为，资本主义的后续发展完全不同于这一预期。今天，管理制度所采取的严格的劳动控制，已经有效地压制了工人阶级形成任何创造性劳动潜力的意识。工厂的生产过程可能跨越各大洲，而且它们已经不再是各种政策考虑的中心了。在一个技术复杂、生产过程遍及全球的时代，工人们在地方性生产背景中所能拥有的将只是一种消极的力量。正因此，工人阶级已经为“非劳动者的非阶级”（non-class of non-workers）或新无产阶级（neo-proletariat）所取代。新无产阶级并不是一个阶级，没有强凝聚力的组织，因此至少在现阶段，他们无法取代工人阶级而承担起变革社会秩序的历史使命。不过，高兹认为，这种弱点正是新无产阶级的力量之源。新无产阶级由于是非阶级（non-class），他们没有理由接受生产主义（productionism）的训诫，而是越来越倾向于寻求工作场所之外的满足。高兹认为现

14．同上，40页。

15．同上，43页。

代社会正在进入二元社会，一方面生产和政治管理将会很好地组织起来，以使其效率最大化；另一方面，将会出现一个个人的多元追求的领域，在其中，人们将更多地追求享受和自我满足。[16]

这是新时代资本主义社会制度复杂性的表现。这种制度本身包含着某种调整、改善、纠错的机制。在不断的工人运动的压力下，资本主义作出了让步，改善工人的生活状况，赋予他们某些权益。另一方面，工人阶级自身也由于新技术、信息技术出现等原因而发生了变化，体力工人减少，白领数量增加。但仍有论者指出，这些改变都没有在根本上改变资本主义性质。资本主义在本质上仍是不公正、不公平的制度，即极少数人占有着大部分的财富。[17]

制度的含混、复杂性，还表现在它在不公平、不公正之时，似乎又在理性、公平、公正的标识下现实地提供许多人已经习惯的、无法摆脱的生活方式。这一点大大减弱了工人阶级、劳动者彻底铲除资本主义的巨大动力。也就是说，他们在一个基本过得去的生活环境中虽然感受到不公，但却无力亲手破坏整个国家的功能输出系统，他们无法让电力中断，让所有商店歇业，让所有交通瘫痪，如果是这样，这意味着他自己的日常生活退回到一个原始的农业时代的水平。这是任何早已进入后工业时代、福利社会、后现代社会的无产阶级或者新无产阶级难以办到的事情。这也是占领运动中，行动者一方面控诉华尔街的不公，另一方面也确实无法激起强大的仇恨砸烂华尔街的银行——抗议者在早餐付费时，用的正是这些银行的信用卡。制度的不公已经与系统的功能输出捆绑在一起。

制度涉及到人们的日常生活。一个社会就是一套制度化行为模式的集合或体系。所谓制度化模式，就是在较长时段内不断重复的观念和行为模式，也就是社会性再生产的模式，它可以指语言、政治、经济生产的方式以及生活方式等。[18]

一个社会，不论其制度的性质是什么，进入现代以后，它首先需要制度化地维持人们的日常生活。这是与传统时代有很大差别的地方。在传统时代，绝大多数人日常生活的维持，依靠的是自给自足，也就是说，人们的日常生活方式在制度层面的变迁过程中多少能够保持自己的惯性和独立性。社会制度对日常生活的渗透与控制还比较微弱。

现代社会，供给、输出已经变得非常专业化、功能化，个体的生存已经无法不依赖这样的系统。如前所言，我们把社会看成是一个由各种复杂的功能系统耦合、交叉在一起的服务体系。这个庞大的系统又由不同功能的子系统构成。这些子系统相互协调，为相应区域的人们提供生活所需以及其他方面

—

16．同上，47-49页。

17．美国官方统计表明，1967年美国的家庭收入基尼系数是0.399，到了2000年，这个数字上升到0.460。自2009年以来，年收入超过100万美元的富人数增加了18%，目前最富有的1%的人口拥有42%的财富，最富有的5%的人口则拥有70%的财富。

18．同注12，6页。

的保障。它们可分为生产与管理两大类，生产性的系统包括用水、食物、电力、燃气、交通、金融、电信、医疗、教育、文化、娱乐以及繁杂的工业及日用品生产等；管理性的系统主要在于维护整个大系统持续不断的运转，是承担管理、协调与保障功能的行政、司法、安全等部门。

这些功能系统的运作最终都是由人来完成。各个子系统都需要个体的服务，而个体通过功能系统的某种中介作用，向他人提供产品或服务，而他自己的需求则同样通过其他人所服务的不同的功能系统所提供的商品或服务来满足，其间的交换通过货币来实现。

换句话说，功能系统（如行政、金融、交通等）通过相应的组织机构（如各级政府机构、银行、公交公司以及运输公司等）的中介作用，转换为不同系列的职位（如工商管理科科长、储蓄所柜员、公交公司司机等）。个体在这个职位上劳动工作，即通过为功能系统的服务获得酬金，以支付自己的生活开支，他的生活需求通过同一个功能系统来满足，他通过各种“接口”购买自己所需的产品与服务。

因此，理论上讲，现代人都是以这种方式维持自己的生计，至少就物质生活层面而言，我们只是连接、吸附在这个庞大的功能系统上的个体。个体的基本生活对功能系统有着极大的依赖性。这与传统的自给自足的小农经济时代完全不同，那个时代，公共的功能系统很不发达，一个家庭有自备的马车，另一个家庭没有，他们的出行各不相干；但现代城市的交通系统则会影响每个人，电力系统也会影响每个家庭，这构成了现代人对城市功能系统的绝对依赖。从某种程度上来说，人们脱离了这套系统来维持日常生活是非常困难的，也是难以想象的。此时，传统的我与他者之间的关系，转换成我与不可触摸的功能系统之间的关系。这种关系模式的形成得力于货币。货币的出现使得各功能系统之间的劳务与产品可以统一地衡量、标价，各功能系统之间真正成为可以自由交换的场所。货币是所有的人、物、信息进出社会功能系统的准许证。城市人的生存都依赖于这种商业化、组织化的功能系统（它也是市场化的系统）的支持。

完成或正在完成工业化的社会都将为人们提供发达的功能服务，因此人们的日常生活都已经制度化地与这种功能系统紧密地联系在一起，人们已经很难想象摆脱这套功能系统的生活将会是怎样。

总之，我们可以把现代社会视为一种复杂的功能系统，它为现代的城市生活提供各种保障，提供居住、就业、食物与水供应、教育、医疗、交通、休闲娱乐以及金融、行政等各方面的服务。仅仅从功能输出的方面看，即个体的生活利用这种功能的角度来看，功能输出是客观的、中性的——当我们利用资本主义城市交通时，我们不能说，共产主义城市的交通不再是交通，而是某种心灵感应，或者其他什么东西。它一定还是交通。所以，在制度的表层，制度表现为维持社会日常生活的功能输出的部分，具有某种客观性，它的政治、意识形态色彩不是掩盖到几乎看不出来的程度，就是看起来已经完全客观化，成为必然的东西。

长期接受社会功能系统的服务，使现代人、城市人完全习惯、适应了这种系统所设计的生活方式。人们基本失去超越这种生活方式的能力，也无法想象、更无法忍受任何缺失这种服务的生活。所以，占领者必然是拿着 iPhone 手机，提着笔记本电脑，吃着麦当劳汉堡，睡在也许是名牌的帐篷中去占领华尔街。他们对制度有强烈的不满，但仿佛只要那些 1% 的人愿意把自己的收入降到每年 130 万美元，他们就能够接受这个世界。

占领，之所以演变成我们所看到的这种缝隙形态、含混形态，在于受城市生活方式长期培养的行动者无法脱离、拒绝这种生活本身，他们无法想象，更不可能仿效中国革命时期的占领者，挥舞着长矛大刀走进深山，从根据地——一种缝隙空间，开辟对旧世界的包围态势，直到革命最后取得成功。中国革命时期的绝大多数参加者，当他们挥舞着长矛大刀走进深山时，他们面临的生活形态与他们在家里的生活并没有太大的变化，至少是他们可以忍受的艰苦。这是他们能够建立革命根据地的一个生活基础。

无论如何，占领华尔街都是一次成功的社会空间实验。这一实验反映出现代革命、社会变革的难度，一个长期受现代生活方式熏陶的年轻人，如何以另一种不同的生活方式开辟革命道路。

也许，空间能够给我们提供新的路径。

09　最低限度空间

占领行动在空间上很有启发性。我们看到，在一个公园之类的公共空间中，通过“占领”，相对自由地重新组织成一种新的空间。尽管这一过程非常短暂，但它确实赋予了既有空间（公园）以某种新的意义（抗议）。

行动者“占领”的空间，不再作为平时的公园，也不再是平常语境中的广场，而是抗议的表达。聚集到这一空间中的人都感受到一种既是日常（人们住在那里），又不同于日常的意义。也就是说，人们“生活”在那个新的空间中，有了不同于日常的抗议目的。

这种空间能不能摆脱整体空间（功能系统支配的空间），从而演变成某种未来的新空间？应该说，它具有可能性。

制度、体制定义了它的所有空间、所有土地，因此，体制化、制度化的空间是整体性的，体制的空间就是整体空间。尽管体制不可能也无力全天候监管它所拥有的每一寸土地，但它仍然是难以触动的那个最根本的空间——特定的生产方式所决定的空间。

传统农业社会，或者说前资本主义社会，把一定的生产性空间——土地均衡地分配给所有个体成员（农民），让他基本上是“天然地”拥有一个岗位。这是社会法理、土地政策、治理政策无可置疑的基本起点。[19] 让农民拥有耕地，是农业社会组织起来的理论基础。在传统时代，尽管各种社会类型之间存

—

19．参见［唐］杜佑：《田制》上、下，《食货》，《通典》卷一、二，中华书局，1988。

在着很大的差异，但不论在城市还是乡村，土地和房屋或者不可转让，或者转让要受到诸多的限制。[20]

现代市场经济时代，生产空间以及具体生产过程都得到合理的组织，以保证资本的利润。当利润成为资本唯一本能的目标时，生产空间以及劳动者生活空间的组织也就不得不完全服从这一目标。所有生产空间都是按照流水线设计安排，劳动者的生活空间以适应生产需要的形式精心地加以组织，并切合劳动者的流动性。

原先的工厂都配备有职工一家人可租用的宿舍，就近工作既是体制对职工人性化的关怀，也是充分利用劳动力的原则。这是基于劳动力总是需要一个以家庭为单位的生活空间的理念，因此，提供家庭住所，建立家属区，成了工厂获取劳动力的伦理原则。但厂方建造这样的职工住宅需要占用资本，同时厂建住宅供给制也限制了雇员的流动性。19 世纪和 20 世纪之交，英国的工厂主开始不再为工人提供住宅，住房的供应逐渐交由专业建筑公司完成。提供工作岗位与提供就职者的住宅开始分离，这意味着个人对自己的生存空间的投入大大增加了。[21] 当然，现代资本的人性化甚至可以为流水线职工提供舒适的集体宿舍，甚至可以关爱地提供免费上网、免费的游泳馆，并建有整齐宽敞的大型食堂，在富士康工业园里，“银行、学校、医院、电视台、广播站、杂志社、公园、邮局、商场、超市、美食街、游泳馆等，各种基础设施应有尽有”，但唯独没有一种属于劳动者自己所有、哪怕是未来所有的生活空间。

正是市场经济的那种生产方式决定着它的生产空间，也决定着这种空间重要的特征，即空间商品化。投资已经把那些能够转化或不能转化为买卖关系的各种行为都转变为买卖行为，以获取更大的利润。商品化过程已经渗透社会每个角落，包括空间本身。

流动的现代性，或者说市场经济的发展使个体完全地个体化，整个雇佣阶层已经完全看不到个体是与家庭成员以及住宅空间紧密联系在一起的个人，而仅仅视其为劳动力或者智力的提供者。人完全变成自由而孤立的个体，只要付费，他就可以提供你之所需。自由，仅仅是在劳动力买卖的过程中不再考虑其他因素的自由；孤立，即仅仅只需要考虑可以标价的劳动力这一简单事实就可以了。个体的生活（婚姻、家庭）以及生活空间（住所）已经全交由劳动者自己展望了。传统农业所遵循的“天然岗位”原则，传统工业提供家属区的伦理，已经一去不复返了。

空间商品化正是社会空间急剧缝隙化、边缘化的主要因素。当缝隙人无法进入正规的经济体系之中，而国家尚不能全面解决低收入家庭的住宅问题时，缝隙化的趋势必然进一步扩大。

缝隙化空间必须找到重新整合、融合的新途径。在占领行动中，我们看到一种缝隙空间新的类型。

—

20．同注 12，78 页。

21．同注 12，80 页。

＊西安街头群众健身舞蹈

占领纽约祖科蒂公园的行动并没有演变为一场革命。我们不能谴责这些行动者的"革命性"，因为他们的整个日常生活已经被资本主义体制客观化了。他们已经完全习惯了资本主义体制所提供的看似没有资本主义制度色彩的日常生活，地铁、汉堡包、信用卡、网络、帐篷露营等。人们没有理由让一个城市断水断电、中止供应燃气、公共交通、银行服务等，但只要让这些功能性的日常生活继续，资本主义体制就必然苟延残喘至欣欣向荣的境地。

但在革命的希望日趋渺茫的时候，却不难看到新空间形成的可能性。新空间需要与帕特诺斯特广场相反的空间特征，一种弱定义空间。它拒绝任何强制性的、严格的定义，始终保持空间实践的各种可能性，或许可以称之为"最低限度的空间"。在这一空间中，一切行为遵守相关的律法与道德，唯独空间本身保持着某种开放性。也就是说，它是摆脱了空间商品化的空间。它的各种建筑、道路、空间设施都摆脱了任何权属问题，它属于所有的人。这是缝隙人正当的场所、合法的空间。在空间不断边缘化、缝隙化的时代，需要寻找让边缘、缝隙空间重新得到整合的可能性。

首先，这是一种真正意义上的公共空间。

"公共"对于我们来说，似乎并不陌生，对公众开放的各种场所就是公共场所，从公用电话亭到公共浴室，从公路到公园。当然，"公共"本身的含义非常复杂，我们有时只是把公共看成是"免费"的同义词。公共交通、影院以及游乐场所使我们了解到那是"花了钱，人人都可以进去"的地方。"公共机关"，并不是公共交往的场所，而是办公场所。它们之所以具有公共性，在于它们所担负的为全体民众服务的职责。法庭所具有的公共性，在于它代表了民众而进行公正的评判，而大众传媒所具有的公共性，则在于它代表了公众的舆论。[22] 市民广场除了可以供人休闲散步之外，还需要发展更深刻的空间含义，即它应该是一种基于广泛对话、交往以及共同实践的公共领域。

因此，我们期待的这种最低限度的公共空间，体现出第二个特征：它摆脱了体制的定义，成为人们可以探索、尝试新空间实践的自由领域。通过这一空间，我们被带入一种交往、联系、团结的情境之中。马克思说："尽管竞争把各个人汇集在一起，它却使个人，不仅使资产者，而且更使无产者彼此孤立起来。因此这会持续很长时间，直到这些个人能够联合起来，更不用说，为了这种联合——如果它不仅仅是地域性的联合，大工业应当首先创造出必要的手段，即大工业城市和廉价而便利的交通。因此只有经过长期的斗争，才能战胜同这些孤立的、生活在每天都重复产生着孤立状态的条件下的个人相对立的一切有组织的势力。要求相反的东西，就等于要求在这个特定的历史时代不要有竞争，或者说，就等于要求个人从头脑中

—

22. 参见哈贝马斯：《公共领域的结构转型》，曹卫东等译，2页，学林出版社，1999。

抛掉他们作为孤立的人所无法控制的那些关系。”[23]

可以期待的是“最低限度空间”能够具有的第三个特征：它可以将缝隙人联系在一起。在这里，一种共同的空间体验将人们联系在一起。在这里，商品化之下的那种空间权属消失了，一个空间既为我所拥有，亦为他人所拥有，因此，在我暂时需要这一空间之时，实际上包含着我对他人需要的问询，也就是说，我时刻在征询他人的意见，我占有这一空间是否可以接受。如果在此空间中，每个人都在如此询问，那么，他们的空间意识已经不同于在此之外的其他经验。因为在已经商品化凝固的空间中，人们时刻需要保卫自己的空间，或者用自己的空间换取更大的利益，空间仅仅是利润的工具，而失去了它是作为我们在此之中、并以此作为我们生存必需而唤起的意识。“最低限度空间”让我们在空间上摆脱商品关系，因为那是一个不再限定的空间，一个真正自由的空间。这是它的第四个特征。

这种属于自己同时也属于他人的空间，把所有在其中的人们联系到了一起。因为，他的所有活动都包括了他与周围的协调而形成的友善。人们必将形成一种共同的意识、一种新的空间伦理，并且只有在一种共识、伦理条件下才可能真正形成“最低限度的空间”。没有这种意识，这种空间实际上就不存在。事实上，我们已经在某些方面看到这种类似的实践。

在许多城市，一些市民（绝大多数是女性）差不多定时地在街头空地、市民广场跳各种健身舞、扇子舞，或者进行其他集体性的健身活动。他们的活动成为一种公共艺术，活动本身不仅把人们带到与共同参与者、与其他人分享的共同经验之中，而且通过这种经验也创造了一种共同空间。当然，这种实践还只涉及很小、非常单一的方面，还无法扩展到更广的社会领域之中。但不论怎样，它都是向着某种美学的可能性方向的开拓。

这种共同经验包含着美学的体验，即一种超越了日常算计的、商品化模式的体验。舞蹈者并不想从集体舞蹈中获得什么直接的利益，除了他们所期待的愉快与健康之外，他们既不需要考虑购买，也不需要考虑卖出。正是这种共同性造就了一种美感空间。

因此，从某种方面来说，在缝隙空间之中，缝隙人的联合团结，才可能形成类似新的空间。他们的共同意识使他们团结在一起，并以这种非商品化对抗商品化的趋势。

在功能系统的机器旁，我们总可以以自己的名义争取一个“最低限度的空间”。

—

23．马克思，恩格斯：《德意志意识形态》（节选本），60页，人民出版社，2003。

2

曼弗雷多·塔夫里

从意识形态批判到微观史学

卡拉·奇瓦莲

人们对曼弗雷多·塔夫里（Manfredo Tafuri）所做的诠释和理解几乎都只根据他的两本书，即初版分别在1968年和1973年的《建筑学的理论与历史》（*Theories and History of Architecture*）和《建筑与乌托邦》（*Architecture and Utopia*），在美国尤其如此。

之后，其思想的发展被普遍简化成这样一种看法，即他放弃了现代建筑的研究，埋头于被视为越界行为的文艺复兴研究之中。

即使在意大利（这里糟糕的翻译就不能是借口了），其历史观念的发展也被许多人简单地解读为：放弃密切关乎政治的历史（a politically committed history），而去拥抱一种旧式、博学的语言学家的微观史学。他去世后，一位意大利批评家写道，塔夫里“已经忘掉了他或我们在计划中所寄予的希望，他只在智慧、博学，在往昔之中”寻求庇护。[1]

因此，本文旨在更详尽地阐明塔夫里从意识形态批判到建筑史模式的过渡，并将这一过渡置于历史的语境当中。我将这种建筑史模式称为一种有创造力的模式：这种模式运用了一种交叉学科的方法，并以哲学作为基本的方法论工具。同时我还将展示出，这一过渡并不代表着他对密切相关政治的历史的放弃，它代表的是策略（有明确作用）的转变。

首先，我将简要勾勒出塔夫里意识形态批判理论的轮廓，然后展示出他是如何改变史学方法，以试图解决由意识形态批判所提出的问题。

1973年，塔夫里出版了《建筑与乌托邦》，此前他曾于1969年在评论杂志《反设计》（*Contropiano*）中发表了一个简短版本。该书为他赢得了作为激进马克思主义者的不朽声誉，其中心论点是：建筑，自启蒙时代以来，已经成为资本主义的意识形态工具，因此我们已经不再可能指望它抱有任何“革命性的”目的。这一论点引发了对于塔夫里的虚无主义和其宣称“建筑之死”的一片抱怨之声。

但塔夫里的要旨（它非常清晰）在于，人们不能寄望于通过“另类”的建筑生产来揭示建筑所呈现出的意识形态。建筑已经是资本主义的计划（project）中如此必不可少的一部分，所以，希望它能用反设计（counter-project）来批判自身只能是一种幻想。

因此，建筑不可能是“政治的”。相反，惟有历史才有可能对建筑所体现的意识形态进行系统化启示和批判。正是“历史”工程（project），而非设计工程，才“有可能质疑资

—

1. Antonino Saggio评论“Il Progetto storico di Manfredo Tafuri”（Casabella 619-620），见Domus 773（1995年7/8月），p. 104。

本主义劳动分工体现在所有角落的历史合法性”。其后在 1980 年，他在《球与迷宫》(*La Sfera e il labirinto*) 的导言章《历史计划》(*Il Progetto storico*) 一文中，也非常清晰地阐明了这一观点。

对塔夫里而言，有政治潜力的史学观念已经习以为常。他的立场在 20 世纪 60 年代和 70 年代早期的意大利左翼知识分子中很常见。这一立场基于葛兰西 (Antonio Gramsci) 和克罗齐 (Benedetto Croce) 的观念 (葛兰西用的是更为激进的术语)，即需要一种“鲜活的”(alive) 历史。换言之，历史能够通过以批判性身份来唤醒意识和带来社会变化的方式，直接同当下进行联系。

这一观念的另一重要来源是瓦尔特·本雅明 (Walter Benjamin)，他的作品在 20 世纪 60 年代早期就开始有意大利文译本出现。本雅明在一篇短文《历史哲学纲要》(*Theses of the Philosophy of History*) 中提出一个观点：在革命性的当下和往昔之间存在着无中介的 (unmediated) 联系。事实证明，这篇文章不仅对塔夫里而言至关重要，对于威尼斯学派的整个团体也是如此。

毋庸置疑，塔夫里的目的在于书写一种有政治意义的历史。那么，核心问题是，如何书写这样一种历史，又不将其变成操作式历史。布鲁诺·赛维 (Bruno Zevi) 和保罗·波托盖西 (Paolo Portoghesi) 这类历史学家在意大利所实践的操作式历史，已经被塔夫里于 1968 年在《建筑学的理论与历史》中激进地抨击。在这本书中，塔夫里宣称操作式历史是一种：

> 建筑分析 (或广义上来说是指艺术分析)，其目的不是抽象的概述，而是“设计”出明确的意向。这一切都事先反映在分析结构之内，来源于有意识地加以变形的历史分析。根据这个含义，操作性历史体现了历史与设计的结合。我们甚至可以说，操作性批评在走向未来的同时，导演了过去的历史。[2]

换言之，操作式批评给往昔的特殊时期套上一种变形的过滤器，将它们变成天生具有理想价值的神话时期，从而将它们指定为设计模式。

塔夫里当然并不打算写一种对设计者具有直接用途的历史。主要的原因我们已经看到了，即建筑不能成为变革的工具，因为历史有其他职责，即揭示各种意识形态。

但是，书写一种和当下世界休戚相关的历史，一种有政治目的的历史，它所需冒的险和书写一种针对设计者的历史是一样的：也就是将往昔变形，从而适应这些目的。而这种冒险对塔夫里来说是理所当然的。1966 年，在关于手法主义建筑一书的前言中，他宣称：

—

2. M. Tafuri, Theories and History of Architecture, New York: Harper & Row,1980, p. 141.

> 尽管在克罗齐和葛兰西之后，每种值得被称为历史的历史，确实始终都是“当下的”历史，但也有必要强调，其主要还得是（过去的）历史：对往昔事件的自由考察，尽管当代性（contemporariness）（史学家修养的一部分）使之丰富起来，但是也并非一定要去论证那些预先建构之命题。[3]

但是塔夫里自己的一些早期写作和该“当代性”所引起的可能的变形之间的关系非常密切。比如，在1961年出版的一本著作中，他指出，巴洛克，这一项17世纪的新发明，产生于罗马附近的圣格里高里奥（San Gregorio）中世纪城镇，事实上已经是统一的（unitary）城市规划的一部分。他的论点旨在批评一种与“‘小’建筑”有关的“浪漫态度”——这种脱离文脉（context）的“‘小’建筑”被当作一种模式，由此催生出一种“糟糕的建筑平民论”（deplorable architectural populism）。[4] 但是，在一篇更近期的评论中，塔夫里宣称，至少是到18世纪晚期，才有统一的城市规划这回事。

而在1967年，在一篇关于波罗米尼（Borromini）为卡佩格纳广场（Piazza Carpegna）所做的方案的文章中，通过对波罗米尼某些素描的重新归属，塔夫里提出与此宫殿有关的新的建筑年表。他证明了学术的精确性，但在此过程中也没忘记指出，波罗米尼在其工程中总是拒绝对“模式和类型”的使用。在罗马的建筑学校教书的那些年里，这是类型学设计法的支持者——穆拉托里（Saverio Muratori）和卡里吉亚（Gianfranco Caniggia）——显而易见的参照。塔夫里等人，甚至还有学生，曾强烈地反对他们，以致学校后来开设了一门与之平行的（另类的）设计课程，由艾莫尼诺（Carlo Aymonino）教授，塔夫里是其助手之一。

通过这个时期的写作，我们可以清楚地看到，塔夫里在对抗一种有政治意义的历史写作，但是，他的写作也要避免被此目的所干扰。

第一个解决办法吸取了以下观点：即没有所谓“客观的”知识，我们只能寄望于得到知识的“片断”。该观念已经流传了一段时间，但在米歇尔·福柯（Michel Foucault）的作品中才得到全面阐发。

塔夫里从福柯处吸取了这一观念，但是用本雅明所阐述的含义修改了“片断”概念。它们无可避免地成为沉默的、废弃掉的历史的残余和遗迹。用这些“片断”，本雅明试图书写一种历史——它在胜利者所撰写的历史的“纹理上一拂而过”，它证明自己是一种反霸权的（counterhegemonic）历史。

在《历史计划》一文中，塔夫里提出了

—

3. M. Tafuri, L'Architettura del Manierismo nel Cinquecento Europeo, Roma: Officina, 1966, p. 6.

4. M. Tafuri, “L'ampliamento barocco del commune di S. Gregorio da Sassola”, 见 Quaderni dell'Istituto di Storia dell'Architettura 31：48 (1959/61)；摘引见 G. Ciucci, “The formative years”, Casabella 619-620 (1995年1-2月)：p. 17。

一种片断蒙太奇的历史模式（用建筑术语来说，这种片断蒙太奇常常意味着那些拒绝主流“风格”的未建的工程或不合时代潮流的设计）。每一片断的选择不可避免地都是为了排除掉其他的选择。这种蒙太奇——这位历史学家的建构——无法声称它有什么绝对的有效性。在每种史学（包括他自己的史学）背后，诚然都有一个“计划”，一项议题。因此，变形（deformation）是操作式批评和他自己的史学都不可避免的，但他仍然声称，这是一个关于所提出的结果的问题。[5]

承认历史学家强加在史学（historiography）之上的诠释所不可避免的变形，以及获得“客观的”史学的不可能性，这一点塔夫里主要归功于福柯。但是，“解决方法”并不完全令人满意。塔夫里对福柯的历史概念作了一个基本的批评。历史（或现实）不能以任何客观的方式来理解，这一信仰，正如其必然结果一样，需要我们放弃所有变革计划。粗略来说，福柯的立场可以用一句话总结，“如果我们甚至不能‘知道’现实，那我们如何指望于‘改变’它？”

正如我们所见，塔夫里完全不接受这一点。1977年，他与雷拉（Franco Rella）、特索（Georges Teyssot）和卡西亚里（Massimo Cacciari）一起，写了《福柯的装置》（*Il dispositivo Foucault* [*The Foucault Mechanism*]）一文。这篇文章对福柯的思想进行了清晰的批评，塔夫里在其中提出一个问题：

> 在当前的政治生活中，对于无限分裂的各种权力实践运行来说，真的存在着空间吗？这些权力实践确实深入到众多的交叉和间隙中（我们对尼采、德里达和福柯的实践的兴趣也正在于此），不过目的是为了成为某种游戏中的风之“播撒”，这一游戏中没有能够在它们的社会影响中对其检验的法则。[6]

需要一种包含变革潜力的史学，对塔夫里而言是毋庸置疑的。对于其他人来说，也是一样。

卡罗·金兹伯格（Carlo Ginzburg），意大利史学家，在出版于1976年的《虫子与乳酪》（*Il Formaggio e I vermin*）的前言中已经批评了福柯的历史概念。他提出，取代一种畏惧去尝试重组和解读历史知识片断的史学，同时取代一种因为不存在“真实的”、“客观的”意义便对诠释犹豫不决的史学，是一种微观史学（microhistory）。这种史学对线索、轨迹和文献进行细致分析，并以此去尝试理解特殊历史时期或艺术对象的“真实含义”。

—

5. M. Tafuri, “The Historical Project”,15. 要理解这句引语的含义，我们必须记住赛维与塔夫里同属于一样的政治传统。赛维也倾向于写一种“激进的”历史。当塔夫里知道这一种历史伤害性巨大的时候，他开始有所抨击：当然，大家可以通过写作这样一种操作式历史而获得自由，但是，这不会给我们的意志带来“政治上的”影响；“这是一个关于如何提出结果的问题。”

6. M. Tafuri, “Lettura del testo e practiche discorsive”, see Il dispositivo Foucault, Venezia: Cluva, 1977, p. 45.

金兹伯格对塔夫里影响颇深，因为他展示出如何去书写一种有深刻政治性的历史，正如在《虫子与乳酪》中一样，即便它分析的是16世纪时一个无名的磨坊主因持异端邪说而被审判，最终被烧死的故事。

在20世纪60年代，金兹伯格就已宣称——同时提到克罗齐的一本书《黑格尔哲学中仍然鲜活和已经死掉的东西》（*What Is Alive and What Is Dead in Hegel's Philosophy*）的标题——他想书写一种“已真正死掉的”历史，明确而辩论性地反对介入式历史（a committed history）的各种观点，例如一种“鲜活的”观点。这些观点都是由他自己所属的左翼知识分子环境所提出的。

尽管“微观史学”这个词是由金兹伯格所创造，但其概念在60年代晚期至70年代就已由一群年轻的史学家所阐明。他们在1966年创立了一个评论杂志《历史年鉴》（*Quaderni Storici*），成为新的历史方法论的检验地。随意从该评论杂志上发表的作品中选取一个吧！我们读到萨卡第诺（Saccardino）的故事。他是17世纪的一个江湖郎中兼骗子，竭力宣称宗教——尤其是地狱的观念——是一种骗局，其唯一目的是让“君主随意行事”，他还竭力劝说人们必须“睁开他们的眼睛”。萨卡第诺最终当然是在博洛尼亚的主要市集广场上被公开吊死。但是，如果这就是金兹伯格所认为的“已真正死掉的”历史观念的话，那么，塔夫里意识到其潜能就不足为奇了。

事实上，《虫子与乳酪》中磨坊主与其审判者们之间的斗争，他的“低级”文化与他们的“高级”文化的对抗，以及随之必然发生的语言、文化和心态结构的冲突——关于这些对抗的叙述近于悖论地表现出当时社会等级的权力关系：这是一种由政治所控制的历史，如果曾经有这段历史的话。

书写这样一种历史，“文献学”是必不可少的方法论工具。它可以使微观史学家拆散以前的史学构成，对它们进行分别阐述，其有效性将牢固建立在细读原始资料的基础上。

对那些在完全不同的学术传统中成长起来的人来说，这听起来或许不是一项惊人的新发现。但在意大利，文献学在很长时间内都被拒绝承认是书写历史的有效工具。事实上，克罗齐就曾谴责19世纪的博学历史将其积极的信仰建立在大量通常未被诠释的“文献”的基础上。在克罗齐看来，历史就应建立在“诠释”基础上，正如对艺术作品的批评应建立在“直觉”基础上一样。

一直受克罗齐唯心主义影响的意大利建筑史家，对所谓“文献学的”历史抱有怀疑。正如我在一开始所提到的，塔夫里从意识形态批判到“守旧的”文献学的史学方法的过渡，通常被视作是塔夫里自身的矛盾表现，或者是他在最后几年的政治幻灭之后，对介入式史学的放弃。

但是，与卡西亚里同为评论杂志《反设计》创始人的文学批评家阿尔贝托·罗萨（Alberto Asor Rosa），为我们提供了更为深刻的解释，他将塔夫里的文献学方法视作意识形态批判的自然结果。他说，尽管许多人可能“觉得这很难理解”：

> “意识形态批判”先于并决定了“文献学”的发现，使之成为可能和必要。这样想想：一旦不再有面纱存在，那么，要做的事情就只剩下对现实机制的研究、理解和再现，这样我们就可以精炼地使用客观的（当然是在一定的限度内）探寻工具。[7]

塔夫里的文献学探寻——不仅涉及文献原典，还延伸到建筑模型、草图和建造作品本身，以及它们相互之间的关系中——促使他能书写其“建筑的”微观史学。

对塔夫里来说，这种微观史学方法的详尽细节将平行延伸在其生命最后十年的计划中，从 1983 年的《和谐与冲突》（*L' Armonia e i Conflitti*）到 1992 年的《诠释文艺复兴》（*Ricerca del Rinascimento*）——这是一次对于文艺复兴的重写。

他在《和谐与冲突》的导言中列出了建筑微观史学的重要概念，这本关于 16 世纪威尼斯圣弗朗西斯科（San Francesco della Vigna）教堂的书还未被翻译为英文：

> （他宣称）在我们看来，艺术客体应被质疑，但不在于其个性特征，而是作为可指认被赋予之角色的见证者。其所属时代的心态（或各种心态）赋予其角色，这些角色相关于它的经济意义、它的公共功能、并入其中的生产方式、作为其条件的再现结构（即意识形态），或者是其自治宣言者的身份。[8]

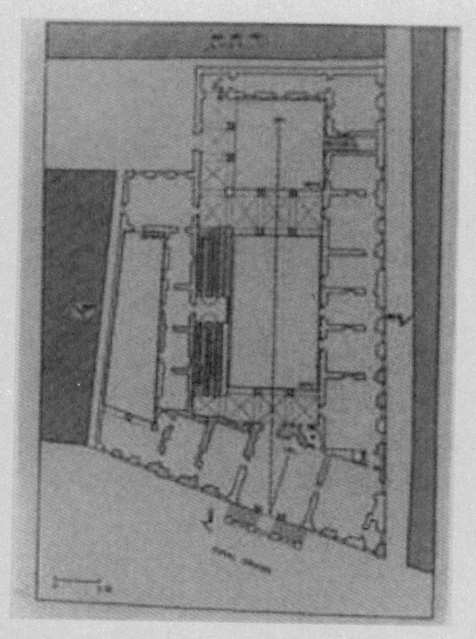

*维托 · 格里马尼（Vettor Grimani）府邸重建，底层平面

他最后一本书《诠释文艺复兴》，是微观史学的集合。用本雅明的术语说，那就是—

7. A. Asor Rosa, “Critica dell'ideologia ed esercizio storico”, Casabella 619-620（1995 年 1-2 月）：p. 33。

8. M. Tafuri, L'Armonica e I conflitti. La chiesa di San Francesco della Vigna nella Venezia del '500, Torino: Einaudi, 1983, p. 7.

＊大运河边的多浮林府邸

“单子”（monads）的集合：一连串对我们当下格外重要的细微的往昔事件。

该书始于对15世纪40年代尼古拉斯五世的罗马城市方案的分析。传统的看法是，阿尔伯蒂承担了这位教皇的顾问兼建筑师的角色。塔夫里把教皇的城市策略解读为，它是巩固教皇世俗权力的计划的一部分，为达此目的，教皇想把建筑造得看上去就像“上帝亲手建造”的一样，以显示“至上的、无可置疑的罗马教会权威”。[9]

接下来，塔夫里用文献学的方法，重建了阿尔伯蒂的作品（文本的和建筑的）以及他所接触到的观点。与此同时，他用非常类似于金兹伯格用于磨坊主身上的程序，来窥探阿尔伯蒂的心理定向（mental set）。

从塔夫里的分析中浮现出这样一个阿尔伯蒂——他极其怀疑权威，并且对夸耀奢侈和权力的矫饰表示批判。塔夫里问道，这样一个阿尔伯蒂，怎么可能在教皇打算建造貌似于“上帝亲手建造”的建筑时，对其伸以援手呢？如果他这么做了，那就有必要将教皇的意图和建筑师的意图清晰区分开来，换言之，我们必须去分析权力实践和艺术语言之间必然已经出现的冲突。

但塔夫里重新评价阿尔伯蒂的一个主要视角在于，他认为文艺复兴理论家意识到了古典古代时期多种范例的存在。也就是说，塔夫里的阿尔伯蒂正在（且是有意识地）建构人为的“传统”。这一传统不是建立在古典古代的那个范例之上，它的做法是从可用的范例中进行选择。换句话说，阿尔伯蒂和其他人文主义者正在建立一种建筑语言的法则——该语言已经被当作自我指涉之物——这种建立既非基于古典古代的范例，也非基于形而上学的美的概念。

最后一章以分析桑索维诺（Jacopo Sansovino）在威尼斯的一个未建项目和三个建筑而结束。桑索维诺在1527年罗马大劫后就离开了罗马。塔夫里分析了桑索维诺的“现代”罗马建筑语言与其实际身处的威尼斯语境之间的斗争。

桑索维诺在威尼斯为维托·格里马尼（Vettor Grimani）所做的第一个设计没有实施。塔夫里指出，轴线的旋转有助于在不规则的场地上获得规则的几何空间，这样一种做法是直接来自于拉斐尔（Raphael）、布拉曼特（Bramante）、桑迦诺（Sangallo）这些罗马传统。这一传统的其他要素包括了庄严的楼梯、没有柱廊、两个连在一起的院子。塔夫里断言，在威尼斯和罗马之间紧张的政治气候下，就是方案的这种炫耀的“罗马”特征在责难着这一气候。

对于桑索维诺接下来的项目，1536年的多尔芬府邸（Palazzo Dolfin），塔夫里判定是一种杂交（hybrid）形式。比如说，它的正立面悉数展示了罗马三种柱式：多立克、爱奥尼和科林斯，但主层平面（piano nobile）上搁于两个矮拱上的四个开间，则标明了威尼斯传统的拱廊（portego）的位

—

9. M. Tafuri, Ricerca del Rinascimento, Torino: Einaudi, 1992, p. 38.

置，即从正立面到背立面，穿过整个建筑的巨大的中厅。

1545年的考乃尔府邸（Palazzo Corner）是桑索维诺在威尼斯所做的最令人印象深刻的作品，也是最“罗马式”的。这座宅邸的底层有三个拱，贴以粗面石。这让人回想起罗马的（据称为）拉斐尔府邸。还有位于上层的拱边的双柱，它在大运河边孤傲独立、头角峥嵘，展示着其赞助人对罗马毫不掩饰的忠诚。

在这些项目中，桑索维诺一直在努力调和罗马与威尼斯这两种传统，他或多或少是成功的。之后，塔夫里提出了他的第四个（实际上还不太为人所知的）作品，其语言非常让人注目且意外地，是彻底威尼斯式的：这就是1544年列昂那多·莫罗（Leonardo Moro）的家宅。

塔夫里分析了赞助人列昂那多·莫罗——威尼斯共和国总督家族中最富有的成员之一——的神学和政治背景，并在这座建筑中解读出莫罗对展示奢侈所作的批判，而展示奢侈是其对手洛里丹（Loredan）和考乃尔（Corner）家族的标志。在这个意义上，雇佣桑索维诺而非其他无名工匠，其中就意味无穷了。因为桑索维诺几乎于同一时间忙于考乃尔府邸的设计工作。

关于建筑师的意图，塔夫里指出，建筑师运用地方建筑的简单元素（单拱和三拱、烟囱、大门），在正立面中得到一种节奏，它与室内的类型学紧密联系。有侧塔的立面、水平的中心石块、开垛口标明了花园入口的大门（它被认为是16世纪威尼斯最美的大门之一），这一切在塔夫里看来，都指向非同凡响的设计工作。它因为有所掩饰而显得更为重要，因为这座建筑看上去完全服从于威尼斯传统。

塔夫里把这些房子解读为桑索维诺对主导性的罗马古典语言的批判。这位建筑师在这一工程中采取当地传统，而不是诸如阿尔伯蒂之类的人文主义者建构起来的“现代”传统，显示出罗马“黄金时代”的确定性绝非坚若磐石。

通过攻击史学要塞——对维特科威尔（Rudolf Wittkower）详细阐述的一套法则体系所持有的信仰——塔夫里以一人之力解决了重写文艺复兴的问题。他证明，这些法则绝非约定俗成的。通过向我们展示出多种传统模式同时运转的事实，他废除了将文艺复兴看作“对古典古代的回归”（return to antiquity）的时代这一传统模式。

但是，他首先展示的是，诸如阿尔伯蒂这样的理论家和诸如桑索维诺这样的建筑师，如何意识到他们正在创造的建筑语言，并不是建立在美的普遍法则，或古典古代时期范例的基础上，而是建立在“越界”的基础上。越界，针对的是那些由“趣味”（“某种本能的认知，而非任何艺术或法则”[10]），或由同时代的艺术家共同体所建立的惯例所控制的法则。

—

10. Baldassarre Castiglione, Il Libro del Cortegiano, Venice, 1528.

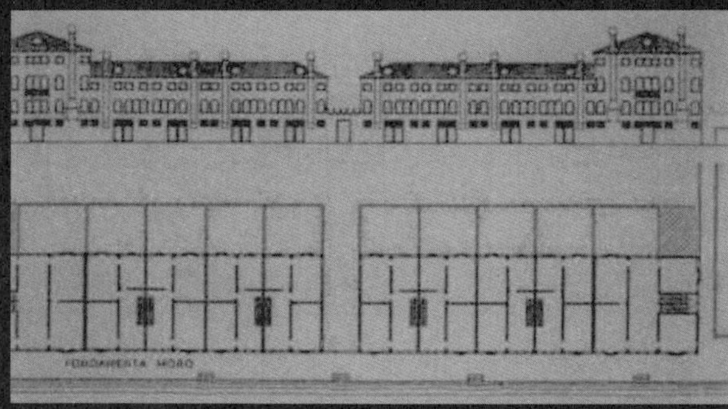

*撒丁岛的莫罗家宅

换言之，这里涌现出来的是，艺术家们对建筑“自我参照性”（self-referentiality）的意识，以及随之而来的被广为推崇的“确定性”的缺失。这一“确定性”照说应源自于这样的信仰：他们的建筑牢固建立在某种已恢复之传统所提供的模式上，以及，那个时代已经一劳永逸地确立了对比例的系统规范。塔夫里认为文艺复兴建筑表达了“在追求基础和实验之间的一种精确平衡”。他指出，对系统化规范的需要——是“需要”，而非这些规范的存在——产生于教会大分裂，产生于14、15世纪的政治社会冲突和毁灭性的瘟疫。但是他这么做，目的只在于将这种需要，同人文主义者们向虚幻之地（the unfounded）自发性的一跃并置起来。这非常类似于他在《建筑学的理论与历史》中指出的，求新的设计所必要的“摸黑一跳”（leap in the dark）。

在这一点上，揭示由矛盾、冲突的传统和建筑语言相互贯穿的文艺复兴，就有非常重要的意义了。艺术家们意识到他们正在批判性地质疑古典古代的范例，正在创造出“新传统”。这就将文艺复兴新的一面给描绘出来。

塔夫里承担起重写文艺复兴这项艰巨任务，目的在于：去理解当下建筑危机的根源、出现不安的原因，以及这一不安所带来的痛苦。他在《诠释文艺复兴》的导言中指出了对其影响至深的现代思想家：汉斯·塞德梅耶（Hans Sedlmayer）、本雅明、罗伯特·克莱因（Robert Klein）。他们分别谈及了“中心的丧失”（loss of the center）、“灵韵的消失”（decay of the aura）和“指涉物的痛苦”（agony of the referent）。建筑不是宇宙秩序的具象表达已经成为现实，这一“（指涉物的）痛苦”、这一“（中心的）丧失”，在20世纪初被历史先锋派当作某种解放而接受下来，但是自60年代以来，它就被视作是一种焦虑。

在塔夫里看来，本质上，这就是一种旨在将事物历史化的现象。他在指涉物的丧失和建筑的“基础”中没有看见命中注定之事，相反却看见一个完成的过程。试图通过回归“黄金时代”而逆转这一过程是无用的，因为并没有这样一个时代曾经存在过。

在投身文艺复兴（如其所说的，“长时段文艺复兴”）研究期间，塔夫里揭示了确定的基础的丧失是如此之早。他指出文艺复兴艺术家们与他们的历史之间值得怀疑的关系，从而对我们与历史的关系提出质疑，以此重申在历史中找到现成解决方法的不可能性。其批评的首要靶子是后现代主义，但也涉及更加宽泛的范围。尽管他在1986年的一些文章中抛弃了后现代主义，但是，建筑的角色以及随之而来的建筑师的角色，这些基本问题依然存在。

试图回答这些问题是塔夫里一生的工作。他的全部作品都可以被解读为一种挑战——去澄清建筑不可能存在的角色背后的幻觉背景，从而确定下它有可能成为的角色。因此，我们现在可以把塔夫里的作品理解成，它们是由“各种计划”组织起来的。这些计划彼此有机地结合在一起，它们的目的是一样的，试图给以下令人苦恼的问题找到答案：建筑的角色、历史的角色，以及给在这两个截然不同领域中工作的人所留下的可能余地。

这一条道路的主要阶段，我们可以在诸如《建筑学的理论与历史》（1968年）和《建筑与乌托邦》（1969年和1973年）之类的作品中清楚地辨认出来。在这些作品中，他试图定义建筑的角色和任务，阐明它们并将之与历史的角色和任务区分开来。在前一本书中，他驱除了从历史中提取出设计范例的所有希望，在后一本书中，他驱除了建筑之政治角色的可能性。

在《1944至1985年的意大利建筑史》（Storia dell' architettura Italian 1944-1985）（1982年和1986年）中，他考查了意大利这一特例。在建筑生产的真实状况这一背景下现代建筑的危机；从70年代晚期到80年代中期统治某些意大利城市的左翼市政管理的幻灭；土地的使用和规划政策，以及在无可回避的极度艰难的现实中，建筑师所做建筑与规划的失败。塔夫里对以上三个方面的意义进行了评估。

在《和谐与冲突》（1983年）、《威尼斯与文艺复兴》（*Venzia e il Rinascimento*，1985年）、《诠释文艺复兴》（1992年），以及重要的专著《建筑师拉斐尔》（*Raffaello Architetto*，1984年）、《朱里奥·罗马诺》（*Giulio Romano*，1989年）和《弗朗切斯科·迪·乔尔乔·马蒂尼》（*Francesco di Giorgio Martini*，1993年）中展开的"文艺复兴计划"，只是这一过程的顺理成章的结果。

为了回应现代运动对"解除禁忌"的呼吁（这完全是想当然的一厢情愿），对"快乐地回归"到过去（或是回到对各种"黄金时代"的怀旧）的期盼，塔夫里粉碎了那一时代的全部幻想——它认为建筑角色（作为宇宙秩序的表达）是毋庸置疑的，因而，建筑师也就是高级秩序的诠释者。

值得注意的是，塔夫里的"文艺复兴书丛"的第一本是《和谐与冲突》，埃瑙迪（Einaudi）"微观史学"系列的第六册。他的这一计划，其基础是他对历史学家工具和手段的反思，而且二者是密切相关的。维特科威尔已经分析过了这座威尼斯教堂，并断言其设计是建立在某一赞助人所做的图像学的计划（iconological program）之上。塔夫里通过其微观分析证明，这一"计划"并不在作品设计之前，而是在设计之后，并为设计进行辩解。他在与所谓"野蛮的图像学"的对抗中赢了一局；历史编撰学试图将建筑（尤其是文艺复兴时期建筑）解读为预先存在的文献或宗教文本的有形表达，塔夫里和金兹伯格一起称之为"野蛮的图像学"。

更为重要的是，就在同一本书中，他重新评价了那个时代的建筑师的角色：其形象并非创造力的源泉，或宇宙秩序的权威诠释者，而是与赞助人、权威和政治领导者相冲突、折衷、协商、试图对抗，最后不得不对之妥协的职业者。

换言之，在《和谐与冲突》中，他详细

阐述并检验了历史编撰学的范例，与此同时，他也重构了一个不同的文艺复兴，驱散了一个时代的神话。在那个时代，建筑师依附于历史的安全港湾，或者预先建构的图像学计划，或者不可更改的比例法则，来直接提取美学法则。

塔夫里向我们揭示，文艺复兴在一种普遍建筑语言和对地方多样性的需要之间，在古典古代的范例和对之进行“越界”之间，断断续续、冲突不断、苦苦挣扎；借此，他粉碎了我们对于必然回归幸福状态所抱有的所有希望。他声明，危机一直都在。无比坚定地信仰那些传统，从来没有给予我们什么帮助。我们行动的范围总是有限，我们总是在社会中寻找自己的角色，我们仅只在那些边界、阈限（thresholds）内工作。摆在我们面前的任务，是对这些边界所能延伸到的极限进行探讨。

如果从这个角度来看，塔夫里各项计划之间的联系就显得更加清晰：对历史编撰学的范例的详尽阐述，能够为当下的危机揭示出（虽然是间接的）一条出路，最终它得到了这样一个现实，即“历史”是“政治的”，而“建筑”不是。

我们已经从“意识形态批判”中得到了许多东西。但塔夫里所定义的微观史学——对严密限制的质疑领域进行深刻分析，能使更宽泛的史学问题清晰显示出来——也是一种尖锐批评手段，毋庸置疑依然是与当代密切相关的。当然，只要所选择的微观史学不会变成塔夫里所说的“语言学的八卦”，而是“能够质疑”我们当下的建筑状况。

这一意图在《诠释文艺复兴》的导言里表达得再清楚不过。关于催生此书的那些反思，他以一种如同其学术遗嘱的回顾式声音说道：

> 从构成问题的当下开始，它们回过头来试图与“再现的时代”（era of representation）对话……从这些分析开始，就有可能提出哀悼的详尽细节（elaboration of mourning），其目标在于扩大那些在当前建筑文化中批判式运作的问题的范围。记忆并不意味着在甜美的回忆中多愁善感地丧失自我，聆听也不是随意地耽于声音。
>
> 换句话说，分析的“弱势”在于，它作为过程中的一个步骤，听任尚未解决的历史问题继续存在，听任它们扰乱着我们的当下。[11]

塔夫里的目标绝不在于“向过去寻求庇护”。推动他的整个工作的，是坚持不懈地寻求计划的可能性，确定前进方向的可能性，以及留给建筑的可能的操作边界。

塔夫里的历史计划中有许多问题仍需更进一步的阐明。但是，回过头来更细致地阅读其写作，或许能帮助我们建构起一个参考框架，有助于理解其作品及意义。

—

11. M. Tafuri, Ricerca del Rinascimento, xxi.

他的身上已经挂满各种标签：马克思主义者，虚无主义者，等等。这样就存在一种风险，可能会完全模糊我们对他作为一位思想者的读解——他是一位思想者，他提出问题，并努力寻找答案，而这正是我们作为历史学家或建筑师的工作之根基。

翻译：胡恒

参考文献

1. Manfredo Tafuri.Teorie e storia dell'architettura[M]. Bari: Laterza,1968.Eng. trans.,Theories and History of Architecture[建筑学的理论与历史].New York: Harper & Row,1980
2. Manfredo Tafuri.Progetto e utopia. Architettura e sviluppo capitalistico[M].Bari: Laterza,1973. Eng. trans.,Architecture and Utopia. Design and Capitalist Development[建筑与乌托邦：设计与资本主义发展]. Cambridge, MA: MIT Press,1976
3. Manfredo Tafuri.La sfera e il labirinto. Avanguardia e architettura da Piranesi agli anni '70[M].Torin: Einaudi,1980.Eng. trans..The Sphere and the Labyrinth. Avantgardes and Architecture from Piranesi to the '70s[球与迷宫：从皮拉内西到70年代的先锋派与建筑].Cambridge, MA: MIT Press,1987
4. Manfredo Tafuri.L'Architettura del Manierismo nel Cinquecento Europeo[16世纪欧洲的手法主义建筑][M].Roma: Officina,1966

5. Manfredo Tafuri.Borromini in Palazzo Carpegna: documenti inediti e ipotesi critiche[J]. 见 :Quaderni dell'Istituto di Storia dell'Architettura dell'Universit di Roma[罗马大学建筑史研究所学报].
6. Casabella,No. 619-620[P].Italy: Elemond editori associati,1995
7. Carlo Ginzburg.Il formaggio e I vermin. Il cosmos di un mugnaio del'500[M].Torino: Einaudi,1976. Eng. trans..The Cheese and the Worms: The Cosmos of a Sixteenth-Century Miller[虫 子 与 乳 酪 :一个 16 世纪磨坊主的世界观].Baltimore: John Hopkins University Press,1980
8. L'Armonica e I conflitti. La chiesa di San Francesco della Vigna nella Venezia del '500[和谐与冲突 : 16 世纪的圣弗朗西斯科 · 德拉 · 维尼亚教堂] [M]. Torino: Einaudi,1983
9. Manfredo Tafuri. Ricerca del Rinascimento[诠释文艺复兴] [M]. Torino: Einaudi, 1992
10. Manfredo Tafuri. Storia dell'architettura italiana 1944-1985[1944 至 1985 年的意大利建筑史] [M]. Torino: Einaundi, 1982
11. Manfredo Tafuri. Venice and the Renaissance. Religion, Science, Architecture[威尼斯与文艺复兴 :宗教、科学、建筑] [M]. Cambridge, MA: MIT Press,1989

对话

Interview

文化市场

弗朗索瓦丝·瓦里
采访
曼弗雷多·塔夫里

瓦里：我们从法语版《建筑学的理论与历史》的导言性注释中得知，该书对你文化观的发展变化起着极其重要的作用。你可以说明一下该书的写作初衷吗？你写作此书是为了反对当时意大利普遍存在的建筑生产吗？

塔夫里：首先，这本书和其他书不太一样。我花了好几年时间来琢磨它（从 1964 年开始）。可以说，它恢复了一个老式的观点。也就是说，人们必须在生命中某些时候为自己而创作。这就是为什么它塞满了自传性的注释，没人注意到这些……但确实如此。

最后一页的最后一行无疑暴露出来这一点……

当然是这样。现在，我们必须问自己，那些年里到底发生了什么。所有巨型神话都已逐一瓦解。这里出现了两类剧变，都极其让人担忧。第一个剧变后来被称为"60 年代的马克思主义"。在我看来，这是由当时引起震惊的两本书所激发的：罗萨（Asor Rosa）的《作家与人民》（*Scrittori e popolo*），以及弗蒂尼（Franco Fortini）的《权力的检验》（*Verifica dei poteri*）。后一本书给我印象甚至更为深刻，尤其是其中著名的文章《像鸽子一样聪明》（*Astuti come colombe*），其意图相当清晰。弗蒂尼对整个学术工作的未来提出了质疑。

在那时，我们进行哪一种分析，才可以阐述清楚所有方面的发展呢？《建筑学的理论与历史》，至少在意大利文化中，是第一本在先锋派艺术史和当代建筑史之间画出平行线的书。这是因为，我追求的是两个截然不同的目的。其一，检验学科工具；其二，对自身腐烂至内核的学科进行研究，并以此为出发点往下走。我们并没有过于陷入危机之中，但是，一切历史都必须从头开始重新估价，这样就可以发现其理论基础。我们发现——就个人而言，我大感骇然——这些基础也已经腐烂透了，皮拉内西（Piranesi）就是这样认为的。我们已经不可能原路退回，然后带着这些基础继续前进……这就是先锋派语言的真相，就是建筑史和现代艺术史的理论框架……我们锁在一座被符咒镇住的城堡之中。钥匙丢失了，我们陷进语言的迷津——我们越是寻找方向，就越身陷魔幻大厅。这些大厅充斥着令人痛苦的梦境。我认为，我必须将这一事实同某些新的实验联系起来。例如，“新视角”（nouveau regard）学派，布托（Butor）的小说，诸如戈达尔（Godard）的《女人就是女人》（*Une femme est une femme*）这样的“前革命”电影，或者诸如韦斯（Peter Weiss）的文本，他对所有战后左派运动都提出质疑。这些新实验，在启蒙运动的两大人物马拉（Marat）和萨德（Sade）之间，制造出一种完全相反的对立。皮拉内西书中迪达斯卡罗（Didascalo）和普罗托皮鲁（Protopiro）之间的对话，也是这种辩证的对立。它的传记性现在才开始为人所知。对我来说，这一辩证关系正好就是马拉和萨德之间的辩证关系，现在仍然是。萨德是折衷的自由论者，而马拉则是普里奥拉托（Priorato）祭坛的隐藏面。我试图说明的是，这两个面不可分离。阿多诺（Adorno）的理性辩证法（dialectics of reason）尚未对这一问题有什么洞见，它过于简单了。在某种意义上，这些事情对我的启示是，一旦你进入了迷宫，阿里阿德涅之线就已断掉。你必须完全忘掉阿里阿德涅的线，才可以继续往下走。我是在写完《建筑学的理论与历史》之后，才这样做的。这本书出版于1968年，当时的情况相当有趣。因为，尤其在意大利，只有那些视建筑为绝对现实的人才有读者。人们把建筑当作是一种自治的、特有的事实。当时的谈论方式比起现在来要专制得多。

这是一种意大利式的特性……

是的，但这些书讲到了许多正在发生的事情。年轻的法国建筑和美国建筑（纽约五人组，Grumbach，等等）是怎么一回事？那种结语式的分析，对事物没有任何改变。它只是某种研究方法在逻辑上的必然结果。在1968年那与其说是建筑师的方法，不如说是意大利建筑系学生的方法。他们（绝非偶然地）抛弃了建筑，而支持“分裂团体”（splinter groups）。这显然很有问题。这里存在两个选择。一个被极端主义的创伤性体验（childhood sickness of extremism）所影响；而另一个则被一种显然很狡猾的、特殊的症候群（apparently astute syndrome of specificity）所影响。但它们都会把意图和目的等同起来：两种选择都被激进主义破坏掉了。我认为，当批评囊括了自传性数据，并且当人们意识到这一点，从那一刻起，批评就变得科学了。在我看来，《理论与历史》比我的所有其他书都更重要，因为它将我的个人经验同个体和集体危机的历史打成一个复杂的结。

一种历史的断裂和一个新的开端，它标志了威尼斯学院的开始……

威尼斯一直都不是我唯一的工作（对象）。我一直都在独立研究《理论与历史》中谈到的那些主题。

在《建筑与乌托邦》中，你不再讨论皮拉内西之前的历史。为什么？

呃，为了有一个写作开端。因为，这里存在着篇幅问题。这本书要限制在 120 页之内……

尽管如此……

……而且，这本书里不需要对《理论与历史》进一步解释。对于《理论与历史》，我没有什么要补充的，我仍然这么认为。但我觉得，如果我们想再次讨论这一时期的话，我们就必须使用不同的工具——高度专业化的研究，而不是一般的论文。我在集体研究刊物《朱莉娅大道》（*Via Giulia*）中，尝试了诸如此类的东西。这个杂志在法国或许不太有名，但它对于 16 世纪意大利的城市研究来说，是很重要的。在五年的工作中，我比较吸引大家注意的是我的那些辩论。整个朱莉娅大道被一寸寸地逐一分析。他们所用的方法是重叠和连结。普通的政治和经济因素，16 和 17 世纪的土地政策，建筑的语言风格……

这种研究真的不为人所知吗？

只有 16 世纪的历史学家才熟悉它们。

你期待《理论与历史》带来什么样的结果？

我认为它根本不会有任何结果。我写这本书只是为了我自己的目的。我认为它不会成功。这是一本奇怪的书，不是为公众而写。有一个很清楚的原因：那几年里，我不得不在米兰和巴勒莫之间来回颠簸，我没有扎根的地方。我在意大利大学圈子中是“被拒绝”的一类。书的理想参考资料是历史，完全停止下来的历史。这不是一本为公众而写的书，但它在整个意大利都销量很大，尤其是第一版和第三版。

但是，历史问题在意大利的建筑实践中相当受关注。

是的，现在也是这样。《理论与历史》在西班牙语国家也卖得很好：阿根廷、阿连德（Allende）执政时期的智利……我到现在都不知道为什么，也不知道他们怎么看这本书……有可能是为了资料的目的而对这本书进行糟糕的误用……也有可能是关注这本书的结构主义话语和符号学话语……但是，书中的分析所涉及的范围是相当特别的……我还想说的是，这本书的结构是迷宫式的……

或许这些都是理解这本书的角度。问题在于这本书结合了三个矢量：批评、历史和建筑。论述主体要么是批评家，要么是建筑师，要么是历史学家。但是，它能从一个角色过渡到另一个角色——在主体层面上，这里有一种变化和距离感……

或许是有距离感，但实际上，它也没我想要暗示的那么厉害。那个时候，我不觉得我的那些研究怎么让人振奋。我觉得我们踏上的这条路不是那么让人特别塌实。今天是对的——但接下来又是错的。

这个“对”是从何说起？

因为当时我所说的要更真实些。现在我很平和，我觉得自己离那些建筑问题很遥远。

你现在在建筑领域之外吗？

我在 1962 年就将其抛在身后了。那已经是往事一件。

但人们会有这样一种印象，建筑师打算逃离……

嗯，也不完全是这样……或许这是最终的结果。但对我来说，问题不在于建筑师试图逃掉，而在于学科的未来。我想知道，建筑学是否还有意义……小丑建筑师（clown-architect）的杂耍以前让我很恼火。现在我倒觉得他们很逗乐。

杂耍？

是的，但那些游戏现在却让我很着迷。现在我明白，那种游戏是建筑生产中必不可少的一部分。它进入到文化生产的领域，它有其内在价值。就拿阿尔多·罗西（Aldo Rossi）来说吧。因为罗西不进行建筑生产，如果以一种过分简单化的方式来看，人们或许会认为他处于生产世界之外。这当然是不对的，因为他为其他信息领域提供了原料。印刷品的量这么大，它毕竟也算一种生产形式。现在我们再也不能对一个公众讲话，而要对不同层次或领域的公众讲话，并且让每一个人满意，这完全是一个环形道。

这些层次或领域是自律的吗？

完全如此。不再存在一个文化市场，而是好几个，它们都需要被满足。每个人都参与进某一特定的市场或层次，或其他的市场。而我们要径直穿过它们的全部。显然，径直穿越市场的唯一方式，就是某种类型的政治义务，亦即政治活动。

这意味着当前学术工作的生产性和那些自律层次有所抵触吗？只有政治才能够刺穿各层次，并在它们之间创造联系吗？

当然是这样。我们前面提到的娱乐是一个例子。大众娱乐的提法是没有意义的。大众已经不存在了。公众已经被分割成大量互不相扰的口袋。分类打包的程序已经非常先进了。这完全没什么意义。双年展的错误在于，为上流社会的资产阶级制作作品，却将作品放在车间中——不知所谓。爱森斯坦（Eisenstein）之前就这样做过，但被证明是一个错误……因此，问题不在于把文化“引进来”，而在于在环路中认识到自己的位置。这是什么意思呢？这就是说，正如有为大众提供的普通冰箱和高品质的冰箱一样，同样也有不同层次的文化。在某些层次的文化中，知识分子必须把自己看作是一个生产者。这每天都发生在我们身上。当我写《朱莉娅大道》时，我是在为美国或德国的少数专家而工作。当我为《地方晚报》（*Paese Sera*）写作时，我是在为意大利左派——总共二三十万读者——而写作。显然，在后一种情况下，我不会唠叨那些旧观念。我必须在另一种层面上发明一些东西，提出一些新主题，去中心化（decentralization），例如，在文化、行政上去中心化……并且，警告那些煽动的危险，民粹主义的危险——去谈论现在正在发生的事情，谈论形成大众斗争之基础的那些主题。但是，为了回到《理论与历史》的状态，而寻找政治信息是没有意义的。因为，这本书所瞄准的公众是我自己，是一门特殊的学科。尽管它确实包括有某种含蓄的政治信息。事实上，《建筑与乌托邦》以及《理论与历史》彼此完美地结合在一起。某些主题以同样的方式展开，另一些则被推翻，但它们通常都传达着同样的含义。

电影也是以这种方式运转的吗？

有一天，我去看了一部斯特劳布（Straub）的电影，《摩西和亚伦》（*Moses and Aaron*），它深深地打动了我。这是一部美丽的电影。要理解这部电影，必须相当熟悉德国哲学中的辩证法，熟悉里面提到的历史情节——勋伯格（Schoenberg）的十二音音乐在那里达到高潮，或者熟悉摩西和亚伦所说的那些话的象征意义。这些东西完全符合我们正在讨论的主题。摩西掌握着话语，或者说是真理，但却无法将其解释给他的人民。亚伦的成功正在于摩西失败之处，但是，为了能这样做，他不得不使真理降格。摩西没有发现他的话语和亚伦所说的东西之间有任何关系；他理解不了他们唯一的机会是合作。这正是黑格尔的辩证法。

斯特劳布完全任由勋伯格的音乐在电影中流淌，而勋伯格的音乐也恰好符合这一辩证转换——交流的可能性，以及意识到交流不再可能。在这个问题上，阿多诺是对的。斯特劳布用摩西和亚伦来讨论当代艺术的问题。他的讨论方式是将一种彻底的古典形式强加在勋伯格的十二音音乐身上。摄影机永远不动；它一直是固定着的，静态的。角色不动；没有人群的运动。这里就是一系列的静止之物，它几乎就是一幅令人神迷的静物画（tableaux）。这部电影也引发了有趣的讨论，因为，人们指责斯特劳布自闭，不同观众交流，等等。而他的回答很直言不讳，“我不同公众交流——公众是什么？如果有一百或两百个人，那我就得和两百个人交流。你理解了没有呢？如果你没理解，那么，再见。”

说起斯特劳布，我想到了我的朋友罗西。他对建筑学的意义就是斯特劳布对电影的意义。除了现存的知性电影市场的结构之外，像罗西这样的唯我论者的电影实验，也还是有观众的，因为它们易于吸收。显然是这样。

十年后，《理论与历史》就……

十年，不。

这本书的写作是一个重要事件，不是吗？

1966 年？应该是 1967 年。

有一件事情一直让我有点奇怪。《理论与历史》不断提到客体的危机，但没对它进行分析。

客体的危机？我认为本雅明已经分析过了。

那么……

当然，我高估了公众对本雅明的认识和理解。他的东西不过刚刚出了意大利文版。我假想本雅明的书已经被大家吸收。事实上，要重新解释他的那些东西，需要做大量艰难的工作……或许人们应当记住，《理论与历史》，包括其结构，针对的不仅仅是建筑师，还有艺术史学家。并且，这些讨论也不只限于客体的危机，在那些年里，欧普艺术（Op Art）和波普艺术（Pop Art）的拥护者之间的争论——阿尔甘（Argan）是一边，卡尔维斯（Calvesi）这类批评家则是另一边——更容易被艺术史家所理解，而不是建筑师。必须说明的是，我的职业是不精确的。更确切地说，它是精确的，但我总是同时开几条战线。当时，人们最感兴趣的是艺术史学家。像这样的建筑史的研究在意大利是不流行的，所以没有太多的建筑史学家……

阿尔甘非常重要……

当然，他是位大师……

那勒·柯布西耶呢？

？

他在《理论与历史》里很重要，你不断引证到他……

勒·柯布西耶？我不确定当时我对他的理解到了什么程度。对我来说，他使本雅明与超现实主义者之间产生某种交集。在我看来，他似乎一直是这样的一个人——对“灵韵的丧失”（death of the aura）进行越界，并且在主体的迷宫中设置话语。我不相信勒·柯布西耶攻击超现实主义者的鬼话。我更感兴趣的是勒·柯布西耶的阿尔及尔和他在 1935 至 1940 年间的绘画。这些画里门是半开的……为什么我对这些感兴趣，为什么我不再谈论他，这是很好理解的。我认为，如果存在一个揭示意义的形象（a revealing figure），那它就是军营的帐篷（Bat'a pavilion）。我试图将这一问题客观化，但这就会带来一些非常主观化的问题，因为我们谈论的勒·柯布西耶，他发现了无意识、抒情、想象，并且亲身体验到客体危机的危机。

或许这个问题有点突然，但他实际上的确是本书中被引用最多的人，尽管你对此没做任何解释。而且，后来在《建筑与乌托邦》中有一整章……

这个你已经谈过了。

我们已经澄清了那个问题。

但它花了我大概九年时间来向我自己澄清。

或许我们可以谈谈威尼斯建筑学院历史研究所的工作。

威尼斯是一次实验，它试图驱除掉批评家工作的个人化特征。我们这代人需要自我教育，学院表现了对这一事实的理解。在意大利，大家被导向一个多少有点苦涩的结论：无论人们接受与否，从客观上来讲，最伟

人的那些大师一直都是大师。他们一直都在伪造着和公众之间的某种
个人关系。当我来到威尼斯时，我有幸遇到了愿意在某个方向上工作的
人。我想，我们真的可以创办一个学院。毫无疑问，这和意大利人性格
中某种典型的缺点相冲突，比如个人主义等……但是，这个学院实在是
太棒了。

我们忽略掉了一件事：教学和研究之间的两重性。最主要的是，最
好的研究者不是最好的教育者。但我们必须面对 170 名一年级学生，
以及同样数目的二年级生。除了这些小的内部难题之外，我们在威尼斯
所做的工作，还承受着持续的自我批评，这在意大利是很少见的。总的
来说，想要革新的"学院"都要面对这些东西。不可思议的是，现在历
史研究所所做的那些已被国际承认的工作，从未收到过一点意大利政府
的项目津贴。

那政治态度呢？

政治态度？

你的，你同事的政治态度。你们的工作具有精确的政治定位。

是的，我们的工作有非常精确的定位。人们首先要说，研究所的许多重
要人物在地域上持有肩负责任的立场，比如共产党治下的城镇和地区的
议员，比如政党的官员，比如联合政府的官员……显然，这关系到我们
所做过的事情，关系到政党的改革，关系到我们将历史学家的职业看作
是政治理论家职业的一部分。这需要我们扎根于实践，不断进行。我
们倒不认为，理论和实践必须完全一致或彼此相符仅仅只是一个形式问
题。但是，我们和共产党的相遇确实具有决定性的意义……对我们来说，
研究某个东西——例如，作为自在和自为的历史（history in and fo
itself）——与在公共领域中使用它，显然不存在根本的差别。如果历
史没有实际用处的话，那它就属于个人游戏的范畴。

我们可以谈谈"建筑的贫困"吗？

可以，人们可以说建筑的贫困，尤其是当它是为了给人逗乐的时候。当
建筑展现出极度奢华的样子时，它是那么可怜……当建筑的第一个字母

拼成大写的 A 时，建筑是贫困的，当然，它也或多或少地成为我们最喜欢的那些经验中的一部分。

那没有大写字母 A 的建筑是什么样的呢？

那我根本就不会称之为建筑。并且，某种意义上，它或许是最让我们感兴趣的东西。这样的话，我们也不一定非得去谈论危机、问题。它不罗嗦什么废话，它只行动。从实践来说，我们可以举这样一些例子，比如，意大利的红色市政当局的合作盖房计划，或者那些并不指向空间现实化的活动（例如，区域委员会和罗马选区的区域委员会的要求），或者与博洛尼亚和佩扎罗的历史中心规划相平行的运动。该运动本身比它最终的结果更重要。这或许是近年来我们所学到的东西，即，结果是不重要的。当你致力于一个结果的时候，你就会想，你必须解决某些问题。“解决”这个词本身就暗示着，你希望平息矛盾，希望坚决地控制主题。如果我们认为某件事是重要的，那么，这件事就是运动。它有方向，并且趋向于包容。阐述真理，我不会用理想主义术语，而会动用所有公正的政治活动。这样的话，你就会用一种不同的方式来看待事物。

我现在要提出的另一种方法是：我们知道，在历史上，合作运动（cooperative movement）就其本质而言不可能解决工人阶级运动的问题。我们非常了解合作运动对于解决住宅问题的努力是何等的不足，但是，毫无疑问，它重组并形成了一种现在反而被分离开的工人阶级运动。所以，与其说它做过的事重要，还不如说它在过程中产生的某些不能被看到和触及的东西更为重要一些。建筑工人在其公司内并不是孤立的、各自为政的，相反，你拥有连成一体的、协调共济的工人阶级。于是，判断标准改变了：这种协调共济的大众，在其斗争中是起帮助作用，还是起阻碍作用？这就是问题所在。历史经验能告诉我们一些事情，但这绝不意味着历史必须永远都在重复自己。显然，在社会民主主义的德国，或在社会民主主义的维也纳，合作运动对于斗争就毫无助益，相反它只提供了“解决问题”的幻觉。

我们稍微谈谈未来建筑师的数量，以及建筑工作的真正可能性吧。

我认为，要解决这种问题，我们就必须为职业的彻底重组而奋力斗争。正是在这里，理论最终能够被转化成实践。表现出有大写字母 A 的建筑的贫困是第一步，下一步就是要寻找方法。这些方法反过来能够主动激活建筑、规划或计划的新维度，或者是所有一切可以没有资本的东西，而这正是让我们感兴趣的东西，即，具体劳动向抽象劳动的转化。在这个问题上，我们当然可以向那些所谓的"社会主义"国家学习：我的意思是，向那些公共机构学习。建筑师通常都很畏惧公共机构，因为它对"专业人员"的自由活动构成威胁，也因为它支持了官僚主义决策结构。害怕不可避免之事是没有用处的，这些巨型结构在资本主义社会中已经被创造出来了。在意大利，存在着混合资本、私人资本、国家资本（IRI、ENI）等多种资本形式。一开始的时候，这些资本以一种顾问的身份，来处理区域性问题，有时甚至还提出一些可供执行的计划。诸如博盖塞家族别墅（Villa Borghese）的竞赛场（carousel）下的停车场这类工程，已经被这类大规模的公司所执行。诸如那不勒斯那种南方城市的高速公路、立交桥、意大利面式交汇口（spaghetti junction），从头到尾都由这些公司计划和执行。在做最后的装饰时，他们甚至炫耀性地在建筑中雕上巨大的名字。这种尺度的计划，只算是城郊的装饰物——它们是完全无用的。事情的关键是，我们要马上重组这些公共结构，无论是国家的、地区的、省级的，还是市级的，同时还要为它们提供分析人员、盘存人员和设计者。谁说专业人士就应该拟订我们的文化品清单呢？为什么会这样？如今在意大利，他们甚至根据公共投标来组织文化品的清单，这吸引了那些偶尔串串分析者、历史学家、批评家场子的建筑师，甚至吸引了艺术学生和建筑学学生。不！我们必须创造出国有的和地区性的结构。这件事将会变得有趣起来，因为往后将有可能对学校入学人数进行规划。当然，我反对一切形式的限制性招收，但我不反对有所规划的职业市场。我们必须知道，我们实际上需要多少建筑师。而学校招生的人都知道，如果需要一万名建筑师，就得有三万名学生。那么，其中有两万将不得不干其他工作，做电影、舞美，诸如此类……但我们知道，有些工作已经有所规划的。事情在沿着这个方向继续发展，至少，我们需要对公共规划和设计部门进行重新定义，在意大利和在法国都是这样……

想想看，对职业市场来说，这意味着多大的转变啊。例如，作家巴尔扎克变成了记者，这可是最伟大的革命。巴尔扎克是不可能自己一个人搞罢工的，但是《晚邮报》（*Corriere della Sera*）或《信使》（*Messaggero*）的记者们却能有效地影响他们工作的政治环境。所以，在另一方面，你也得到了一个被雾化的作家，无论如何他是没什么用了。分析到最后，重新团结起来的建筑师令我们倍感兴趣，因为他们与抽象劳动的大众化（massification of abstract labour）协调一致，并且成为一种政治武器。我认为这些建筑师不会构成非生产性的第三部分，而会构成一个生产性的部分。

是的，但是在精确的、严格界定的条件下。

当然，说起来这些条件是唯一值得考虑的。想想新镇（New Town）……

这会在建筑事务所内导致（劳动的）分工吗？

当然会，这已经发生在大型的美国实践中了，它们的劳动分工特别发达。

建筑工作还是相对落后于建筑的组织。

落后？但在有些美国事务所，就目前来看，建筑师的工作正在恢复！他们恰恰记住了，形式并不一定是商品循环的障碍，相反，它能刺激商品循环。你只需看看凯文·罗奇（Kevin Roche）的建筑，就能了解形式话语是如何被直接吸收，它是多么有效。

它是很有用，但在某一层面上它却是消失无影——它只在宣传的层面上有效。

当然，但是这就是它在政治经济领域中的合法层面。

那未来建筑师数量呢？这很让人担忧。

我们只有考察了建筑学工作的一切新的可能性，才能知道究竟需要多少建筑师。我认为，当一名建筑师并不意味着一个人就必须盖房子。像博洛尼亚的工程或巴黎的历史中心重建这样的大规模工程，要占用成百名的建筑师、类型的分类者，当然还有策划者。

但是，怎样才能对这种需求作出决议呢？

当然，如何决策是不能个人说了算的。规划机构的重组需要政治斗争。但分析和理论能够显示出需求的层面，并且进一步显示出决策的过程。

这就是如今的工作必须开始的地方吗？

我愿意说它已经开始了。我认为非常重要的是，如今有些极有学识的意大利建筑师是威尼斯、都灵等城市的规划顾问……但我们仍然停留在个体和城市的层面上。我们要的是一些器械和城市，那么我们就能开战了。这样一来，我们就可以停止做关于意识形态的废话演讲，我们可以说，好吧，现在……

翻译：胡恒

建筑文化研究 第6辑

专题：当代史Ⅲ

胡 恒
郭文亮
蒋雅君

作为受虐狂的环境

解编织：

早期东海大学的校园规划与设计历程，1953－56

贫户、救赎与乌托邦

从高雄“福音新村”规划看“社会住宅”的在地经验

《建筑文化研究》集刊是一项跨学科合作的研究计划。它以建筑与城市研究为主轴，将其他学科（历史、社会学、哲学、文学、艺术史）的相关研究吸纳进来，合并为一张新的研究版图。在这个新版图中，建筑研究将获得文化研究的身份，进入到人类学的范畴——建筑研究不再是专业者的喃喃自语，它面对的是社会的普遍价值与人类的精神领域，简而言之，它将成为一项无界的基础研究。

建筑 | 城市 | 艺术 | 批评

建筑文化研究

Studies of Architecture & Culture

投稿信箱：huhengss@163.com

第 1 辑　建构专题

中央编译出版社，2009 年

第 2 辑　威尼斯学派与城市

中央编译出版社，2010 年

第 3 辑　波利菲洛之梦

中央编译出版社，2011 年

第 4 辑　当代史 I

中央编译出版社，2012 年

图书在版编目（C I P）数据

建筑文化研究 . 第 5 辑 / 胡恒编 . -- 上海 : 同济大学出版社 , 2013.12
ISBN 978-7-5608-5394-9

Ⅰ . ①建… Ⅱ . ①胡… Ⅲ . ①建筑－文化－文集
Ⅳ . ① TU-8

中国版本图书馆 CIP 数据核字 (2013) 第 311051 号

建筑文化研究
第 5 辑
胡恒 主编

出品人： 支文军
策划： 秦蕾 / 群岛工作室
责任编辑： 秦蕾 孟旭彦
特约编辑： 杨碧琼
责任校对： 徐春莲
装帧设计： typo_d
版 次： 2013 年 12 月第 1 版
印 次： 2013 年 12 月第 1 次印刷
印 刷： 上海中华商务联合印刷有限公司
开 本： 787mm × 960mm 1/16
印 张： 16
字 数： 320 000
ISBN： 978-7-5608-5394-9
定 价： 79.00 元
出版发行： 同济大学出版社
地 址： 上海市杨浦区四平路 1239 号
邮政编码： 200092
网 址： http://www.tongjipress.com.cn
经 销：全国各地新华书店

Studies of Architecture & Culture
Volume 5: Contemporary History II

ISBN 978-7-5608-5394-9

Edited by: Hu Heng

Initiated by: QIN Lei/Studio Archipelago

Produced by: ZHI Wenjun (publisher), QIN Lei,MENG Xuyan,YANG Biqiong(editing), XU Chunlian(proofreading), typo_d (graphic design)

Published in December 2013,by Tongji University Press,1239, Siping Road, Yangpu District, Shanghai, P.R., China, 200092.
www.tongjipress.com.cn

光明城

LUMINOUS CITY

“光明城”是同济大学出版社城市、建筑、设计专业出版品牌，由群岛工作室负责策划及出版工作，以更新的出版理念、更敏锐的视角、更积极的态度，回应今天中国城市、建筑与设计领域的问题。